STORIA DELLA BRUTTEZZA

A CURA DI

UMBERTO ECO

丑的历史

【意大利】翁贝托 • 艾柯（Umberto Eco）◎编著
彭淮栋◎译

中央编译出版社
Central Compilation & Translation Press

图书在版编目（CIP）数据

丑的历史 / （意）艾柯（Eco,U.）编著 ; 彭淮栋译.
-- 北京 : 中央编译出版社, 2010.3（2020.4 重印）
（图文馆）
书名原文: Storia della bruttezza
ISBN 978-7-5117-0202-9
Ⅰ. ①丑… Ⅱ. ①艾… ②彭… Ⅲ. ①美学史－研究－世界②艺术美学－研究
Ⅳ. ①B83-091②J01

中国版本图书馆CIP数据核字(2010)第034831号

丑的历史　【意大利】翁贝托·艾柯◎编著　彭淮栋◎译

出 版 人：刘明清
出版统筹：薛晓源
责任编辑：张维军
特邀编辑：陈子慕
出版发行：中央编译出版社
地　　址：北京西城区车公庄大街乙5号鸿儒大厦B座（100044）
电　　话：（010）52612345（总编室）（010）52612333（编辑部）
（010）52612316（发行部）（010）52612315（网络销售）
（010）52612346（馆配部）（010）66509618（读者服务部）
网　　址：www.cctphome.com
印　　刷：佳兴达印刷（天津）有限公司
成品尺寸：180毫米×250毫米　28印张
版　　次：2010年3月北京第1版
印　　次：2020年4月第6次印刷
定　　价：198.00元

目 录

丑的历史

毕加索，
哭泣的女人，
1937，
伦敦，
泰特美术馆

每个世纪都有哲学家和艺术家提出"美"的定义，借助于他们的作品，我们能够建构一部审美观念史。"丑"却不是这样。大多时候，丑被界定为美的反面，但几乎不曾有谁针对丑写一部专论。丑沦落为边缘作品顺带一提的东西。因此，美的历史可以援引范围很广的理论文献（我们由此推导出一个特定时代的品味），丑的历史则必须在关于人或事物的视觉图像与文字材料里穷搜线索。

不过，丑的历史和美的历史还是有些共同特征的。首先，我们只能假定一般人的品味在某些方面与他们同时代的艺术家相同。假如一位来自外太空的访客走进一所当代艺术的画廊，看见毕加索画的女子脸孔，并且听到其他观赏者形容其为"美丽"，他可能误以为，在日常生活里，我们这个时代的人也认为毕加索画的那些女子脸孔美丽、秀色可餐。但是，这位访客看一场时装秀或环球小姐选美，目睹那里赞美其他类型的美，可能就要修正他的见解了。很不幸，我们回顾久远以前的时代，无法做到这一点。不管是谈论美还是谈论丑，我们都没有这样的参考，因为那些时代留给我们的只有艺术品。

丑的历史和美的历史另外一项共同特征是：我们讨论这两种价值的材料势必局限于西方文明。在上古文明和所谓原始民族方面，我们有出土艺术品，但没有理论文字来告诉我这些艺术品本来的用意，是要引起审美的愉悦，或是对神圣事物的恐惧，还是狂欢。

一张非洲仪式的面具会让西方人感到毛骨悚然，土著却可能视之为代表一个慈悲的神。反之，目睹基督受难、流血、遭受羞辱的画，非欧洲宗教的信徒可能心生憎厌，但这肉体之丑却会在基督徒心中引起共鸣和情感。

至于其他文化，根据为数可观的诗歌与哲学文本（诸如印度、中国或日本文化），我们可以看到各种形象和形式。但是，我们翻译他们的文学和哲学作品的时候，几乎总是很难确定某些观念在多大程度上可以等同于西方的某些观念，虽然我们在传统上将那些观念翻译成 beautiful 或 ugly 之类的西方用语。即使这些翻译可靠，也不足以让我们知道某种文化是不是将具备（例如）比例与和谐的东西视为美。比例与和谐，这些名词是什么意思呢？甚至在西方历史里，其字义也有变化。将一个时期的理论陈述拿来与一幅图像或一个建筑结构彼此比较，我们注意到，一个时代认为合乎比例的东西，另一个时代却不认为它合乎比例。在比例这件事上，一位中世纪哲学家会想到哥特大教堂的层次和形式，一位文艺复兴理论家会想到依照黄金分割来建构的 16 世纪殿堂。文艺复兴时代的人认为大教堂的比例是野蛮的，他们以“哥特式”一词来形容，就说明了一切。

舞蹈面具，
埃科伊（东尼日利亚），
无日期，
纽约，
提希曼收藏

美与丑的观念随历史时期或文化之不同而变化，色诺芬尼（前 560—前 478 年）不就说了嘛：“假使牛或马或狮子有手，能如人一般作画，假使禽兽画神，则马画之神将似马，牛画之神将如牛，神之形貌各如它们自己。”（Clement of Alexandria, *Stromata*, V, 110）

在中世纪，雅克·德·维特里（Jacques de Vitry）颂扬神的事功之美，说：“独眼怪库克罗普斯看见三眼的库克罗普斯，可能惊异，正如我们看见库克罗普斯和三只眼睛的生物而惊异一样……我们说埃塞俄比亚黑人丑，但他们自己认为最黑的人最美。”数世纪后，伏尔泰在他的《哲学辞典》里说：“问蛤蟆什么是美，什么是真正的美，他一定会说，他的雌蛤蟆就是美，她有两只秀美的圆眼睛，从小小的头上凸出，她有宽宽平平的喉咙、黄黄的肚皮、褐色的背。问几内亚的黑人，他认为美是黑油油的皮肤、深陷的眼睛和扁平的鼻子。询之于魔鬼，他会告诉你，美是一对角、四只爪子和一条尾巴。”

在《美学》一书里，黑格尔写道："可能不是每个丈夫都觉得自己妻子美丽，但至少每个年轻小伙子都说只有他的甜心美丽，此外无美女。对美的主观品味没有定则——我们可以说，这对双方都是好事……我们经常听说一个欧洲美女难令一个中国人心仪，一个南非霍屯督人亦然，因为中国人对美的观念和黑人也完全不同。事实上，我们看这些非欧洲民族的艺术作品，例如他们的神像——出自他们对崇高的想象，是他们崇敬之物，但我们也许觉得那是最丑恶的偶像。同理，我们可能觉得这些民族的音乐是可憎的噪音，他们则认为我们的雕刻、绘画和音乐毫无意义或丑陋。"

视何物为美或丑，根据的往往不是审美标准，而是社会或政治标准。马克思在《1844年经济学哲学手稿》中谈到金钱如何弥补丑陋："金钱有能够买到一切、占有一切的特性，因此是第一等值得拥有之物……我权力之大，等同于我所拥有的金钱……因此我是什么，以及我能做什么，丝毫不决定于我这个人。我长相丑，但我可以买到最美的女人，这样我就不丑了，因为丑的效果，其令人裹足的力量，被金钱消解了。作为一个人，我跛脚，但金钱给了我二十四只脚，因此我不跛了……我的金钱可不是把我的所有缺陷都变成了它们的反面吗？"

将这些关于金钱的观察延伸到权力，我们就能理解过去一些君主的画像。这些君主被一边皱眉头、一边挥毫的画家恭敬如仪地变成不朽。那些画家当然并不想极力强调君主们的缺陷，甚至可能在努力地美化他们的五官。这些人物，无疑让我们觉得非常丑（当时的人大概也认为他们丑），但他们无限的权力赋予他们天生的英气和魅力，于是臣民们带着钦慕的目光仰望他们。

最后，我们读到弗雷德里克·布朗（Fredric Brown）的《哨兵》（*Sentinel*）。这是当代科幻小说的短篇杰作。我们看到，正常与幻怪之间、可接受和可怕难忍之间的关系可能随视角的不同而颠倒过来：是我们在看太空怪物，还是太空怪物在看我们？"我浑身湿透，泥泞没至双眼。我又饿又冷，离家五万光年。"

"一轮异样的太阳放出冰冷泛蓝的光。这里的重力倍于我习惯的重力，连最轻微的动作也令人疲惫而痛苦……空军很轻松，他们有上好的太空船和超级武器，可是一到了那里，占领据点就是步兵的任务。血战寸寸前进。在我们降落这个星球之前，从没听说过哪里如此血腥。

1	2
3	4
5	6

1
无名氏，
无畏的约翰，
勃艮第公爵，
19 世纪的前 25 年，
巴黎，
卢浮宫

2
委拉斯开兹，
西班牙腓力四世，
1655，
马德里，
普拉多博物馆

3
法国画派，
路易十一画像，
17 世纪，
巴黎

4
乔达诺（据传），
西班牙查理二世画像，
1692，
马德里，
普拉多博物馆

5
法国与那瓦尔之王，
亨利四世画像，
17 世纪，
凡尔赛，
国立波城博物馆

6
莱曼，
法国国王“胜利者”，
查理七世画像，
19 世纪，
凡尔赛，
凡尔赛与特里亚农宫

这里现在变成圣地，因为敌人来过。这敌人，银河系里我们之外唯一有智能的族类——残忍、可憎、狰狞的生物，恐怖的怪物……我浑身湿透，泥泞没至双眼，又饿又冷；天色阴森，强风急刮，吹得我双眼疼痛。但敌人正企图渗入，所有据点都攸关生死。我全神警觉，蓄势开火……然后，我看见他们有一个低身朝我欺近。我瞄准，开火。这敌人发出一种怪异恐怖的号叫——他们都习惯发出那种叫声。接着，一阵死寂。听那号叫，看那尸体，我浑身颤抖。我们中的大多数习惯了，已习而不察，我不是这样。他们是恐怖恶心的生物，只有两条腿，两只手，两只眼睛，令人作呕的白皮肤，而且身上无鳞……"

布隆奇诺，
肩上有一只鸟的摩甘特侏儒，
16 世纪，
佛罗伦萨，
帕拉提纳美术馆

说美和丑随时代与文化而不同（甚至随星球而不同），并非意味着历来的人都不曾尝试根据某个特定模型来定义美丑。

在《偶像的黄昏》一书中，尼采说："在美这件事上，人以自己为完美的标准"，"在这方面，人崇拜自己……根本说来，人以事物为鉴，凡反映他的形象的东西都是美的……丑是败坏的象征和征候……一切暗示精疲力竭、沉重、衰老、倦怠，任何缺乏自由的表现，如抽搐或瘫痪，尤其尸体腐化的气味、颜色、形态……凡此都激起同样一个反应，就是'丑'这种价值判断。人讨厌什么？毫无疑问：讨厌他自己类型的黄昏。"

尼采这个论点是人类自恋的论点，但的确告诉我们，美和丑是参考一个"特定"模型来定义的，而且物种概念还可以从人类延伸至万物。如柏拉图在《理想国》中说：一口锅如果根据正确的艺术规则做成，就可以认定为美的。再如托马斯·阿奎那在《神学大全》（I，39，8）中所说：美不但来自适当的比例、亮度或明度，也来自品德正直。因此，一个物件（人体、树、花瓶）必须具备该物件的形式要求其材料应具备的所有特征。依照此义，"丑"字不但适用于一切不合比例的东西，诸如头奇大而腿甚短的人，还可用来形容阿奎那认为过于细小因而"可耻"的生物。再看奥维尼的威廉（William of Auvergne）。按照他的《善恶论》（*Treatise on Good and Evil*），肢体不全或只有一只眼睛（或有三只眼睛，因为过和不及都有亏品德）也是"丑"。因此，"丑"字无情地贴在畸形的生命上，艺术家刻画畸形也经常毫不留情。动物世界里，两个物种的形状结合于一身的混杂产物，也是如此。

如此，丑还能继续单纯地定义为美的反面吗？——尽管这也是随着美的观念修订而改变的反面。丑的历史还可以视作与美的历史对称的陪衬吗？

罗森克兰茨（Karl Rosenkranz）写于1853年的第一部、也是最完备的《丑的美学》（*Aesthetic of Ugliness*）将丑类比于道德之恶。正如恶与罪是善的相反，代表地狱，丑则是“美的地狱”。罗森克兰茨援引传统概念，说丑是美的反面，是美的内在可能含有的一种错误，因此任何美的美学或美的科学都必须处理丑的观念。不过，罗森克兰茨从抽象定义谈到丑的各种化身，也就是谈到丑的现象学的时候，使我们窥知“丑是自成规律的”——这规律不只是美的否定，而是一种更加丰富、更加复杂的规律。

格吕内瓦尔德，
圣安东尼的诱惑
（局部），
伊森海姆祭坛，
1515，
科尔马，
菩提树下博物馆

罗森克兰茨详细分析自然界里的丑、精神上的丑、艺术里的丑（和艺术表现上的种种不正确），以及缺乏形式、不对称、不和谐、变形、畸形（惨苦的、堕落的、庸俗的、多余的、武断的、粗糙的）、各种可憎的形式（难看、死亡、空虚、恐怖、恶心、空洞、幽灵似的、魔鬼似的、巫婆似的、撒旦似的）。如此林林总总，使我们不能再说丑只是美（和谐、比例、品德正直）的反面而已。

检视美和丑的同义词，我们发现：美是漂亮、乖俏、悦目、引人、宜人、可爱、愉快、令人着迷、和谐、奇妙、纤细、优雅、迷人、辉煌、盛大、崇高、格外出色、神奇、美妙、极佳、魅力、可佩、细致、抢眼、壮观、超绝；丑则是令人退避、可怖、恐怖、恶心、不宜人、荒怪、可憎、可厌、不正当、污浊、肮脏、不愉快、可怕、吓人、梦魇似的、令人反胃、令人不舒服、发臭、令人生畏、不高贵、难看、令人不悦、累人、忤目逆心、畸形、变形（还没提到恐怖如何显现于传统上归于美的事物之中，如奇妙、极佳、魅力、崇高等）。

由一般人的鉴赏力可以得知，所有美及其同义词可以视为在不带利害关系下欣赏事物而产生的反应，而大部分的丑及其同义词即使不是强烈厌憎、恐怖或畏惧的反应，至少也是恶心的反应。

达尔文在《人与动物的情绪表现》中指出：一个文化里引起恶心的东西在另一个文化里并不引起恶心，反之亦然。但他仍然得到结论：“各种表达轻蔑和恶心的动作，在世界大部分地方似乎是相通的。”

我们肯定都见过一些浮夸的赞美方式：某件事物让人在肉体上产生欲望，我们要证实这种美打动了我们。想想美女经过时引起的粗俗评论，或贪吃之辈见到他最爱的食物时那些难登大雅的喜悦表情。不过，这些例子里出现的并非审美快感的表达，而是某种类似饱喉餍足的表现，或如某些文化里赞美食物而发出的打嗝（即使这些饱喉之声或打嗝是一种礼仪）。一般来说，美的经验引起康德在其《判断力批判》里界定的非关利害的快感。我们想拥有令我们惬意的东西，或想参与到看起来好的事物中，这是有利害考虑的快感。品味判断则是，看见一朵花，产生快感，但这快感中并不包含丝毫想拥有它或消耗它的欲望。

吉尔兰达洛，
老人和孙子，
约 1490，
巴黎，
卢浮宫

因此有些哲学家怀疑，由于丑引起达尔文所描述的恶心反应，我们对丑到底有没有可能做一种审美的判断呢？

其实，我们写丑的历史，应该在丑本身的显现和形式上的丑之间做个区分：丑的本身，例子有排泄物、腐烂中的尸体或全身烂疮的人散发的令人作呕的臭味；形式上的丑则是一个整体的各部分之间的有机联系缺乏均衡。

想象一下，我们在街上碰见一个几乎没有牙齿的人。令我们不安的不是那嘴唇的形状，也不是那仅剩的几颗牙齿，而是一个事实，也就是仅剩的几颗牙齿没有其他牙齿来伴齐——其他牙齿本来应该在那张嘴里的。我们不认识此人，他的丑并不牵动我们的情绪，然而，面对那个整体的不连贯、不完整，我们还是自认为可以不带情绪地说：那张脸是丑的。

这就是为什么看到一只满身黏涎的昆虫或一片腐烂的水果会产生恶心。而形容一个人不合比例，或者说一幅感觉画得很差的画像丑，则是另一回事（这是艺术之丑或形式之丑）。

谈艺术上的丑，我们要记住：至少从古希腊到近代，几乎所有美学理论都说，任何一种丑都能经由艺术上忠实、效果充分的呈现而化为神奇。亚里士多德的《诗学》（1448 b）中说：模仿可憎的事物，如果功夫精到，就能创造美。普鲁塔克的《诗的研究》（*De audiendis poetis*）中说：在艺术的呈现上，模仿出来的丑还是丑，但由于艺术家功夫精到而有一种与美相呼应的境界。

以上，我们区分了三种不同的现象：丑的本身、形式上的丑，以及艺术对这两者的刻画。读这本书的时候必须记住，在一个特定文化里，我们几乎总是只能根据第三种现象来推知前两者所指为何。

但这么做的时候，我们会有产生很多误解的风险。中世纪时，波纳文图（Bonaventure of Bagnoregio）说：魔鬼之丑如果获得很好的刻画，魔鬼的形象会变美丽。此话有待商榷。信徒在教堂门口或壁画上看见残忍的地狱酷刑，真的会认为那些事情美丽吗？他也许应该会像看见第一种丑，会像看见极为可怕或充满威胁的可憎的东西般心生畏怖或不安吧？

福斯里，
麦克白看见戴头盔的幽灵，
1783，
华盛顿，
福尔杰莎士比亚图书馆

理论家往往不会考虑无数个人的变数、癖好和偏离常态的行为。美的经验固然是不带利害关系的静观，但一个心思不定的青少年就是看见米罗的维纳斯，也可能产生绮思骚动的反应。丑也是如此：一个小孩子在童话里看到巫婆可能做噩梦，别的孩子可能只觉得那巫婆逗趣。伦勃朗时代许多人看到他画的解剖尸体，可能不是欣赏他的大师手笔，而是生出害怕的反应，仿佛那尸体是真的似的。就像一个经历过空袭的人，可能无法带着不含利害考虑的审美心情观赏毕加索的《格尔尼卡》，而是会重新陷入过去的恐怖经验之中。

因此，阅读这部丑的历史时，我们必须谨慎对待丑的林林总总的变化、形形色色的形式，这些形式引起我们的多样反应及这些反应里的细微差别。我们还应该时时想到《麦克白》第一幕中巫婆的呼声，如果他们说的没错，真是一语道破天机："美就是丑，丑就是美。"

本书中用**粗体字**印刷的文字表示可以参考书中引用的相关原典。

第一章

古典世界里的丑

1. 一个由美主宰的世界？

对希腊世界，我们通常有个刻板的想象，这种想象来自对新古典主义时期产生的那个世界的理想化。在博物馆里，我们看见维纳斯或阿波罗的雕像，白色大理石呈现一种理想化的美。公元前4世纪，波里克利特斯（Policlitus）创作一具雕像，此作由于体现理想比例的所有规则而得《正典》之名。而维特鲁威（Vitruvius）是后来才提出人体各部分的完美比例的：脸应该是身长的十分之一，头是身长的八分之一，躯干是四分之一等等。

根据这种美的观念，很自然地，不体现这些比例就是丑。古代人将美理想化，新古典主义将古代人理想化，却忘了古代人（在东方影响之下）也为西方传统留下了一些不合比例、否定一切正典的图像。

希腊人的“完美”理想以kalokagathia为代表，由两个单词组合而成：kalos（一般翻译为“美丽”）和agathos（通常翻译为“善”，但还涵盖其他诸多正面价值）。已有学者指出，兼得kalos和agathos，就是后来英文说的gentleman：其人有尊严，具有勇气、风格、能力，以及运动、军事、道德之能与道德之美。用这种观念来看，希腊文化在身体之丑与道德之丑的关系方面，产生过大量文献。

古代人说的美，究竟是指一切令人愉悦、令人佩服、吸引目光、以其形式满足感官的东西而言，还是指一种“精神”之美——有时可能只与身体之美不一致的灵魂特质而言，这一点至今并不清楚。希腊远征特洛伊，起因于海伦绝世之美。戈吉亚斯（Gorgias）还写过一篇

森林之神的铜像，
公元前4世纪后半叶，
慕尼黑，
古代美术品收藏馆

鲁本斯，
美杜莎的头，
约 1618，
维也纳，
艺术史博物馆

《海伦颂》。然而海伦身为墨涅拉俄斯（Menelaus）的出墙之妻，当然不可能成为当时的美德典范。

柏拉图相信观念世界是唯一的真实，我们的物质世界只是观念世界的影子和模仿。那么，丑必须视为非存在（non-being），因为在对话篇《巴门尼德》里，他否认污渍、泥巴或毛发之类丑恶或卑下事物有其观念上的存在。因此，丑只存在于感官世界，是物质世界（相较于理想世界）不完美的一面。后来，**普罗提诺**（Plotinus）将物质定义为邪恶和错误，明明白白地将丑等同于物质世界。

如果重新读一下柏拉图专谈艾洛斯（Eros，爱或爱神）与美的

《会饮篇》，我们可能发现许多其他的微妙差别。这篇对话录，正如其他对话篇和几乎所有关于美与丑的哲学讨论里一样，也提到这两个价值，但从未通过例证来加以澄清（我在导论中说过，这导致我们必须拿这些哲学论述和艺术家的具体创作相印证）。要描述引起我们欲望的美丽事物，并非易事。至于"善"的观念，在许多方面，对话录主要以对 pederasty（恋童癖）的称颂为关键。在语意学上，pederasty 指的是一个有智慧的、成熟的男人对年轻男孩之美的爱。这种行为，希腊社会大体上是能接受的，但这篇对话录透露，包萨尼亚斯（Pausanias）赞扬的 pederasty（对年轻男子的肉欲）和苏格拉底所说的那种升华的（即我们今天所谓"柏拉图式"的）pederasty，是不同的两回事。

关于丑物的理念

柏拉图（前5—前4世纪）

《巴门尼德》，130

巴门尼德继续说：你也认为有绝对的“正义”、“美”和“善”等理念呢？

没错，苏格拉底说，我这么认为。

你是说独立于我们一切人类之外还有一种“人”的理念？或者说“火”和“水”的理念？

关于是不是应该把它们包括进来，巴门尼德，我经常难以决定。

那么，苏格拉底，关于人们一提到就会引起一阵莞尔的那些事物，你是不是也难以决定呢？我指的是头发、烂泥、垃圾，或者一切讨厌、琐屑的事物。凡此种种，你会不会认为它们各自有其“理念”——和我们实际接触到的东西不一样的理念？

苏格拉底说，我当然不会这么认为，有形的事物就是我们所看到样子。说它们都各自有其理念，可就荒谬了。

道德之丑

普罗提诺（3世纪）

《九章集》，I，6

想想一个丑灵魂，不知节制，不知正义。它充满许许多多欲望和最深的焦虑。它因为怯懦而满怀恐惧，因为精神卑劣而充满嫉妒。……它过着肉体激情的生活，只在丑里找到快乐。我们是不是可以说，这个灵魂的丑像疾病一样降临在它身上，伤害它，使它不纯洁，把它变成一团乱糟糟的疾病呢？……这灵魂在罪恶投下的不纯洁的阴影里度日，一种被死亡的细菌污染的生活。它不再能看到一个灵魂应该看到的事情：因为它不断被外在的事物吸引，那些劣质的，比黑夜还黑暗的事物。它不纯洁，被感官事物的诱惑从四面八方压垮，它和肉体的许多特征混杂不清。灵魂和物质是不一样的，这灵魂接受了物质的形式，已被物质污染，它的本质已经被比它低劣的东西污腐了。……

包萨尼亚斯区分两种爱：一种是潘德米亚的维纳斯（Aphrodite Pandemia）之爱，对于他们这些小人物，爱女人与爱年轻男人并无二致，而且他们爱肉体甚于爱灵魂；另一个是尤拉尼亚的维纳斯（Aphrodite Urania）之爱，只爱年轻男子——不是少不更事的男童，而是“已开始长胡须”的成熟少年。但包萨尼亚斯自己承认，要爱年轻男子的话，应该爱其中最高贵、最有美德者（“即使他们比其他年轻男子丑”）。他认为，爱肉体甚于灵魂是邪恶的。根据这层意思，pederasty虽然不排除肉体关系，但又是被爱者（年轻男子接受一个年纪较大的男人为伴侣，这年纪较大者引导他进入智慧和成人生活，他满足其欲望以为报偿）和爱人者（爱上年轻男子的美貌与美德的有智慧男人）之间一种情色与哲学的结合。

继包萨尼亚斯之后，阿里斯托芬（Aristophanes）告诉我们：本来有三种性别，即男、女、双生，宙斯将各性一分为二，遂有“喜爱拥抱男人”的男人，“爱好女人”的女人（这两者“对结婚和生育子女没有兴趣，但随俗而行”），以及我们今天说的异性恋者。这时，阿加桑

半人马怪在皮里托斯王的宫廷里，
庞贝壁画，
1 世纪，
那不勒斯，
国家考古博物馆

（Agathon）加入对话，指出爱神艾洛斯是永远年轻英俊的。这是希腊世界从品达（Pindar）以降反复出现的一个主题：美与青年相伴，丑与老年相随。

接下来是苏格拉底。他假借一个虚构的祭师迪奥提玛（Diotima）来申述自己的看法：如果说我们每个人都在追求所未拥有的事物，那么艾洛斯就既不美也不善，而是一种暧昧的“邪神”——在追求他永远得不到的东西。艾洛斯是培尼亚（Penia，缺乏、贫穷）与波洛斯（Poros，方便权宜）之子，继承了母亲的不扬之貌（邋遢、赤脚、无家可归）和父亲“潜行跟随”、“猎取”好事物的本事。就这层意思而言，生殖后代与满足人类永恒之欲的欲望，是典型的艾洛斯欲望。但是，肉体繁衍之外，还有诗和哲学这些精神价值的繁衍，通过这些繁衍，我们得到不朽的荣耀。可以说，普通人生儿育女，而培养高贵精神的人则生产了美与智慧。

以此标准，既美且善之人相信“灵魂之美比肉体之美有价值”，要寻求一个肉体不是非常美，但具备许多其他特质的年轻男子，他不

森林之神的陶像，
公元前 3—前 1 世纪，
慕尼黑，
古代美术品收藏馆

苏格拉底像，
公元前 6 世纪，
塞库克（土耳其），
伊菲索斯博物馆

会止步于肉体之美。通过对各种美的经验，他将努力获得对美自身（Beauty-in-Itself）及美这个观念的理解。

这就是苏格拉底追求的青年男子之爱。我们可以通过以下情节了解这一点：英俊的阿席比亚德斯（Alcibiades）醉闯飨宴，表达他如何为了分享苏格拉底的智慧，多次向苏格拉底献身，但苏格拉底从不愿屈就肉欲，只是纯洁地躺在他旁边。

在这种背景下，阿席比亚德斯说出了那句著名的歌颂苏格拉底容貌之丑的话：苏格拉底外貌丑如森林之神西勒诺斯，但五官背后藏着深刻的内在美。

凡·代克，
醉酒的森林之神，
约 1620，
德累斯顿，
古典巨匠绘画陈列馆；
国家艺术收藏馆

仅仅一篇对话录就出现多种不同的美与丑观念的对比，可见只以丑为美善的反面，是过于单纯了。问题要远为复杂。再说，希腊文化一直都很注重这种复杂性。其后的的**伊索**相貌丑而灵魂美且智慧高，他所受的歌颂可以为证。

伊索像，
雕版，
1490，
巴塞尔

忒耳西忒斯

荷马（前 9 世纪）

《伊利亚特》，II，282

忒耳西忒斯……是特洛伊城前最丑的一个人：两腿往外弯曲，一只脚是跛的，双肩滚圆，胸前高突。他的头是尖的，头发既稀又薄。阿喀琉斯和尤利西斯最讨厌他，因为他经常出言侮辱他们。

伊索的丑

无名氏（1—2 世纪）

《伊索传奇》，I

伊索，这位嘉惠人类极大的人、寓言家，是一个奴隶，但他是出身阿莫里姆的弗里吉亚人：长相刺眼……恶心，肥肥的肚子，骨突的脑袋，朝天鼻，一幅猴样，黝黑，矮个子，扁平脚，手臂短短，两脚外开，厚嘴唇……还有一个比畸形更糟糕的缺陷，就是不会说话，结结巴巴，根本不能表达自己。

苏格拉底的丑

柏拉图（前 5—前 4 世纪）

《会饮篇》，203c—d

所以我说，他〔苏格拉底〕的长相像极了雕刻店里摆的那些席林。那些半兽的山神手拿烟斗，嘴里咬着笛子。打开肚子，里面还藏着小神像。

希腊世界还充满其他矛盾。**柏拉图**在《理想国》里主张，丑（意指“缺乏和谐”）是灵魂之善的反面，建议别让年轻人看见对丑陋事物的刻画。然而他又承认，追根究底一切事物皆有不同程度的美，只要具备相应的理念。因此，你可以说，一个少女、一匹母马、一口锅是美的，但是，后者比起前者，又是丑的。

亚里士多德在《诗学》里提出一条被普遍接受的法则：对丑陋事物做美丽的仿制是可能的——**荷马**对身体与道德上都不能令人称道的忒耳西忒斯（Thersites）的精妙刻画，一直都让人赞叹不已。

最后我们看到，斯多噶学派的**奥勒留**（Marcus Aurelius）说：丑与不完美就像面包上的裂痕，对整条面包的赏心悦目也有贡献。下一章，我们会看到这条法则支配了教父时代和中世纪经院哲学的观点：丑放在一个整体的脉络里就不再丑，还对宇宙的和谐有贡献。

委拉斯开兹，
伊索，
1639—1642，
马德里，
普拉多博物馆

美丑之难以界定

柏拉图（前 5—前 4 世纪）

《大希比阿篇》，IX—XI

苏格拉底：有个人难住我了，他多多少少有点傲慢地问我，“告诉我，苏格拉底，你如何知道哪些事物美，哪些事物丑？”……

希比阿：说实话，苏格拉底，一个美丽的少女是美的……

苏格拉底：“你好美，”他会说，“我亲爱的苏格拉底。不过，一匹好看的母马不也是美丽的吗？神在神谕里赞美过呢。”……

希比阿：那也没错，苏格拉底，因为神说的是真话。在我们的土地上，有些最美丽的母马。

苏格拉底：“好，”他会说，“那么，里拉琴呢？不是美丽的东西吗？……好看的壶呢？”如果是一个手艺很巧的陶工做的，这壶就会平滑，火候也够。有些真正好的几乎能装六升水的双耳壶就是如此。如果他问这么一只壶怎么样，我们必须承认这壶是美的……

希比阿：苏格拉底，我认为这东西也是美的，如果它做得很好的话。不过，和母马、少女，以及其他任何美丽的东西相比，却说这壶美丽，就是不对的。

苏格拉底：我明白了，希比阿，对我提到的那种人，我们必须这么回答：“老兄，你似乎不了解赫拉克利特那句话的真理：和人类相比之下，最美丽的猴子也是丑的；和女性相比之下，最美丽的壶也是丑的……如果我们拿女性和女神相比，不也如同拿壶子和少女相比吗？最美丽的少女和神相比，不也是丑的吗？”

不要刻画丑的事物

柏拉图（前 5—前 4 世纪）

《理想国》，III，401

丑和不和谐，与坏言语和坏本性是一起的；美和和谐则是好的、有德的品格的姊妹，与好的、有德的品格相像……

因此，我们是不是只需要监视诗人，要他们只能将好的品格注入他们作品里，否则禁止他们在我们的国土上写诗？还是我们应该监视别的艺术家，防止他们刻画道德上不好的、漫无拘束的、不高贵的和丑的事物，不管是有生命的形象、建筑以及其他任何制品？那些做不到这一点的，我们该不该禁止他们在我们这里工作，以免我们的公民在这些腐败的形象间成长，像在一块不好的草地上天天吃不好的东西，逐渐、不知不觉在他们灵魂里累积大邪恶？

美丽的模仿

亚里士多德（前 4 世纪）

《诗学》，1448b

诗的艺术似乎起源于两个原因，两个都是自然的。首先，人从孩提时代就自然会模仿，而这也是异于其他动物之处。在所有生物里，人有最明显的模仿倾向。第二，我们从模仿里学到我们最早的教训，而且人人从被模仿的事物中得到乐趣。实际经验里就有我说的这一点的证据。我们在正常情况下视为恶心的东西被正确地模仿的时候，我们会带着乐趣去看，例如可憎的禽兽和死尸。所以然者，是因为学习带来大乐趣，不仅哲学家如此，其他人亦然，无论他们从学习过程里学到多少。因此，人乐于看到模仿的东西，因为他们可以沉思这些东西，从中学习，并发挥思维。

自然里没有丑

奥勒留（2 世纪）

《沉思录》，III，2

烘面包的时候，面包有些地方这儿裂一点，那儿裂一点。但是，这些裂开的部分虽然有违烘焙者的艺术，在某个层次上却是优美的，最重要的是，它们对胃口有非常美妙的刺激作用。同样的道理，成熟的无花果也裂开。想想充分成熟的橄榄：赋予这橄榄一种特殊之美的，正是那近乎腐烂的模样。朝地面弯曲的玉米、狮子高傲的容貌、从野猪齿间流下的口水，以及其他无数例子，各别来看，都远远称不上美。但是，由于它们是依循自然的秩序而发生，它们有助装饰自然秩序，从而使人见之而得乐趣。所以，如果一个人喜欢自然现象，并且对自然现象有所了解，他就会发现，任何事物，即使它是其他事件的偶然结果，也自有它的韵律和丰姿。

珀尔修斯割美杜莎的喉咙，
塞里农特寺壁柱（局部），
前 540，
巴勒莫，
国家博物馆

2. 希腊世界与恐怖

尤利西斯和海妖塞壬，
瓶罐局部，
公元前 3 世纪，
柏林
国家博物馆

希腊世界念念不忘各种丑和邪恶。无需强调阿波罗和戴奥尼索斯的对比：烂醉而可笑又可憎的半人马怪现身酒神巴克斯的宫廷；《会饮篇》写到苏格拉底善饮，笔下极为称赏。关于音乐（音乐挑起激情）的角色，希腊人留下暧昧的暗示，但毕达哥拉斯美学又认为音乐是对理想法则的实现，是比例与和谐的数学规律。

但是，希腊文化有其潜伏地带，这些地带实行神秘仪式，英雄们（例如尤利西斯和埃涅阿斯）勇探凄雾弥漫的地府。地府之恐怖，**赫西奥德**（Hesiod）已作了详细描述。古典神话就是一份残酷事物的目录：萨图恩（Saturn）生吞亲生子女；美狄亚（Medea）尽戮子女，只为报复不忠的丈夫；坦塔勒斯（Tntalus）烹其子培洛普斯（Pelops）以飨众神，考考诸神机不机敏；阿格曼农（Agamemnon）为求众神保佑他出征顺利，毫不犹豫地将女儿伊菲格妮（Iphigenia）献祭；阿楚斯（Atreus）杀亲兄弟泰斯提斯（Thyestes）之子，以其肉宴请泰斯提斯；伊吉斯特斯（Aegisthus）杀阿格曼农以夺其妻克丽登尼斯特拉（Clytemnestra），克丽登尼斯特拉后来命丧亲子奥雷斯提斯（Orestes）之手；俄狄浦斯在不知情的情况下，先弑父，继而乱伦娶母……那是一个被邪恶统治的世界，连最美的人也犯下极“丑”的暴行。

这个世界里，令人毛骨悚然的生物漫游恣肆，“丑”态横生，他们是有违自然形态的杂种。**荷马**故事里的塞壬不是后世传说的鱼尾美女，而是卑劣、肆无忌惮的鸟。还有斯库拉（Scylla）和卡律布狄斯（Charybdis）、波里弗莫斯（Polyphemus），以及喀迈拉在**维吉尔**笔下，我们看能到刻耳柏洛斯（Cerberus）和哈耳庇厄（Harpies）；头发是无数斯缠的蛇、脚是野猪蹄的戈尔冈（Gorgons）；狮身人面的斯芬克斯；复仇三女神；狡猾多诈的坏蛋马首人身怪；牛首人身的米诺陶（Minotaur）；美杜莎……后世幻想那是美善的时代，其实从**但丁**直到现代，都受这些恐怖情绪的影响。事实上，基督教世界（我们会看到，基督教世界对“丑”也有其吓人的观念）就利用古代人描述的这些荒怪物事来证明异教神话的虚妄，**亚历山德里亚的克莱门特**（Clement of Alexandria）和**塞维尔的伊西多尔**（Isidore of Seville）的著作即是例子。

海妖塞壬

荷马（前9世纪）

《奥德赛》，XII，52—82

首先你们会碰到塞壬，她们迷住所有靠近她们的人。如果有谁不提防，太接近，听见塞壬的歌唱，他们的妻子儿女就再也无法欢迎他们回家，因为塞壬坐在绿野上舒展歌喉，用她们甜美的歌让他们销魂而死。那里到处是大堆死男人的尸骨，有些骨上的肉还在腐烂。所以，经过她们的时候，不要停驻，要用蜡封住你手下的耳朵，好让没有一个人听到歌声。不过，你自己呢，假使你要的话，你可以听，你可以在桅杆半高之处架一根横木，叫你的人把你绑在上面。绳头一定要绑死，这样你就可以听个痛快。要是你求告你的人，要他们为你松绑，他们一定要把你绑得更紧一点。

你的人把你带过这些塞壬之后，你会有两条路可走。我没有办法给你清楚有条理的指示，到底该走哪条。我可以为你说明这两种选择，你必须自己考虑。一边，是些高耸悬空的岩石，又深又蓝的海浪怒卷拍岩，神管这些岩石叫流浪岩……

哈耳庇厄

维吉尔（前1世纪）

《埃涅阿斯纪》，III，354—358、361—368

我们从海难脱险后，来到史托洛费德斯，希腊人这么叫那地方。那里住着哈耳庇厄。上天之怒不曾派给人间更可憎的灾孽，冥河污泥不曾发出更可怕的瘟疫。它们是鸟，有少女的脸，却散发恐怖的恶臭，手上长着钩爪，面容永远尸白凶残。

斯库拉和卡律布狄斯

荷马（前9世纪）

《奥德赛》，XII，112—141

斯库拉坐在里面，发出一种叫声。你可能以为是幼小猎犬的吠声，其实她是个可怕的怪物。没有人，甚至没有任何神，能面对她而不惊恐万状。她有十二只畸形的脚，六个长度吓人的脖子；每个脖子尾端是一个头，每个头有三排牙齿，紧密排列，瞬间能把任何人咬死……

波吕斐摩斯

荷马（前9世纪）

《奥德赛》，IX，235—244、364—382、474—479、484—491、498—502

这是一个巨大怪物的住处，他当时离家牧羊去了。他从来不和别人往来……

他猛地一掐，攫住我两个手下，把他们重重摔到地面，两人简直就像小木偶似的。他们的脑浆迸撒到地面，泥土都被血染红了。然后，他将他们一只手一只手、一只脚一只脚撕开来，把他们当晚餐。他大口吞吃他们，有如荒野里的狮子，肉、骨头、骨髓、五脏六腑，没有什么是他不吃的。我们呢，眼见这么恐怖的景象，我们啜泣，举手求天，因为除此之外我们不知道怎么办。但是，库克罗普斯填过他的大肚子，喝新挤的奶把他的人肉晚餐冲下肚之后，他伸长四肢仰躺地上……

他巨大的脖子朝天，深沉的睡意攫住了他。不一会儿，他不舒服了，打几个恐怖的大嗝，把酒和他方才大嚼的一口口人肉吐出来……

木头虽然还是绿的，但这木头开始燃烧的时候，我把它从火里抽出来，木头火热，我的手下集合到我身边来，因为上天已让他们心中充满勇气。我们把木头削尖的一端插入怪物的眼睛，我使尽力气刺进去，不断地转，不断地搅……

就这样，我们把火红的木头钻进他眼睛里，不断扭、转，直到滚烫的血咕嘟咕嘟涌满那只眼睛，从燃烧的眼珠涌出的如注血流烫伤他的眼皮和眉毛，眼珠的根在火里烧得噼里啪啦作响。

刻耳柏洛斯

维吉尔（前1世纪）

《埃涅阿斯纪》，VI，612—629

刻耳柏洛斯蹲伏在一个洞穴里
用他以三个嘴发出的吠声
叫醒这些地府国度。他的头
女祭师一看，全是发怒蠕动的蛇
她丢给他浸过蜂蜜的药和面包。
他，在饥饿之中，三颚张开
猛地咬上那食物，然后倒在洞前
平躺在地上，四肢松软，死了一般。

牟侯，
喀迈拉，
1867，
剑桥（马萨诸塞州），
佛格艺术博物馆

阴间

赫西奥德

《神谱》，736—773

这是一个阴暗、污秽的地方，连神也厌恶的地方。你一旦跨过这道巨大沟壑的门槛，就是一整年也到不了底，因为猛烈的风暴会把你吹到东，刮到西，不给你片刻喘息……这里是那阴暗的“夜”的住处，包在死气沉沉的云里。这住处前面，两腿铁一般矗立，伊阿珀托斯的儿子以他的头和永不疲倦的双手顶着天。在那一点上，黑夜和白天相遇，它们通过那道巨大的青铜门槛的时候，彼此打招呼，一个即将离去，一个正要返回，或一个正要返回，一个正要离去。它们从来不两个同在这房子里；总是一个在外面行过地面，另一个在家等着，时候到了才离去。一个带着光，使地上万民明亮看到一切，另一个，也就是黑暗的夜，身穿浓雾，怀里抱着“睡眠”，也就是“死亡”的兄弟。这是睡和死的住处，它们是黑暗的夜和可怕的神的儿子。明灿的太阳从来不把他的光投到他们身上，无论是他升到天上的时候，还是他下沉的时候。这两个神，一个平平和和游过地上和大海，另一个却是铁石心肠，他内心的精神和青铜一样无情：他一旦攫住人，就万万不会放手，连那些不死的神也恨死他。

再过去，那边，就是地府之神的住处，也就是万能的哈得斯和那可怕的珀耳塞福涅。

沃特豪斯，
尤利西斯和海妖塞壬，
1891，
墨尔本，
国家维多利亚画廊

阿雷佐的喀迈拉，
伊特鲁里亚铜雕，
公元前 5 世纪，
佛罗伦萨，
考古博物馆

喀迈拉

荷马（前 9 世纪）

《伊利亚特》，VI，222—226

……喀迈拉不是人，也不是神，因为她头是狮头，尾是蛇尾，身体是山羊，嘴里喷火；不过，柏勒洛丰杀了她，因为他得到上天的指点……

异教神祇之丑

亚历山德里亚的克莱门特（150—215）

《给希腊人的劝导》，61

这些就是你们的神给你们的报导，那些和你们一样出卖自己的神！……

至于你们其他的像呢？一些牧神的雕像，一些裸体的女人像，酒醉的半人兽画，身上没有寸缕，毫无检点，可耻！可是，这年头，你们公然在大庭广众之下，看见描绘种种放纵不知约束的画，你们没有感到丝毫羞耻。不仅如此，你们还收藏这些画，挂在你们的墙上。就像你们那些神的像，在你们家里当成神圣来拜的，其实全是些可耻的石碑，而且你们也不在乎上面刻画的是菲伦尼德斯猥亵的姿态，还是赫剌克勒斯在做苦工！

基督徒重新评价异教怪物

塞维尔的伊西多尔（570—636）

《字源》，XI，3

还有其他传说中的种种怪象，这些怪象并非真有其物，而是杜撰出来的，只是象征。西班牙国王革律翁就是如此，传说他天生有三个身体：其实是有三个兄弟，这三兄弟极为要好，到了几乎是三个身体共用一个灵魂的地步。戈尔冈也是同样的道理，戈尔冈是妓女，传说头发是蛇，她们看一眼就把人变成石头。据说她们只有一只眼睛，轮流使用这只眼睛。事实上，她们是三姊妹，三人同样漂亮，在别人眼里，三人如同一人。男人看见她们，都看呆了，以为这三姊妹把他们变成了石头。塞壬据说也是三个，她们是半处女半鸟，长翅膀，有钩爪：其中一个唱歌，第二个吹芦笛，另一个弹里拉琴。她们用歌声把水手引近岩石，害他们船碎人亡。真相是，这些塞壬是妓女：由于她们把过路人拖进悲惨的境地，世人就以为她们害他们发生船难……他们又说，许德拉是九头蛇，拉丁文叫 excetra，因为一个头砍掉，也就是 caedere，就会长出三个新头来。其实，许德拉是一个地方，这地方吐出大水，淹坏附近一个城市：堵住一个水口，会有其他许多水口打开来。赫剌克勒斯见此情形，将这个地方抽干，堵死了那些出水口。没错，许德拉这个名字就是从水来的。……有人以为喀迈拉是一只狮头、龙尾、山羊身体的野兽。一些物理现象的专家说，喀迈拉并不是动物，而是西里西亚的一座山，这座山有些地方为狮子和山羊供应滋养，有些地方有火，另外一些地方蛇类为患。柏勒洛丰把这座山变得不宜居住，所以就有人说他杀了喀迈拉。Centaurs，也就是半人半马怪，则是由其长相得名：据一些人说，他们是塞萨利的骑士，战争的时候，他们在战场上遍地疾驰，因而给人一个印象，说他们的身体是马和人合成的。

小矮人画家，
吹号的克雷伯
公元前 4 世纪末至前 3 世纪初，
艾萨谷市，
考古博物馆

鲁本斯，
萨图恩吞噬自己的孩子，
1636—1637，
马德里，
普拉多博物馆

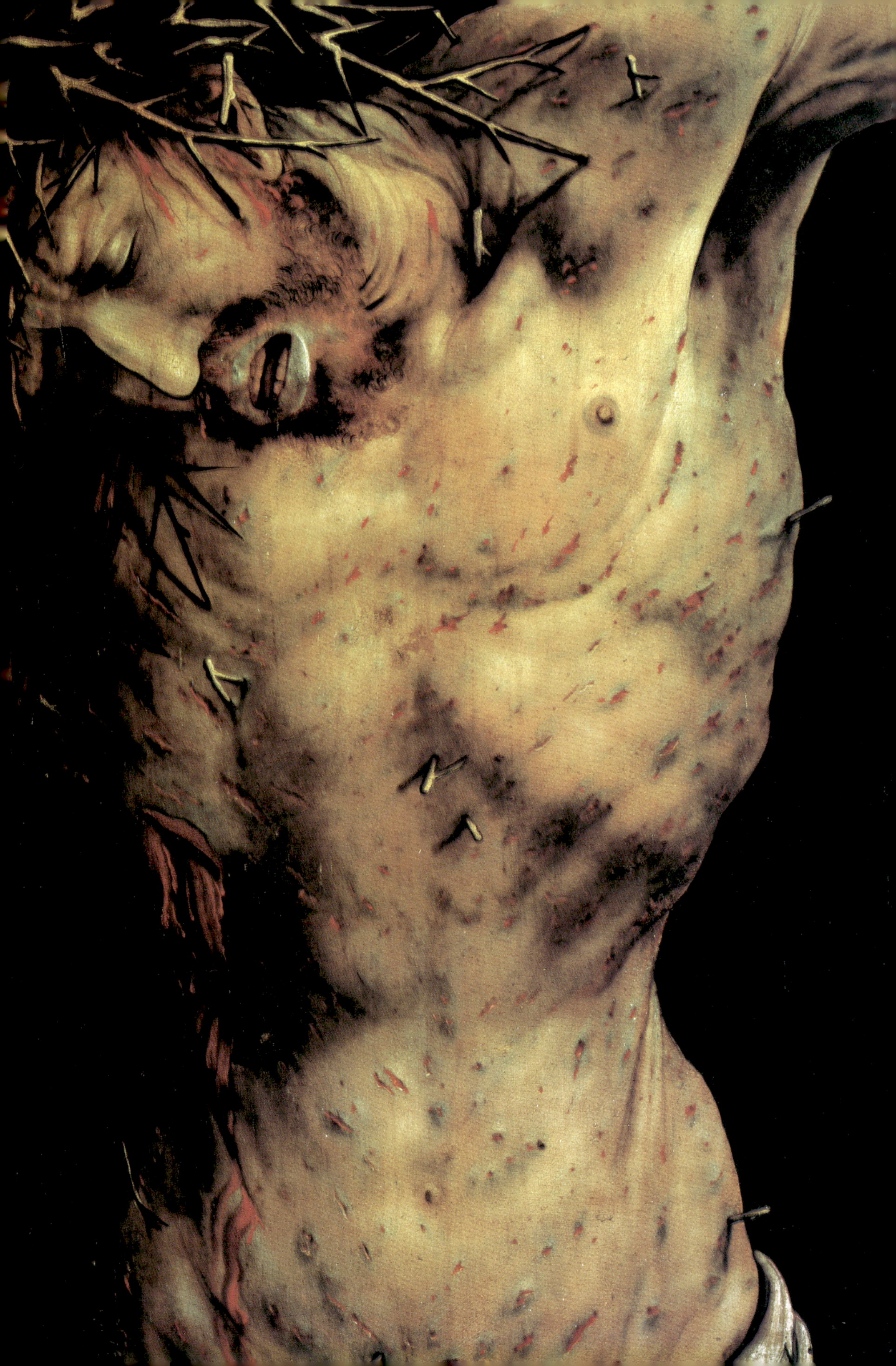

第二章

受难、死亡、殉道

1. 宇宙至美论

格吕内瓦尔德，
耶稣受难（局部），
伊森海姆祭坛，
1515，
科尔马，
菩提树下博物馆

希腊文化不相信世界必须全然美好。希腊神话讲述种种荒诞与乖谬，柏拉图也认为感官现实只是对理想的完美世界的拙劣模仿。另一方面，艺术家们视众神为至美之典范，塑造出奥林帕斯山众神的雕像。

十分矛盾的是，随着基督教世界的来临，这种关系——至少在某些方面——颠倒过来了：从神学-形而上学的观点看，整个宇宙是美的，因为宇宙是神的作品。由于这种至美，丑和罪恶也获得了某种程度的拯救。

作为补偿，基督教世界表现基督——为世人受苦的神的化身——的时候，都呈现他遭受最受屈辱的场面。从最初的几个世纪，教父们就言必称万有之美。他们从《创世记》中得知，到创世第六天，上帝看他创造的一切“都甚好”（1：31）；从《智慧书》中得知万物各依数字、重量与尺度而造，换句话说，符合数学上的完美标准。

与圣经传统并行，古典哲学也强调这种宇宙审美观，认为世界之美是理想之美的一种反映和图像，这是一个起源于柏拉图哲学的概念。卡其底乌斯（Calcidius，3—4世纪）注释柏拉图的《蒂迈欧篇》时说到“辉煌的万有世界……无与伦比的美”。

中世纪受到一部有新柏拉图主义特征的作品影响，即**托名戴奥尼索斯**（Pseudo-Dionysus the Areopagite）所著《神名论》（*On the Divine Names*，5世纪）。在这本书里，宇宙显现为无尽的辉煌泉源，辉煌之光向四面八方辐射，形成太初之美的壮丽，弥漫一切，有如令人目眩的光瀑："这超绝的本质之美叫做大美，因为它化入一切生命，使之各具其美，它是万物和谐与辉煌的原因。这美以光亮为形式，倾注其天然的光束，洒遍万物，使万物美丽，唤起一切我们称为美的事物——它包蕴万物。"（《神名论》，IV, 7, 135）

接下来是伊鲁格纳（John Scotus Eriugena，9 世纪）。在《自然的分类》（*The Four Divisions of Nature*）第三章中，他提出一个宇宙观念，说宇宙是上帝的启示，上帝透过理想之美与物体之美来启示他那莫可名状的美。伊鲁格纳阐述万有之美，谈一切受造物的美、一切相似与不相似之物的美，谈物种与形式的和谐、各种不同的本质因与偶然因的和谐，说这一切在神妙的统一里达于极致。所有中世纪作者的说法，都归结于这个主题：整个宇宙是最美的（pancalis）或美的。

对一个将美与善等同为一的传统，说整个宇宙是美的，等于说整个宇宙也是善的，反之亦然。但是，宇宙里存在着邪恶和畸形，这是明显的事实，这事实和整个宇宙至美论如何调和？

圣奥古斯丁（St Augustine）给出了解答。圣奥古斯丁的基本主题之一，就是阐述在上帝创造的宇宙里邪恶的存在是有道理的。在《论秩序》（*De ordine*）里，圣奥古斯丁说：没错，一栋建筑设计错位的话，看来似乎不和谐，"侮辱眼睛"，但这错误也是整体秩序的一部分。在《忏悔录》（*Confessions*）第七章中，他告诉我们，罪恶和丑在神的计划里并不存在。

腐败是一种损失，但我们说损失，意思是原有的善减少了。如果变腐败的意思是价值的损失，那就是说，腐败发生以前已经有一个正面价值在。如果这价值的损失是全面的，那么，事物根本就不再存在了。

所以，罪恶和丑本身是无法存在的，因为它们是"绝对的无"。在反驳摩尼教的《论善的本质，驳摩尼教徒》（*De natura boni contra Manicheos*）第十七章里，奥古斯丁说：连古代人说的 hyle（尚未成形、完全谈不上任何性质的物质）也不是恶。即使有待加工的木材，也能为人所用而做出东西来。如果它不能接受一个匠人加给它的形状，那它根本就不能称为物质。

宾根的希德嘉德，
蛋形宇宙，
四元素围绕地球，
取自《认识上帝之道，
鲁柏兹堡泥金抄本》，
12 世纪

圣母院的怪物，
19 世纪重建，
巴黎

因此，形状是一种善。这就是为什么，凡是从形状获得某种优异性质的东西，会被认为是匀称的。好，如果形状是一种善，那么，在某种程度上，接受形状的能力无疑也是一种善。如果连没有形状的物质也是美的，则一些人视为丑怪的动物也必须作如是观，例如猴子，因为它们肢体之间的比例是正确的。

奥古斯丁的论点在经院哲学里再度出现。经院哲学里很多人在宇宙整体美的架构内为丑找到根据，在这架构内，畸形和罪恶具有一种价值，类似自然界里明与暗相辅相成，或者绘画上的光影比例。易言之，它们显示整体的和谐。有些人则说，甚至怪物也是美的，因为他们有生命，有生命者对整体的和谐就有贡献；罪孽的确破坏事物的秩序，但秩序可由惩罚来重新树立，因此下地狱者正是和谐定律的例证。另外又有人说，我们获得事物丑的印象，是我们的感觉有缺陷，有人因光线不良而觉得某件东西丑，或因为太靠近、离太远，又或因为从侧斜的角度观看，还有因为雾蒙蒙的空气扭曲了物体的轮廓。

美是由上帝分配的

托名戴奥尼索斯（5 世纪）

《神名论》，IV，7

那超本质的美所以称为美，是因为它依照万物的性质将美分配给他们。那是一切事物的和谐与光辉的本因，而且它以无比辉煌的光的形式，将它的源光洒到万物上。它是美的本因，召唤万物朝向它自身……吸引它们，化入己身。

丑的生命对秩序也有贡献

圣奥古斯丁（4—5 世纪）

《论秩序》，IV，12—13

还有什么比刽子手更可怕的人吗？什么人比刽子手更恶毒又残忍？但是，他在法律之间担任一个必要的位置，安插在一个治理良好的国家的秩序里。……还有什么比妓女、老鸨以及其他这种瘟疫更丑恶、更没有尊严、更猥亵的？拿掉一个社会里的妓女，会造成激情横流，结果是一切天翻地覆。把她们摆在良家妇女的位置上，又会用罪恶和无耻玷污一切……你如果盯着身体的某些器官看，那你就无法看整个身体，不是吗？然而那些器官是必要的，自然的秩序要它们在那里。不过，因为它们有失庄重，所以不让它们很容易被看到。那些畸形的器官自有它们的位置，把比较好的位置留给比较好的器官。……诗人使用文化上的错误和野蛮的措辞；不过，他们改变称呼，把它们叫做比喻和转化，而没有把它们当做明显的错误来规避。好，把它们从诗里拿掉，那我们就要失去最美妙动听的精华。不过，在一件作品里集合太多这些错误和措辞，我会不胜其烦，因为整件作品会弄得令人作呕、炫学、造作……有个秩序在管理并节制这类事物，这秩序不会容忍它们出现太多或太少。一种谦虚，几乎无人注意的论述能突出崇高的表达和文雅的举动，使两者轮番作用。

日课书边饰图案，
cod. 1858，
16 世纪，
维也纳，
奥地利国家图书馆

耶稣受难，
约 420—430，
伦敦，
大英博物馆

神的层次无恶无丑

圣奥古斯丁（4—5 世纪）

《忏悔录》，VII

对你，没有任何事物是恶的：的确，不但对你而言如此，对你创造的整个世界也是如此，因为没有任何东西能侵入、能败坏你已经指定的秩序。不过，在这里面，有些部分，有些事物，因为和其他部分与事物不和谐，而被视为邪恶：那些和其他部分与事物和谐的，则被视为善的，而且本身就是善。所有这些不和谐的部分和事物，和那比较低劣的部分却是和谐的。这低劣的部分，我们称为地球。这地球有和它自身和谐的多云的、多风的天。所以完全不能说“这些东西不应该存在”：因为，如果我只看到这些东西，不见其它，我就会渴望更好的东西；然而，甚至单单为了这些，我就必须赞美你；大地、龙，以及海、火、雹、雪、冰和狂风，都是你的道的实现，为这一点，我要赞美你……

宇宙之美

圣奥古斯丁（4—5 世纪）

《论上帝的本质》，3、14、15、16、17

事物愈是符合尺度、形式和秩序，就愈当然是善的；它们愈不符合尺度、形式和秩序，就愈不是善的。所以，我们就来看看这三个层面：尺度、形式和秩序，更不用说其他无数可以回溯到这三者的层面。在上帝的真实里，这三个层面——尺度、形式和秩序——是普遍的善，在精神上、身体上都是……不过，在所有这些善的事物之间，那些小的，相较于那些最大的，要以其反面来称呼：例如，和人的形式相较之下，因为人的形式的美较大，于是一只猴子的美就称为畸形。也由于此故，粗心大意的人就受骗了，以为某件事物是善，某件事物是恶；他们没有看出，猴子的身体有其适当的尺度，其四肢有对称的和谐，其身体各部位相连贯，其比例是安全的，其他类似层面太多，无法详述。因此，就是猴子也具备美的天赋，虽然程度稍次……同理，我们说光明和黑暗，这两者互为反面：然而，甚至黑暗的事物也有一些光明；如果它完全没有光明，那么，它就是黑暗，因为光不在，就像声音不在，谓之寂静……然而，就是这类现象，也会在某一点上进入自然的一般秩序，在有智慧者的干预之下，获得并非不适当的位置。事实是，上帝不照亮某些地方和时间，藉此创造了黑暗，使黑暗和白天一样有其方便之处。我们在论述时，选择方便的节骨眼上沉默，使这些沉默像标点一般突出我们的论点。我们既然能够如此，上帝不是更善于选择方便的方式使某些事物有所欠缺吗？……因此，没有任何自然是恶的，只要它是自然……

美与丑

哈尔斯的亚历山大（13 世纪）

《总论》，II

正如一幅画里，一个深暗的颜色如果摆对了位置，就是适当的。同理，虽然世上有罪人，世界总体却是美丽的。

博韦的文森特（12—13 世纪）

《巨镜》，27

罪恶无法以其畸形稍损宇宙之美。

格罗斯泰特（12—13 世纪）

《论自然的区分》

美和健康被视为善，如果美和健康是指身体部位的比例和颜色之美而言……在丑的、有病的身体上，这比例并没有完全消失，只是发生了变化。所以说，丑和病可以称为程度较次的善，而不是真正、真实的恶。

2. 基督受难

当艺术必须表现基督受难时，我们就会意识到黑格尔在《美学》中指出的“你不能用希腊那种美的形式来刻画基督遭受鞭打、头戴荆冠、死在十字架上……”不过，世人是逐渐才接受基督之“丑”的。**《以赛亚书》**里描写弥赛亚因苦难而面目全非，一些教父也留意到这一点，但**奥古斯丁**随即又将这件证据纳入他的宇宙至美论，说耶稣挂在十字架上，看起来是畸形，但是，通过这肤浅的畸形，他表现了受难的内在美，以及他的牺牲所应许给我们的荣耀。

早期基督教艺术自我限制，只呈现这位“好牧羊人”十分理想化的形象，不认为钉死十字架是适当的画像题材，他们至多通过十字架这个抽象的象征来暗示他受难。有人说，不愿呈现基督受难，是神学上的争议使然，以及为了反驳异教徒。异教徒企图用他的受难来证明他是人，来否认他的神性。

到中世纪晚期，那个十字架上的人才开始被视为真实的人，遭受殴打、浑身血污、痛苦而身躯变形。这时，钉死十字架以及受难各阶段的刻画变成充满戏剧性的写实场景，通过基督的痛苦受难来颂扬他的人性。乔托（Giotto）为帕度亚的史克洛维尼教堂（Scrovegni Chapel）画《哀悼基督》（*The Mourning of Christ*），画中角色（包括天使）全都在啜泣，暗示信徒应该同情此人，认同此人。基督受难中的形象由此传到文艺复兴和巴洛克时代，而且逐渐加强以色情意味刻画，强调那神性而受痛苦折磨的脸和身体，风格渐趋自满，带着暧昧。好莱坞明星兼导演梅尔·吉布森（Mel Gibson）的电影版受难就是好例子，其中的基督与其说是流血，不如说是创口喷血。

但**黑格尔**也说，基督教降临后，迫害基督的人上了画面，“丑”的表现方式有了论战、辩驳的层次。

西奥多里克画师，
耶稣圣尸像，
约 1360，
卡尔石堡

弥赛亚报喜

《以赛亚书》，53：2—7

他在耶和华面前生长如嫩芽，像根出于干地。他无佳形美容，我们看见他的时候，也无美貌使我们羡慕他。

他被藐视，被人厌弃，多受痛苦，常经忧患。他被藐视，好像被人掩面不看的一样，我们也不尊重他。

他诚然担当我们的忧患，背负我们的痛苦；我们却以为他受责罚，被神击打苦待了。

哪知他为我们的过犯受害，为我们的罪孽压伤。因为他受的刑罚，我们得平安；因他受的鞭伤，我们得医治。

我们都如羊走迷，各人偏行己路，耶和华使我们众人的罪孽都归在他身上。

他受欺压，在受苦的时候却不开口，他像羊羔被牵到宰杀之地，又像羊在剪毛的人手下无声，他也是这样不开口。

乔托，
卸下圣体，
1304—1306，
帕多瓦，
斯克洛维尼礼拜堂

基督的畸形

圣奥古斯丁（4—5 世纪）

《讲道 27》，6

为了维持你信的信仰，基督把他自己落得畸形，但他依然是永远美丽的……我们看见他，他并不具备美，也不吸引人，他面容可憎，他的姿势畸形。这就是他的力量所在：他遭受辱骂，他的姿势畸形，一个全身溃疮的人，一个历尽疾苦的人。基督的畸形使你们体态好看。事实上，如果他不曾希望他自己变畸形，你们永远不可能恢复你们失去了的美好姿态。因此，他挂在十字架上时，他是畸形的，然而他的畸形构成我们的美。也所以，在此生此世，我们守着畸形的基督。“畸形的基督”是什么意思呢？我引为荣耀的，没有别的，只有我们的主耶稣基督，他为我被钉十字架，就如我也要为世界被钉十字架。这就是基督的畸形……我们额头带着他的畸形的印记。我们不会为基督的畸形感到难为情！我们走他的路，我们将会看见光；我们看见光之后，我们就会看到他和上帝平起平坐。

鲍茨，
耶稣受难，
约 1490，
剑桥（马萨诸塞州），
佛格艺术博物馆

他指的是德国北部的画家（他还可以加上佛兰德斯画派）。但是请注意，连安吉利科（Fra Angelico）这般敏感的艺术家，也画出一个不但容貌粗陋，还低俗地朝耶稣脸上吐口水的迫害者。凡此种种都无碍于其他无数理想化的基督形象，以及他在通俗圣像里高大英俊、五官细腻又近乎感伤的形象。但是，颂扬神性的画面出现丑陋与受难，鼓励了为说教和敬奉的目的而将丑的类型推向极端：从死亡、地狱、魔鬼、罪孽，到表现殉道者受苦，不一而足。

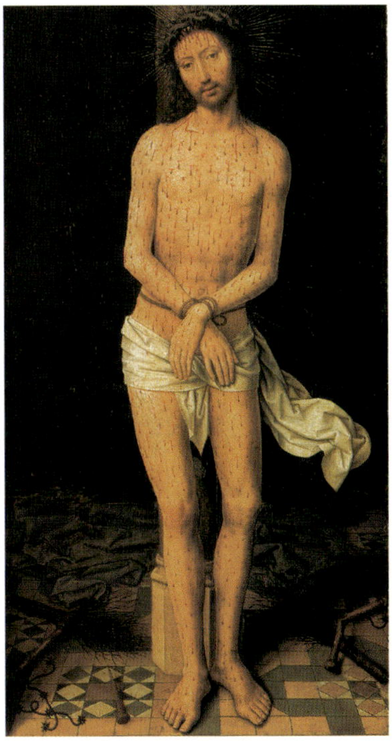

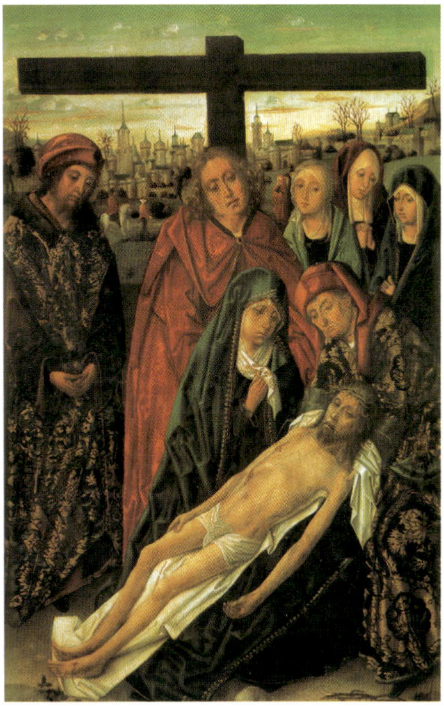

梅姆林，
杜旁的基督，
1485—1490，
巴塞罗那，
马特收藏

拉丁 - 佛兰德斯画师，
安葬基督（圣母的第七苦），
约 1488—1490，
马德里，
普拉多博物馆

梅尔·吉布森（导演），
《耶稣受难记》，
2003

表现痛苦

黑格尔（1770—1831）

《美学》，II，1

上帝生命的真正关键点，是他的个人存在不再是个人的时候，是受难，在十字架上受苦，在精神的骷髅地，在死亡的痛苦的时候。这个表现领域和古典的造型理想是分开，是直接相反的，因为，在这里，题材本身暗示，外在肉体的表象，作为个体的存在，其忧伤是负面的，但精神牺牲这主观的个体性和感官的领域，而臻至它的真理和它的天国……

基督遭受鞭打，头戴荆冠，扛着十字架前往行刑之地，被钉上十字架，在备受折磨而漫长的痛苦里死去：古典美的形式无法用来刻画这个过程……

霍尔班，
基督受嘲弄，
约 1495，
斯图加特，
国家画廊

基督的敌人

黑格尔（1770—1831）

《美学》，II，1

但是，基督的敌人被呈现成内在是邪恶的，因为他们把自己置于上帝的对立面，审判他，嘲笑他，对他施酷刑，将他钉十字架，内在邪恶、与上帝为敌，表现于外在，就是丑恶、粗鲁、野蛮、暴戾，以及外在体态扭曲。在这种种关联上，和希腊艺术之美相较之下，不美的特征就变成一个必要的特征……在这个领域里，北德名家表现特别出色，他们呈现基督受难的画面时，花大工夫突出那些纪律散漫的士兵，表现其粗鲁不文，表现其嘲弄里流露的邪恶，以及基督受难与死亡时他们对他的仇视里流露的野蛮。

博斯（摹本），
逮捕基督，
约 1500，
圣地亚哥，
艺术博物馆

安吉利科，
基督受嘲弄
（局部），
1440—1441，
佛罗伦萨，
圣马可修道院

3. 烈士、隐士、忏悔者

圣乌尔苏拉传奇画师，
汪达尔人屠杀
（局部），
1474—1475，
布鲁日，
格洛宁博物馆

在基督教世界，神圣的生活专指对基督的仿效而言。受难，残暴的受难，正是那些要牺牲性命来见证信仰的人要面对的。**德尔图良**（Tertullian, 2—3 世纪）在《殉道劝诫》（*Exhortation to Martyrdom*）中介绍了一些这样的人，并呼唤男男女女忍受他们命定遭逢的惨不忍言的痛苦（文中描写受难惨状，虐待狂的笔风欲盖弥彰）。有人大胆呈现基督遭受酷刑而不成人样的情况，但中世纪艺术极少这样刻画殉道者。艺术家刻画基督，强调他巨大而无与伦比的牺牲，画殉道者则突出他们喜乐安详赴死的天使般神情（以便劝促人们效法）。于是，砍头、上烤架、割胸脯的酷刑却产生优雅的构图，形式几近芭蕾。我们在下文会看到，面临酷刑而享受其残忍，后来随着十七世纪的艺术兴起。

文艺复兴时代及其后，出现重新评价人体和人体之美的风气，有个趋势是将一些极其令人难过的事件加以过度美化，以至于要表现的不再是酷刑，而是圣徒就刑之际表现出来的阳刚盛气或阴柔甜美。由此产生了经常带有同性恋情欲的形象，圣塞巴斯蒂安（St Sebastian）的各种殉道画面就是明证。

有个完全不再讲究优雅的领域是对隐士的刻画。传统上认为隐士久居沙漠，形貌必丑。巴洛克精神正是使用这些形象来歌颂圣徒的忏悔和对肉体的轻视：因斋戒绝食、自我鞭笞及其他形式的纪律而憔悴虚弱。**塞涅里**（Segneri）的描写可为例子。

早期隐士里，最丑的是柱顶修行者（stylite），他们住在一根柱子上禁欲苦行，忍受风吹雨打，全身爬满昆虫，兀自和心眼所见种种充满诱惑力的异象或着魔似的噩梦搏斗。近代处理这个主题者，**丁尼生**（Tennyson）可为例子。

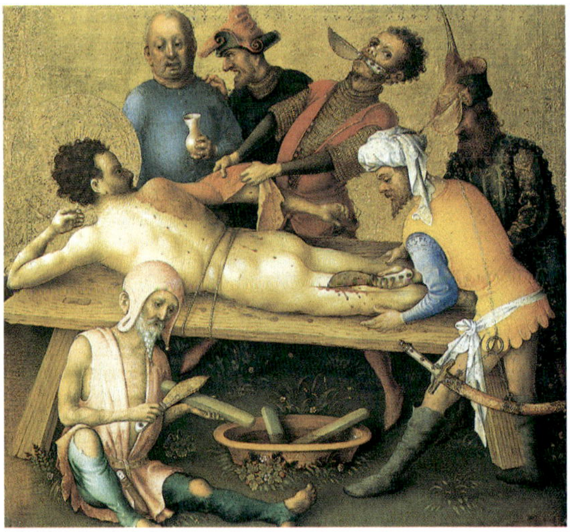

洛赫纳，
使徒殉道板画，
15 世纪，
法兰克福，
史达克斯博物馆

安吉利科，
圣彼得殉道三联画
（局部），
约 1425，
佛罗伦萨，
圣马可博物馆

劝勉殉道

德尔图良（2—3 世纪）

《致殉道者》，4

但是，死亡的恐惧不如酷刑的恐惧那般巨大。一个雅典女子被抓到刽子手面前，她因为参加一项阴谋，遭受暴君的酷刑，她不出卖同伴，最后，她咬断自己的舌头，把咬断的舌头朝暴君脸上吐去，让他知道他的酷刑是没有用的，无论他对她用刑多久。斯巴达人有一个他们认为极其重要的仪式，也很有名：鞭打。在这项神圣的仪式里，出身最高贵的青少年在祭坛面前挨鞭子，他们的父母和亲戚就站在旁边，鼓励他们勇敢挨完鞭打。肉体如果由于这些折磨而死亡，但青少年没有发出痛苦的叫声，斯巴达人认为更有荣誉、更光荣。因此，为了对尘世荣耀的爱，对体力、灵魂和感官加以类似这般的测验是正当的，这样的话，它们就能证明它们无视于武器造成的创伤，火焰的灼痛，钉十字架的折磨，野兽的愤怒，一切精细的酷刑，不为他故，只为了获得世人虚幻的赞美。既然如此，我也可以坚决认为，比起天国的荣耀和神的奖赏，你们所受的痛苦微不足道。如果连玻璃对我们都珍贵，那么，真正的珍珠该当何价？有人为了假货而付出，那么，谁不愿意为真理尽付所有？

1	2	3
4	5	6

霍恩，
柱头苦修者圣西蒙，
取自《每日书》，
1826

1
曼特尼亚，
圣塞巴斯提安，
1457—1459，
维也纳，
艺术史博物馆

2
霍尔班，
圣塞巴斯提安三联画（局部），
1516，
慕尼黑，
旧皮纳克提美术馆

3
雷尼，
圣塞巴斯提安，
1615，
罗马，
卡皮托里尼博物馆

4
格列柯，
圣塞巴斯提安，
1620—1625，
马德里，
普拉多博物馆

5
里韦拉，
圣塞巴斯提安，
1651，
那不勒斯，
卡波迪蒙特博物馆

6
牟侯，
圣塞巴斯提安，
约 1870—1875，
巴黎，
牟侯美术馆

柱头苦修者圣西蒙

丁尼生（1809—1892）

《柱头苦修者圣西蒙》

虽然我是人类里最卑下的，
从头顶到脚底
是污浊罪恶的壳子，
不适合地，不适合天，也不合
成群魔鬼之用，只会亵渎神圣，
但我不会放弃掌握成为
圣徒的希望，我要疾呼、哀叹、啜泣，
用激烈如暴风雨的祈祷
猛敲天国之门，
发发慈悲，主啊，消除我的罪孽。

让这应验吧，正义、可畏、万能的上帝，
不要让这个徒劳：三个十年，
三乘以超乎人类所能的痛苦，
在饥饿和口渴、高烧和发冷，
在咳嗽、疼痛、剧创、溃疡痛楚和痉挛里，
草地和云之间一个标记，
耐心地在这根高高的柱子上我承受
雨、风、霜、热、雹、湿、霰和雪；
我曾希望，在这段时间结束之前
你就会将我引去休息，
不让这备经风霜的肢体
享受不到圣徒的奖赏，那白袍和棕榈。
主啊，主
你知道的，起初我比较受得了这些，
因为我那时候强壮，身体硬朗；
虽然我的牙齿，如今
已经掉光的牙齿，
经常冷得捉对儿打颤，而且
我所有胡须
在月光下硬如冰穗，
但我用虔诚的赞美诗和雅歌的声音
淹没猫头鹰的叫嚣，而且有时
边唱，边看见一位天使站在哪里看我。
而今，我已变得虚弱；我的尽头渐近；
我希望我的尽头渐渐近：我已半聋，
因此我几乎听不见柱子底部
人群的声音，而且我差不多已经瞎了，
快要认不出我从前知道的田野；
此外，我的两股已被霜露腐坏；
可是我不停止呼叫和呐喊，
只要我僵硬的腰杆子还撑得起疲惫的头
……

依纳爵·罗耀拉的忏悔

保罗·塞涅里（1624—1694）

《依纳爵·罗耀拉颂》

将他自己的上半部——也就是精神——奉献给上帝之后，他怀着谦虚卑微，剩下来的只有用最痛苦的折磨，将下半部——也就是肉体——奉献给上帝；他这么做，就是在一种几乎耳熟能详的战斗里，训练自己抵抗那两个妨碍神更大荣耀传递宇宙的两个大敌：灵魂的考验和肉体的折磨。你想，他如何为他的体内施加酷刑？听听我这就要告诉你的情况，然后，如果你能够的话，感觉一下那种恐怖吧。他身上绑着有倒钩的链子，再穿上粗麻袋，两腋留空，裹以刺人极痛的针、带刺的草或尖铁；他少吃，每日只以面包和水下肚，礼拜天除外，他礼拜天加上苦草，用尘或土调味；他经常三、六，甚至八天终日不食；白天到入夜之间，鞭笞自己五次，总是用链子抽自己，总是抽得血淋淋；袒胸露肚，以打火石奋力痛击。他不睡床，只睡硬邦邦的地。他也不用枕头，只把头搁在冷冰冰的石头上。他一天双膝跪地七小时，深深沉思，从来不啜泣，从来不曾停止折磨自己。这就是他在曼雷沙的岩窟里过的日子，从来不肯减轻他的苦行，尽管他不久就得到极为痛苦的病恙，精力不支，发抖、抽筋、晕眩、发高烧，直到最后，蒙上帝恩宠，他走了。

4. 死亡的胜利

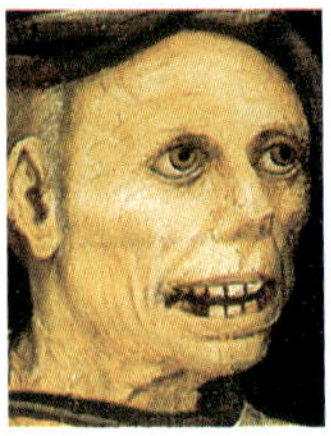

死神之舞
（局部），
取自《罗马日课书》，
约 1515，
巴黎，
吉耶哈洛都安

圣徒喜悦地等候死亡，罪恶之徒却不会这样。对于罪恶之徒，重要的不是呼唤他们平静地等待死亡时刻，而是提醒他们死亡在即，要他们及时悔悟。因此，口头上的劝诫及神圣场所的画面，用意都是提醒人死亡迫在眉睫，培养他们对地狱酷刑的恐惧。

这在中世纪（后世亦然）之所以成为一个令人感受特深的主题，是因为在人类寿命比我们今天要短、人很容易丧命于瘟疫和饥荒的时代，在战争几乎无日无之的时代，死亡是很难视若无睹的现象。不像我们今天，举目尽是青春健美的模特儿，我们想尽办法忘掉死亡，掩藏死亡，把死亡贬到公墓去，我们顾左右而言他，避免直接提到死亡，或者把死亡简化成某种景观，谑看别人之死，幸忘自己之亡。

文学上，死亡的胜利这个主题出现于十二世纪**埃利南**（Hélinand of Froidmont）的《死亡》（*Verses on Death*），并以而今安在（ubi sunt）（从前的美女，辉煌的城市，而今安在？都消失无踪了）这个主题的各种变奏持续传世。

在中世纪，死亡有时以某种痛苦但熟悉的面貌出现，是人生剧场里一种固定的角色。许多成套的组画歌颂死亡的胜利，例如比萨的康波桑托（Camposanto）那套作品。

在罗马，领袖凯旋的胜利游行中往往安排一个仆人坐在风光满面的大人物旁边，一再念着“记住，你是人”，意近那句有名的拉丁文 memento mori（记住，你终有一死）。

从这个原型产生了胜利文学，这类作品通常的要素是“死亡的胜利”：死亡战胜一切虚荣、时间和名声。**彼特拉克**（Petrarch）之作可为例子。

死亡的胜利和最后的审判联袂出现。最后的审判是对信徒的另一种警告，成为戏剧作品和嘉年华花车的主题。看我们所引的**瓦萨里**（Vasari）作品可知。

死神的胜利，
1485，
克卢索内（意大利），
纪律礼拜堂

死神片刻竟功

埃利南

《死亡》(1197)

只消一小时，死神解决一切。
美貌何价，财富何价？

死神的胜利

彼特拉克（1304—1374）

《死神的胜利》，I，73-90

在这儿，我们看见自远而至
一支死神的大军，布满平原，
没有任何散文，任何诗篇能说清
他们的数目，从印度，从中国，
从摩洛哥，从西班牙
从天涯海角，他们来了，
号称幸福快乐的人，
教皇、国王和皇帝
他们现在赤裸躺着，狼狈无状的乞丐。
他们财富而今安在？
何处是他们的荣名
他们的珠宝、权杖、皇冠，
他们的法冠和他们的紫袍？
存望尘世财货的人真可怜
（然而谁不是如此呢），如果，到头来
他们受了骗，那也是理当如此。
啊盲目的你们，你们为谁辛苦为谁忙？

嘉年华

瓦萨里（1511—1574）

《艺术家传》之《皮耶洛传》，III

那是一个游行对列，一辆巨大的车子，由黑色的牛拉着，车上饰以死人骨头的绘画，还有白色的十字架，车上并且坐着一个巨大的死神刍像，死神一只手拿着镰刀。车子四周有很多盖着的坟墓，每当游行对列停下来唱歌，这些墓穴就打开来，跑出身穿黑衣的人，黑衣上画着骷髅，手臂、胸、背和腿的骨头，在黑布上白白的。远处，出现几个身影，手拿火把，戴着死神面具，面具前后都挂着头骨，头骨垂到喉咙。这些景象除了都极为逼真外，看起来还恐怖吓人。有人吹号，声音低沉，难听又无趣，号声响起，这些死人就从墓穴出现，在墓穴上坐下，唱起歌来……

“你们看，我们是死人，
有一天我们也会看见你们是死人。”

木乃伊，
约 1599，
巴勒莫，
卡普奇尼地下墓室

木乃伊，
约 1599，
巴勒莫，
卡普奇尼地下墓室

取自查理六世皇帝棺之头骨，
约 1618，
维也纳，
卡普奇尼教堂地窟

这身体一旦……

保利（1684—1751）

《四旬斋讲道》

所有东西都考虑周详，安排妥当，身体进入墓穴。这身体一旦封入墓穴，就改变颜色，渐渐变黄而淡，带着某种令人见之作呕的苍白，不成颜色，令人害怕。然后，这身体转黑，从头上到脚趾变黑；一种可怖的，阴沉的热气，像堆积的煤炭发出的热气，将全身完全包覆。接着，脸、胸、胃开始奇怪地膨胀：胃膨胀的时候，会长出一种恶臭、油腻的霉菌，那是身体逐渐腐烂的丑恶产物。这之后不久，那变黄而肿胀的胃开始迸裂，这里那里爆开来：从这些地方，慢慢流出腐败产生的浆汁和恶心东西，一片片、一块块黑色的烂肉在浆汁里浮着游着。这里，你看到全都是蛆的半只眼睛，那里，一条恶臭腐烂的嘴唇；另外一处，一团破裂的，泛着蓝色的肠胃。在这堆油腻如粪的脏东西里，将会产生小小的苍蝇，以及蛆和其他种种恶心的东西，在那腐烂的血里彼此钻来绕去，粘在那腐烂的肉上，开始大吃大嚼。这些蛆，有的从胸腔生出来，其他则带着我没法形容的污秽和黏液，从鼻孔悬垂而下；其余的，混杂着这一切腐臭，在嘴上进进出出，那吃得最饱足的，来来去去，涓涓不绝，从喉咙汩汩而下。

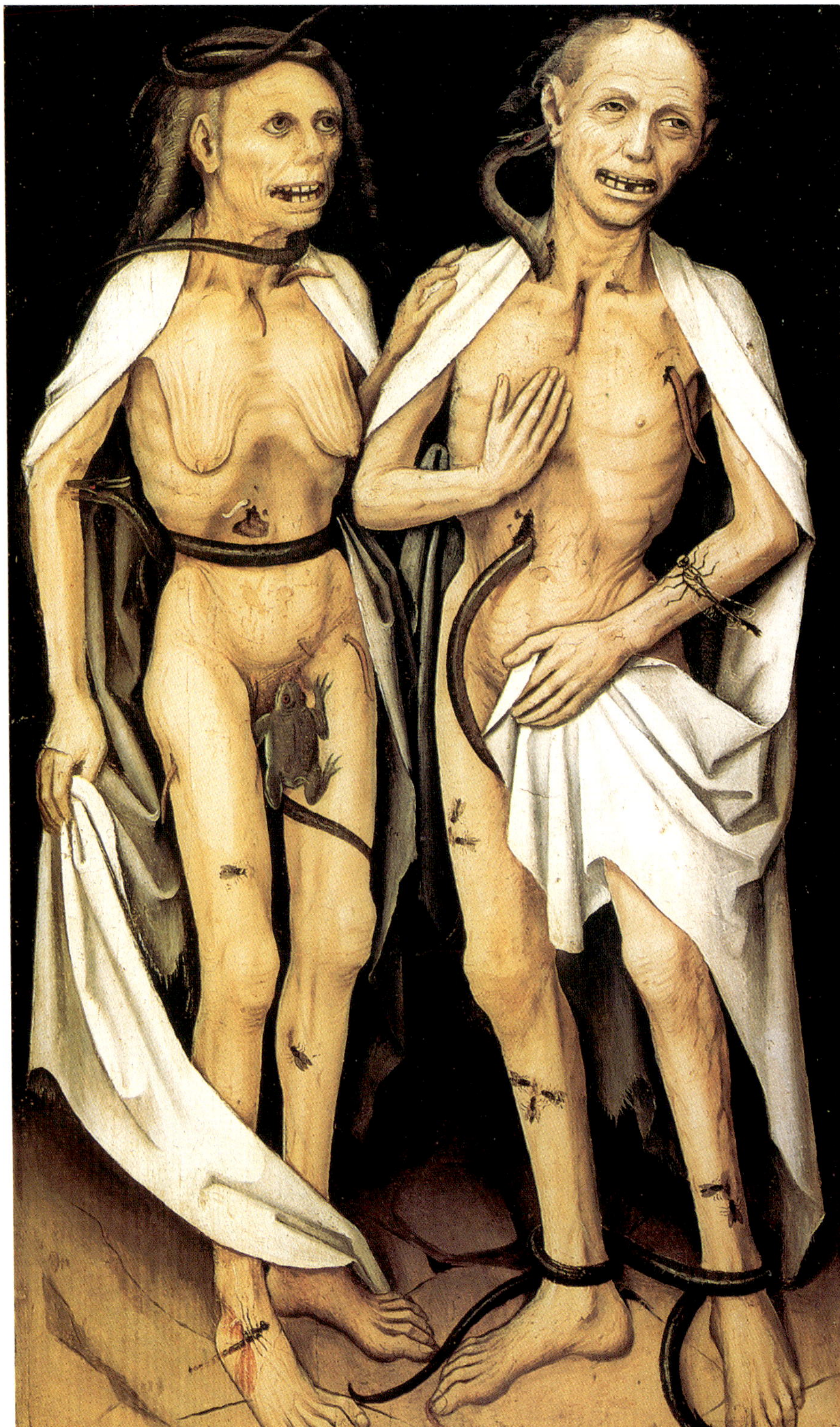

另外还有一些带插画的故事，讲述三个骑士在森林遇见三具骷髅，像镜子一样照出三人在不久的未来会呈现的模样。（说明文字是 :“我们曾是你们现在的样子，你们将变成我们现在的样子！”）有时候，骑士碰到一具腐烂的尸体，修士会提醒他们那就是等待着他们的命运。许多壁画以此为题，例如里雷莫那（Cremona）圣路加教堂圣器室里那幅《三个活人和三个死人的邂逅》（14 世纪），或伊鲁桑（Elusone）戒律礼拜堂（Oratory of the Disciplines）现已残缺的那幅壁画（15 世纪），画中是死亡的胜利和死亡之舞的双重主题。

到了近代，或许是因为开始有了解剖室的经验，嘉年华式的死亡胜利观念退位。代之而起的忏悔文学细写临死的痛苦和腐败中的尸体，十分吓人。请看我们摘录的**保利**（Sebastiano Pauli）作品。

死亡的胜利这个主题，在现代文学里有无数变奏，我们只需提及**波德莱尔**，还有**德里罗**（DeLillo）的一部近作，以见其概。

歌颂死亡另外一种既有文化意义又相当通俗的形式，是神圣场所和公墓常见的死亡之舞（Danse Macabre）。macabre 是十分晚近的用语，字源至今还有争议（或许源出阿拉伯文或希伯来文，或许来自一个叫 Macabre 的人的名字），但这种仪式大概产生于“黑死病”造成死亡遍地的恐怖之后。黑死病就是十四世纪爆发的那场大瘟疫。死亡之舞的目的并不是增加人等待末日的恐惧，而是祛除那恐惧，使人习惯于承认末日正在来临。死亡之舞表现的是教皇、皇帝、修士或少女都在骷髅引领下起舞，颂扬人生之短暂及财富、年龄、权势的差异终归平等。死亡之舞最早的一个意象（已经失传）可以追溯到 1424 年，在巴黎圣婴教堂的附属墓场里，现在只剩下雕刻残迹。

文艺复兴时代，一系列小开本书籍问世，书中有死亡之舞的雕刻，其中最著名的作品出自霍尔班（Hand Holbein）之手，今天还有人复制。在这些书籍里，可以看见一些取自日常生活（或圣经故事）的连续画面，陪伴着画中人物的骷髅提醒着我们，一直守候着的死亡是人生在世无法逃避的伴侣。

上莱茵区画师，
死去的情人，
死神和情欲，
16 世纪，
斯特拉斯堡，
斯特拉斯堡博物馆

17 世纪用暗箱（camera obscura）技术投射产生的第一批图像里有很多以骷髅为主题。死亡之舞最晚近也最有名的刻画，或许是英格玛 · 伯格曼的电影《第七封印》。

死神的胜利，
15 世纪初叶，
巴勒莫，
阿巴泰利斯宫，
西西里亚地区博物馆

死之舞

波德莱尔（1821—1867）
《恶之花》

骄傲如一个以她高贵身架为傲的活人，
加上她大大的花束，她的手帕
和手套，她有
一个作张作致的苗条卖俏女子
那种漫不经心和自在风情。
谁在舞会里看过更细的腰身？
她奢侈华丽的衣裙
带着繁复的皱褶
盖过纤足，
纤足紧紧套在缀饰着
美艳如花的绒球的
鞋子里。
如同好色的溪流
摩抚岩石，
蕾丝裙边在她骨感的胸上嬉戏，
贞洁地围护
她刻意掩饰的鬼魅风韵
不受嘲弄。
她深陷的眼眶空洞且黑暗，
她的头颅，用花
巧妙装饰着，
在她脆弱的脊椎上轻摇。
啊，一个不存在的东西
疯狂巧饰出来的魅力！
有些人，爱肉的人，
会说你丑陋滑稽；他们不懂
人的骨架那种
莫可名状的情趣。你满足了
我最得意的品味，高个儿骷髅！
你是来用你巨测的鬼脸
搅扰生命的盛典吗？还是说
某种古老的欲望
仍在驱策你活活的骸骨，
催你，盲从轻信的你，追求
喧嚣的享乐？……
你双目的深渊，充满
可怕的念头，
散发令人眩晕之气，
小心的舞者
看见你三十二根牙齿的
永恒微笑，都要痛苦恶心。
然而有谁不曾拥抱
骸骨，
谁不曾乐嚼
终归属于坟墓的东西？
香水、服饰、梳妆
又是何物？
作厌恶之状者
自以为英俊。
没鼻子的舞者，令人抗拒不了的妓女。

当我死时

莎士比亚

《十四行诗》，71（1609）

当我死时，你听完那阴沉钟声
向世人宣告我已遁离
这浊世，与至浊之蛆厮守
就不要再悼念我：
甚至，你若读到此诗，慎勿忆
此作诗之手，因为我如此爱你，
如果想念我令你心伤悲，
我宁愿你美好的心思忘了我。
哦！我说，我也许已化尘土之后，
你展看此诗，
连我的名字也不要启齿；
让你的爱与我的生命俱灭吧；
以免得意的世人见你哀叹，
在我走后还嘲笑你。

对尸体的两种看法

西尔维娅·普拉斯（1932—1963）

布鲁盖尔那幅烽烟和屠杀的
全景画里
只有两人盲目不见那
腐肉大军：
他，在她的蓝绸裙海里漂浮，
朝她裸露的肩膀的方向
歌唱，她则弯腰俯向他，
拈弄着一页乐谱，
两人都聋耳不闻
死神手中的
小提琴，死神的头的阴影
笼罩他们的歌。
这些佛兰德斯情人乐哉悠哉；
但是，苍凉，一时陷滞在油彩中，
没有饶过
右手角落那个苗条乡村小丑
多久。

布鲁盖尔的死亡的胜利

德里罗

《阴间》（1997）

死人出来带活人了。穿着寿衣的死人，成队骑在马上的死人，奏着手摇琴的骷髅……

他详视那装满头骨的囚车。他站在走道上，注视那个被狗群追赶的男人。他注视那只瘦骨嶙峋的狗啃啮死女人怀中的婴儿。那些全是消瘦、营养不良的狗，战争狗、地狱狗、坟场狗，浑身是寄生虫、狗瘤、狗癌。

亲爱的，没有细菌的艾德嘉，这个住家有一套空气滤清系统来蒸除灰尘的人，他对溃疡、烂疮和腐烂的尸体着迷：只要他和这些东西的关联严格限于图画。他在中间地面上找到第二个死女人，被一具骷髅跨骑着。那姿态是性的姿态，这没有疑问。不过，艾德嘉确不确定被骑的是女人？还是男人？他站在走道上，他们都在他四周欢呼，他面前是那些册页。没错，死人在追扑活人。不过，他开始看出活人是罪人。那些打牌的人，那些玩弄感情的情侣，他看见身穿白鼬毛皮的国王，他的财富藏在大桶子里。死人来了，倾空酒桶，给绅贵们上菜，上的是盛在大盘子上的头骨。他看见贪吃、色欲、贪心……死人敲着鼓。一身粗麻布的死人正在割断一个进香客的喉咙。血肉模糊的颜色，成堆的尸体，这是恐怖死法的集大成。他目注画页左手远方海角外的接天火光：别处也有死亡，许多地方也是大火笼罩，处处恐怖，乌鸦、大鸦静静滑翔，那只大鸦落据在那匹白色驽马的臀上，永远的黑和白……

后页：

老布鲁盖尔，
死神的胜利，
1562，
马德里，
普拉多博物馆

第三章

启示录、地狱和魔鬼

1. 恐怖的宇宙

大战蝗虫，
圣塞维罗启示录
11 世纪，
巴黎，
法国国家图书馆

丑，以恐怖和魔鬼形式出现的丑，随约翰所写的《启示录》进入基督教世界。《旧约》和《新约》其他诸篇并不是没提到魔鬼和地狱。不过，那些篇章提及魔鬼，但言其行动或那些行动造成的影响（例如福音书描写魔鬼上身）。只有《创世记》除外，魔鬼在那里化身为蛇出现。

魔鬼从未以中世纪刻画的那种“躯体”特征出现。对于罪人死后所受苦难的形容，用词也很概括（哀嚎、切齿、永恒的火），绝无栩栩如生或明白可指的形象。

《启示录》的呈现方式（我们今天甚至会说有如“灾难电影”）则详尽无余。当然，我们不宜像许多注释家那样为这篇文字寻求充满语言意味的诠释，我们最好把它当作“真人真事”的直接叙述来读。因为通俗文化就是这样解读这篇文字的，而且，许多世纪以来，艺术上的表现也是从这样的解读中得到灵感。

公元 1 世纪末前后，使徒约翰（或者说此文的作者）在拔摩岛（Patmos）上目睹异象，然后依照希伯来文化里常见的“异象”（apokalypsis，启示）这种文学类型写出此事。

作者听见一个声音，那声音命令他写下他将会看到的景象，捎给亚细亚的七个教会。他看到七个金灯台，灯台中间有一位好像人子，头发雪白，脚如正在镕锻的铜，声音如同众水的声音。他右手拿着七星，口中出来一把利剑。他看见天上一个宝座，有一位坐在宝座宝座上，被好像绿宝石的虹围着。宝座的周围是二十四位长老和四个活物。第一个活物像狮子，第二个像牛犊，第三个脸面像人，第四个像飞鹰。那位坐在宝座上的，右手执一书卷，用七印封严了，无人可以展看。接着出现一只羔羊，有七角七眼，长老和四个活物俯伏而拜。第一封印揭开，出现一匹白马，一个常胜骑士骑着。第二封印揭开，一匹红色马，骑马者挥一把大刀。第三封印带来一匹黑马，骑者手拿天平。第四封印揭开，灰马出现，骑者名叫“死”。第五封印揭开，出现殉道者。揭开第六封印的时候，地大震动，日头变黑，满月血红，星辰坠地，天挪移如书卷被卷起来。第七封印揭开之前，出现大群身穿白衣的上帝选民。此印揭开，站在上帝面前的七位天使开始吹各自手里的号。每位天使吹号，都有冰雹和火降到大地，海的三分之一变血，生物尽灭，星辰坠地，日月星三分之一变暗。无底坑打开，烟和蝗虫冒出，好像由无底坑的天使率领的可怖战士。四个被捆绑在幼发拉底河的使者获释，带着无数大军出动。大军胸前有甲如火，马的头好像狮子头，地上的人三分之一丧命，有的死于马尾（像蛇），有的死于马的利嘴。

第七把号吹起，约柜出现，一个妇人现身，身披日头，脚踏月亮，头戴十二星的冠冕。然后是一条大红龙，七头十角，七头各戴冠冕。一个孩子出生，升天坐在上帝身边。米迦勒、天使和龙发生可怕的战争。龙摔在地上，企图攻击那妇人。经由大自然力量的奇妙帮助，妇人躲过攻击。然后，龙停在海边，海里冒出一只十角七头的兽，形状如豹，爪如熊，口如狮，全世界跟从他，他开口向上帝说亵渎的话，并在地里冒出的另一只兽助拳之下，与圣徒交争，取得胜利。后面这只兽就是假先知（后来的传统称之为“敌基督”），它把地上的人都变成第一只兽的奴隶。

但是，反击的时刻到了。羔羊带领十四万个保持童身的上帝选民

巴比伦妓女，
欧斯玛的比特斯所编**启示录注释**，
11 世纪，
索里亚（西班牙），
大教堂档案

丢勒，
启示录四骑士，
1511，
巴黎，
卢浮宫

重现，天使预言巴比伦覆亡。至高的审判者乘白云来到，他看来像人子，和帮助他的天使们一样拿着锐利的镰刀，结果是一场惩罪罚恶的大屠杀。掌管七灾的天使完成这件工作，兽就此落败。天空中，那存法柜的殿开了。掌管七灾的天使拿着七个盛满上帝之怒的金碗，再一次遍洒死亡、恐怖和毒疮。海水、河水尽皆变血，太阳烤焦幸存者，黑暗和干旱折磨活着的人。龙、兽、假先知嘴里出来三个污秽的灵，望之如青蛙。他们纠集天下众王，善、恶势力在一个叫哈米吉多顿（Armageddon）的地方决战。那淫妇骑在朱红色的兽上出现。那兽有七头十角，手拿金杯，杯中盛满她淫乱的污秽。但曾受她诱惑的群众的造反，将把她推向毁灭。巴比伦倾覆，上帝之怒毁灭这个大城。天使、长老和四个活物歌颂上帝的胜利，一个战士骑白马现身天空。跟随他的是胜利的洁白大军，他们合力擒兽，将他连同假先知扔进燃烧着硫磺的火湖。

启示录织锦，
约 1300，
昂热（法国）

接下来是《启示录》第 20 章，一位天使拿链子绑龙，扔进无底坑，把它捆绑在里面一千年。等一千年完了，撒旦，也就是这条龙，将会被暂时释放来迷惑天下人。但他注定会失败，再一次和兽、假先知一起被扔进燃烧硫磺的火湖，基督和有福者则统治地上千年。最后是末日审判，天降圣城，就是耶路撒冷，满饰黄金和珠宝，光辉耀目（这辉煌景象本身可以自成一章，放进一部美的历史中）。

这异象为基督徒的想象带来数不清的怪物和可怕事件。不过，第 20 章中大量含糊不清之处引发了很多世纪的争论。一种诠释认为，龙被链住的一千年尚未开始，因此我们还在等待一个黄金时代。或者，照奥古斯丁在《上帝之城》中的说法，一千年代表道成肉身到历史结束的这段时间，因此我们此刻就活在那一千年里。这样的话，等待那千年就变成了等待它的结束，随之而来的将是恐怖，魔鬼及其假先知、敌基督的重返，基督的再次降临和世界末日。

海兽，
班贝格启示录，
手稿 140，
11 世纪，
班贝格（德国），
国立图书馆

这样的诠释使公元第一个千年末的人极为苦恼。《启示录》的故事在两种可能的诠释之间展开，在欣然和绝望之间摇摆，带着期望和紧张，我们等待着那必将发生发生的、可能奇妙也可能可怕的结局。

但《启示录》及其注释者只是在字面上谈论，要让不识字的人也能了解，就必须转换成图像。约翰这篇文字的所有诠释中最成功的一部规模硕大，正文不过数十页，注解却多达数百页。这就是黎巴纳的比特斯（Beatus of Liebana, 730—785 年）写的《启示录注释》（*Apocalipsin, Libri Duodecim*）。那是东哥特人占据西班牙的时代，这位修道院长住在奥维多王（Oviedo）宫廷里。指出这部大杂烩般的注解多么胡编乱造又何其天真没什么意思。此作所以轰动，也许因为其中带着色情和淫靡的气息。此书出现许多手抄本，都配上金碧辉煌的装饰，是穆斯阿拉伯（Mozarabic）艺术的杰作。还有一系列泥金抄本，制作极美，全都产生于 10—12 世纪之间。这些根据比特斯注释产生的泥金手抄本启发了中世纪许多表现（具象）艺术，最重要的是四条甘伯斯提拉圣第牙哥（Santiago di Compostela）朝圣路线上那些罗马式修道院的雕刻。哥特式教堂也有。

这些教堂正门和角楼上使用的启示录主题，通常是基督坐在宝座上，四个天使围拥，以及末日审判和地狱。魔鬼形象，诸如无底坑的龙、七头十角的兽、骑朱红兽的巴比伦淫妇，则经由其他途径传播，例如泥金抄本和各种连环图画。

一篇异象文字就这样通过视觉转换，将末日的恐惧（超过末日胜利的应许）带进中世纪人的想象。

《启示录》最明显的历史影响在社会和政治方面，重点则是所谓的“千年忧惧”和各种千年运动的诞生。

很长一段时间都有一种说法，在第一个千年的最后，决定性的 12 月 31 日之夜，人类在教堂里竟夜不眠，等待世界末日，直到翌晨爆发遍地欢唱。浪漫主义时代的历史学家不厌其烦地述说这个传奇。其实，当时的文献没有留下丝毫这些恐怖的痕迹。相信并提及此事的只是 16 世纪的作家。第一个千年将尽之时，匹夫匹妇根本不知道自己活在第一个千年里，因为从基督出生起（而非从推断中的世界之始起）计算的纪年制在当时尚未通用。最近有人主张，在教士宣传之下，民间是有恐惧的，普遍存在但没有公开。那些教士被怀疑是异端，因此官方文献也不提他们。

地狱，
12 世纪，
孔克（法国），
圣弗伊修道院

末日之前

博韦的文森特（12—13 世纪）

《历史之镜》，XXXI，111

第一天，海将会上升到山顶四十肘尺，海面将会像一面墙般升起来。第二天，海将会往下掉，掉得极远，远到几乎看不见。第三天，海里的怪物出现在海平面上，发出吼叫，声达于天。第四天，海和所有的水将会着火。第五天，花草树木将会滴血。第六天，建筑物将会倒塌。第七天，岩石将会彼此撞碎。第八天，全世界将会地震。第九天，大地将会夷平。第十天，人将会从洞穴里出来，像发疯似的到处狂走，无法互相说话。第十一天，死人的骨头将会起来。第十二天，星辰将会下坠。第十三天，所有还活下来的人将会死亡，然后再和死人一同起来。第十四天，天空和大地将会起火。第十五天，将会有新的天空和新的大地，一切又复活。

虽然许多中世纪作家没有提到那个千年之末引起的恐惧，但也有许多作家写到了千年之忧，例如**格拉贝**（Rodulfus Glaber）。因此中世纪文化还是不时浮现出世界末日的苦恼。这是可以理解的。想想看，当时的人在罗马帝国崩溃之后被外患和屠杀折磨了好几百年，约翰所写的异象对他们来说并不是神秘的幻想，而是对他们亲身遭遇之事的忠实刻画和可能在未来继续发生的一种威胁。

但是，农民被动忍受千年将尽的焦虑，想不出其他出路。第二个千年开始后，大量新的社会族群和新的群众（这些群众就是我们今天所说的“流氓无产者”）出现。在他们眼中，《启示录》承诺给他们一个比较好的未来，一个可以经由造反来达成的未来。

千年主义导致一些神秘主义运动。达菲欧尔（Joachim da Fiore）倡言一个将会在未来的黄金时代建立的以平等为基础的社会。另外还有方济小兄弟修会（Friars Minor）。但是，达菲欧尔的思维也有很多其他变种，它们描绘的这个第三时代往往和固有的权力体制及财富世界对立。于是，神秘主义运动每每导致无政府主义。至于禁欲苦行、对正义的渴望及聚众打劫，则成为魅力领袖纠集的各种反抗团体的特色。在这些团体里，唯一由《启示录》激发的方面是那种号称净化天下的暴力。这暴力又每每发泄在犹太人身上（说犹太人是敌基督的代表）。

千年运动在各世纪都曾出现，到今天还有，大多见于边缘社会，有时演变成集体自杀。至于近代的例子，可以看看宗教改革时代的门彻（Thomas Muntzer）。他以上帝磨利来除掉敌人的镰刀自居，将路德看成那只兽与巴比伦淫妇，而将农民起事变成平等社会的乌托邦。另外可以看看门斯特的再洗礼派信徒（Anabaptists of Munster），他们将他们的城市取名“新耶路撒冷”，在复活节前宣告世界末日，认为雷登的约翰（John of Leyden）是末日弥赛亚。他们全体死于一场可怕的屠杀，好似直接将《启示录》搬到人间演出。这些，以及其他运动，是拔摩岛所见异象引起的反应。其用意则是要战胜异象里描述的怪物，带来一个幸福的时代。在这个幸福的时代，撒旦及其作为，连同他炫耀的阵仗，都被彻底打败。有时候，追随启示录的人却屈服于那只兽及其暴力的诱惑，造成更多的血流成河，这只是那篇可怕文字的吸引力的进一步证据。

上帝和玛各
欧斯玛的比特斯所编
启示录注释，
11 世纪，
索里亚（西班牙），
大教堂档案

第一千年前后

格拉贝（10—11 世纪）

《1000 年的历史》，IV，9—10

主内 1033 年快到的时候，也就是说，救世主受难后一千年，西方许多有名的人死亡……那之后不久，全世界都开始感受到饥荒的影响，几乎整个人类都有死亡之虞。天气变得极其风狂雨暴，没有一个人能找到适合播种或收成的时机，特别是由于洪水肆虐的关系。土、水、风、火一切元素似乎在彼此交战：然而它们无疑都是上帝的工具，用来惩罚人的骄傲……

那时候，没有任何人不备尝缺乏食物之苦：领主和中间阶层的人和穷人同病相怜：人人饥饿，形容憔悴……

再也没有动物和鸟可以吃的时候，人被饥饿所驱，只好什么尸体都拿来果腹，连所有其他说起来都令人反胃作呕的东西，也照吃不误。为了保命，有人吃树根和河里的杂草，可是都没用，没有人逃得过上帝之怒，除了到上帝那里。那时节，人的所作所为无所不至，说起来恐怖之极。天可怜见！历史上这样的记载只有少数几次，而这是其中之一，人饿极而无所不吃，开始吃人肉。人出外走在路上，被比他们强壮的人攻击，身体被片片切碎，放在火上烤了吃掉。有人为了逃饥荒，从这个国家迁到别个国家，在路上受人收留歇宿，夜里被断喉咙，成了人家的腹中物，而吃他们的正是盛情供他们打尖的人。很多人对小孩子亮一片水果，或一颗蛋，把他们拖到一旁去宰了吃。

许许多多地方，死人已经入土的尸体被挖出来供人充饥。这疯狂胡为到了无以复加的程度，连无人看管的野兽都比人更有机会逃过窃贼的手掌。吃人肉变成几乎是家常便饭之后，有个人带着煮好的肉到托尔莫斯的市场去叫卖，仿佛那是什么动物的肉似的。他被逮捕的时候，并不否认他可耻的罪行：然后，他被上绑，在火刑柱上烧死。另外一个人，他前往他们埋那些肉的地方，打算挖出肉来吃，也被烧死。

2. 地狱

梅姆林，
有最后的审判画面的三联画，
（局部），
1467—1471，
格但斯克（波兰），
国家博物馆

《启示录》的结尾是撒旦被扔到地下，永远不能再冒出来。然而这并不是第一篇将地狱观念引入基督教世界的文献。在那之前很久，许多宗教就构想出一个阴魂漫游的处所，通常是在地下。异教的狄米特（Demeter）曾到地府哈得斯（Hades）寻找被冥王劫走的女儿柏丝芳（Persphone）；奥菲斯（Orpheus）曾下地府搭救妻子尤丽狄丝（Eurydice）；尤利西斯和埃涅阿斯也曾前往那里。《可兰经》谈到一个专司惩罚的地方。《旧约》提到一个"死人的住处"，但没有谈到惩罚或酷刑。福音书比较明显地提到无底坑，尤其是地狱和那里的永不熄灭之火，被丢进那里的人"哀哭切齿"。

中世纪产生了很多关于地狱的描写和阴间之旅的报告，例如《**圣布伦丹的旅程**》（*The Navigation of St Brendan*）、《丹达尔的异象》（*Vision of Tundall*）、达维洛纳（Giacomino da Verona）的《地狱的巴比伦国》（*On the Infernal Babylonian State*）、德拉里瓦（Bonvesin de la Rive）的《三部经文之书》（*Book of the Three Scriptures*）。正是这些人与作品，还有提维吉尔的《埃涅阿斯纪》（*Aeneid*，第6章）和阿拉伯的传统（8世纪时写穆罕默德地府之行的《**梯子之书**》[*Book of the Stair*] 值得一提）激发了**但丁**创作《地狱》（*Inferno*）的灵感。但丁此作是这方面的枢纽之作，描写了各色各样怪物，详列无数畸形，如米诺斯（Minos）、复仇女神、格扬（Geryon）、有六张脸和六片巨大蝠翼的路济弗尔（Lucifer），以及林林总总难以名状的酷刑——生前懒堕的人赤身裸体被黄蜂和马蝇叮着狂奔，贪吃的人被雨折磨、被刻耳柏洛斯开肠掏肚，异端躺在火墓里，行暴力者被扔进污血沸腾之河，渎神的、鸡奸的、僭位的被火雨笼罩，谄媚的人被浸在粪坑里，买卖圣物者头下脚上倒吊、脚上着火，骗子全身陷在沸腾的沥青里被魔鬼用利钩刺赶，伪善的人穿着铅大衣，窃贼变成爬虫，造假者得了麻风病、周身疥癣，叛徒泡在冰里……

在启示录文学和各种版本阴间之行故事的影响下，罗马式修道院和哥特式教堂里的泥金抄本与壁画上形形色色的刻画天天都在提醒信徒们那些等待着罪人的惩罚。

克莱伍的凯瑟琳画师，
地狱入口
手稿 945，fol. 168v，
约 1440，
纽约，
摩根图书馆

旧约里的地狱

《诗篇》9：17

恶人，就是忘记神的外邦人，都必归到阴间。

《约伯记》21：13

他们坐拥财富度日，转眼还是进坟墓。

《以赛亚书》5：14

因此，地狱扩大起来，张开她无限量的口：他们的荣耀，他们的群众，和他们的繁华，以及那快活的人，都将下去，进入那里。

《以赛亚书》14：4、9、11

你要提起这句谚语来数落巴比伦王，说：……底下的地狱将会迎接你来……你的威风排场将会进坟墓，还有你那些琴瑟的喧闹……

《以西结书》26：20

我要将你打下去，和古时已经下去的那些人一起在那无底坑里，在地下深处，在自古荒凉之处，和他们一起下无底坑……

福音书里的地狱

《马太福音》5：22

只是我告诉你们：凡向弟兄动怒的，难免受审判。凡骂弟兄是拉加的，难免公会的审断；骂弟兄是魔利的，难免地狱的火。

《马太福音》13：40

因此，稗子被收集起来，在火里烧掉。世界到了末了，也将是如此。

《马太福音》13：42

将他们丢到火炉里，他们将会在火里哀哭切齿。

《马太福音》18：8

如果你的一只手，或一只脚，侮犯了你，要把它砍下来丢掉：缺一只手或一只脚，进入永生，强过有两手两脚却被丢进永劫的火里。

《马太福音》22：13

国王对仆人说，把他的手脚捆起来，带走，丢到外边的黑暗里，那里将有哀哭和切齿。

《马太福音》23：33

你们这些蛇，你们这些毒蛇之种，你们怎么逃得过地狱的责罚呢？

《马太福音》25：41

他将对那左边的人说，离开我吧，你们这些被诅咒的，到那为魔鬼和他的使者预备的永火里去。

《马太福音》25：46

这里人要离开，进入那永世的惩罚里去，但那些正义的人要往永生里去。

《马可福音》3：29

凡是亵渎圣灵的，永远得不到赦免，要永世受罪。

《马可福音》9：43—8

如果你一只手害你跌倒，那就把它砍下来：你肢体不全而进入永生，强过有两只手却下地狱，落到那永不熄灭的火里去：在那里，虫是不死的，火是永不熄灭的。如果你一只脚害你跌倒，那就把它砍下来：你瘸脚进入永生，强过有两脚齐全却被打入地狱，落到那永不熄灭的火里去：在那里，虫是不死的，火是永不熄灭的。如果你的一只眼睛害你跌倒，那就把它抠出来：你只有一只眼睛而进入永生，强过有两只眼睛却被丢入地狱：在那里，虫是不死的，火也永不熄灭。

《约翰福音》5：29

凡是行善的，复活得永生；凡是作恶的，复活来受罪。

圣布伦丹的地狱

无名氏《圣布伦丹的旅程》，24

（10 世纪；15 世纪托斯卡纳版）

他们跟着北风而行，看见一岛，完全为大岩石所覆盖。这是一个非常脏的岛，既无树木，亦无叶子，更无植物、花或水果，却到处是锻铁炉和铁匠。每个铁炉都有它自己的铁匠，他们都有铁匠使用的工具。那些锻铁炉烧得很旺，火色赤热，每个铁匠使尽全力打铁，嘈杂之至，如果这里不是地狱，看来也一定是了。

然后，教士们听见一阵强风，听见铁锤的声音，铁锤敲在铁砧上的叮叮当当声。圣布伦丹一听见这声音，就在胸前画十字，说："哦，我主上帝，救我们离开这岛吧，如果这是你的旨意的话。"他刚说完，立刻有一个岛上的人朝他们而来；是个老人，胡须长长的，浑身是黑黑的灰烬，全身是毛，像猪一般，而且恶臭难闻。这人一看见这些上帝的仆人，马上转身，修道院长画个十字，求告上帝说："孩子们，我们扬帆尽快离开吧，以便及早逃开这苦难之岛。"

他说完这话，一个相貌丑丑，长了胡子的老人突然来到这个岛的岸边。他一手拿着铁匠的火钳，一手拿着火红的铁棒，看见船已离开，他将铁棒朝他们掷去。上帝保佑，铁棒没有丢中他们，但铁棒落水之处，海水开始猛烈热滚。见此情况，大群这些人涌到岸边，全都和那第一个人同样可怕；他们每个人手里都拿着一枝巨大的火热铁棒，发出巨大的臭味。他们丢这些铁棒和其他东西，没有一枝丢中离去的船，但它们制造了可怕的臭味，而且使海水热滚三天；教士们也看见岛上的火烧得通亮，他们离去的时候，听见那群可怕的人传来巨大的叫喊和喧闹声。圣布伦丹安慰他的船上弟兄，说："孩子们，不要害怕，我们的主是，而且永远会是我们的救主。我要你们知道，我们靠近地狱，这岛就是地狱的一部分，你们也看到地狱的标记了，因此，你们一定要虔诚祷告，好让我们不要再落到这里。"

皮萨诺，**地狱**，1260，比萨，浸礼堂

多雷，
三身怪杰利昂，
取自但丁《地狱》，
巴黎，
阿歇特出版公司，1861

杰利昂

但丁（1265—1321）
《地狱》，XVII，7—27

那个不洁的欺骗形象
上来，将它的头和上躯伸上岸，
但并不在边边拖它的尾巴。
那张脸是一个正义之人的脸，
外表看来如此和善，
身躯其余部分都是蛇身。
它有两爪，浓毛一直长到腋窝；
那背部、胸部，以及身体两侧
都刻画着套索和盾牌。……
他的尾巴整个在虚空里抖动，
尾尖用蝎子的剧毒尾叉武装，
朝天弯弯扭扭。

怪物变形

但丁（1265—1321）
《地狱》，XXV

我正想着要扬眉以对它们，
瞧！一条六脚蛇射到其中一人
面前，整条蛇身紧附着他。
它用它中间的脚缠住他腹部，
前脚揪住他的双臂；
然后用牙齿刺穿他一边脸颊及
另一边脸颊；
后脚则伸上他双股，
尾巴穿过他双股之间，
伸上他的后腰。……
接着，它们粘在一块，仿佛
它们是热蜡做的，
彼此的颜色也相互混合；
它们都变成不是原来的样子；……
两个头这时已合而为一，
在我们面前，两个身形融合成
一张脸，两者都不复原形。
四臂做成两臂，
大腿和小腿、肚腹和胸部
都变成见所未见的形状。
每一个原来的容貌都被取消；这
变形既像、又不像原来的两者，
就这样慢步而去。
一只蜥蜴不堪三伏盛夏折磨，
更换树篱，
电射般穿过路面；
一条火也似的小蛇就这样出现，
青黑有如胡椒籽，
朝另外两人的肚子扑去。
它钉上其中一人的肚脐，也就是
我们的养料最先供输之处，
然后直挺挺掉落他面前。
这个被钉的人盯着它，未发一语；
反而双脚一动不动，打起呵欠，
仿佛睡意或高烧袭击了他。……
两边的腿和双股
自卫相粘，不一会儿，
相粘之处再也不见丝毫痕迹。
尾巴分叉的那个阴魂，变成
另一个阴魂正在失去的形状，
他的皮变韧，另一个皮变硬。
我看见阴魂双臂在腋窝处往内收，
那爬虫的双脚，短脚，
则和双臂相反，往外延长。
之后，后脚彼此扭绞，
变成男人要掩饰的那话儿，
那可怜鬼那儿则长出双脚。……
深陷的双颊长出耳朵来；
没有后移的部分则留着，
以多出来的做成脸上的鼻子，
双唇则随之变厚。

安吉利科，
最后的审判，
1430—1435，
佛罗伦萨，
圣马可博物馆

穆罕默德的地狱之旅

《梯子之书》，79（8世纪）

加百列做完他的报告之后，我，穆罕默德，先知兼上帝的信使，看见罪人在地狱里受许许多多各种各样的折磨，我心中对他们生出极大的同情，大到我汗湿全身；我看到他们之中有好几人，嘴唇正在被起火的剪刀剪掉。于是我问加百列，他们是些什么人。他告诉我，他们在人和人之间散播制造不和的言语。另外一些人，正在被割舌头，则是作伪证的人。我看见有些人的阴茎被火热的钩钩挂着，那是在人间犯通奸的人。之后，我看见一大群妇女，数目多得难以置信，她们是私处被钩着，从起火的大梁挂下来。挂她们的是燃烧着的链子，其热无比，那种热，没有什么能够形容。我问加百列，这些女人是谁。他告诉我，她们是妓女，一辈子通奸行淫。我还看见另外许多男人，非常英俊，衣着体面。我知道，他们是我的子民之中的有钱人，他们都在火里烧着。我问加百列，他们为什么被这样烧，因为我很清楚他们从前曾大力周济穷人。加百列告诉我，他们虽然行善，但他们却是浮夸的。

刻耳柏洛斯

但丁（1265—1321）

《地狱》，VI，13—24

刻耳柏洛斯，残忍又粗野的怪物，
用他的三个喉咙，像只狗似的
在淹没在里面的人上面狂吠。
他有一对红眼睛，油腻腻，
乌黑的胡子，
大大的肚子，双手带爪；
他将那些阴魂撕裂、剥皮、大卸八块。

复仇女神

但丁（1265—1321）

《地狱》，IX，34—63

他又说了更多，但我无心再听；
因为我的眼睛已完全把我
引向那顶部火焰通红的高塔，
那里，不一会儿，我看见迅速起来
三个全身血污的地狱复仇女神，
她们的手脚和姿态是女人，
腰缠其绿无比的九头怪；
她们的长发是细小的蛇，
交缠在她们可怖的鬓边。

巴洛克时代的地狱

马尔凯利

《四旬斋讲道》(1682)

上帝为了更进一步折磨那些被打入地狱的人，把自己变成酿造者，在地狱那些蒸馏器里，他藏着最厉害的饥饿的痛苦，最火热的口渴，最冰寒刺骨的冷，最火热的苦难；有人被铁屠杀，被吊刑手的绳圈绞死，被火烧成灰，被野兽撕裂，被蛆活活吃掉，被蛇吞噬，被利刃剥皮，被酷刑手的铁耙猛刺，开膛破肚；圣塞巴斯钦身上的箭矢，烤圣劳伦斯的架子，把圣尤斯特塞放在肚子里烤死的铜牛，把圣伊格纳修吃掉的狮子；四分五裂的骨头，脱落四散的手脚；所有最尖锐的痛，所有最剧烈的焦虑，所有最可怕的痛楚，所有最漫长的死亡痛苦，以及所有最缓慢、最辛苦、最残忍的死法。他蒸馏所有这些成分，酿出来的成品，每一滴都含有精心提炼的一切痛苦的本质，火候到家，每一道火焰，每一丝余烬，更好的是，那火焰的每一个火花，里面都是所有折磨集中到一种折磨的精华。

利果里

《死亡的准备》, XXVI (1758)

这地狱是什么？这是酷刑折磨之地……一个人侮犯上帝愈多，就会受到愈多折磨……被关在一个摆着一具腐烂尸体的房间里，是什么样的惩罚？……被罚的灵魂必须和其他无数被罚的灵魂住在一起，他们活活接受惩罚，但从他们发出的恶臭，他们是尸体。……加上那恶臭，加上那惨叫，加上大家挤在一起，那痛苦（我说）更是无以复加；因为，在地狱里，他们是叠在一起的，就像绵羊在冬天里挤成一团……挤成一团，就是动弹不得的惩罚……由于被罚的灵魂在末日会掉入地狱，因此他必须不能动，永远无法变换位置，永远无法动一动他的脚或手，只要上帝还是上帝。他的听觉将会被那些可怜无助的灵魂连续不断的惨叫和哭喊折磨……你想睡觉，却听见一个病人声声叫苦，一只狗在吠，一个娃娃在哭，这是何等惩罚？狼狈的被罚者，无时无刻不听见那些受折磨者的吵声和哭声，而且永世如此！喉咙将会被饥饿折磨；被罚者将会像狼一样饥饿，但他永远连一片面包屑也吃不到。他将会口渴到甚至饮尽海里的水也没有办法解渴；但他将会连一滴水也得不到：贪吃之徒乞求一滴，可是现在还没有得到半滴，而且永远，永远也不会得到……

被罚者的感官所受到的最痛苦折磨，是地狱之火，这是折磨触觉的……在这个国度，火的惩罚是最难受的；但是，我们的火和地狱的火之间有很大的不同。圣奥古斯丁说过，地狱之火使我们的火显得像画的似的……因此，被罚者将会如火炉里的木材一般被火包围。被罚的灵魂将会置身于底下的火的深渊，顶上的火的深渊，四面八方都是火的深渊。如果他碰、看、呼吸，那么他只会碰到、看到、呼吸到火。他会在火里度日，如鱼在水里度日。然而这火不只是包围被罚者，还会进入他的脏腑，从身体里面折磨他。他的身体将会变成完全是火做的，他的脏腑他的胃内部会燃烧，他的心会在他胸腔里燃烧，他的脑子会在他头骨里燃烧，他的血会在他血管里燃烧，连他的骨髓也会在他骨骼里燃烧：每个被罚者都会变成火炉……

地狱如果不是永恒的，那就不叫地狱。惩罚如果不是长久持续，那就不算什么惩罚。一个病人，你可以刺破一个脓肿，另外一个人的坏疽可能破裂；这当然非常痛苦，但这痛苦很快结束，因此还不是太大的痛苦。如果是火把你切伤，或用火来手术，切一星期、手术整整一个月，这却是何等惩罚！惩罚如果非常久，即使这惩罚轻微，你眼睛里的不舒服，或承受重负，久了也没人受得了。不过，我们何必只谈痛苦呢？一出戏，或音乐，持续太久，或持续一整天，也会无聊得令人受不了。如果持续一个月呢？或者，一年？地狱是什么样的地方呢？地狱不是看同样的戏、听同样的音乐的地方。这里不只是眼睛不舒服，或承受重负，你不只是受刀割的折磨，或烙铁的折磨，而是所有折磨，所有痛苦；而且受多久？永世……

……在人间，罪人最害怕的事是死亡，但是在地狱，死亡变成最求之不得的东西……他们的惨苦会维持多久？永远，永远。

被罚者会问魔鬼：黑夜在哪里？……黑夜什么时候结束？这些影子什么时候会消失，这些哭喊，这些恶臭，这些火焰，这些折磨，什么时候会结束？魔鬼会回答："永远，永远不会消失。"它们会维持多久？"永远，永远。"

现代地狱

萨特

《密室》(1944)

伊妮丝：（无畏地面对他，但眼神里大为惊讶）好，好！（稍停）哦，现在我明白我知道他们为什么把我们三个摆在一起了。

加尔桑：我劝你……继续往下说以前三思。

伊妮丝：且慢！你就会明白这有多单纯。简直单纯得幼稚。很明显，我们不会受到身体上的酷刑——这点你同意吧，不是吗？然而我们还是在地狱里。没有别人会来这里。我们会一块留在这房间里，我们三个，永远，永远……简而言人，有个人不在这里，酷刑官。

加尔桑：（低声）我注意到了。

伊妮丝：他们搞什么花样，很明显——人力要经济……你喜欢的话，可以说鬼力。餐馆里客人自己取菜，也是同样的道理。

伊丝黛拉：你说这话是什么意思？

伊妮丝：我说，我们每个人都是另外两人的酷刑官。

路加斯·范·莱登，
最后的审判三联画，
（局部），
1527，
莱登（荷兰），
市立布商厅博物馆

接下来的数世纪地狱也被念念不忘。巴洛克时期的四旬斋讲道里，讲道者描述的地狱之苦，暴力程度超过但丁所写。令信徒魂飞魄散的部分原因是没有任何艺术性的灵感来缓和其恐怖。参看**马尔凯利**和**利果里**的文字。

地狱甚至带着存在主义和无神论的姿态重返现代。**萨特**的《密室》（*Huis clos*）就是对现代地狱的描写：在这一生里，我们是被他人界定的，他人的凝视揭露了我们的丑或耻辱，但我们可以骗自己，以为他人没有看出我们真正的样子。但是，在萨特笔下的地狱中（一个旅馆房间，灯永远亮着，门关着，三个从未谋面的人要永世共存），你逃不掉他人的目光，你和他人共存，却是孤独的，忍受着他们的轻蔑。其中一个角色大叫：“开门，开门，老天。一切我都愿意接受：我愿意挨靴子、镊子、下油锅、火钳、绞刑，一切燃烧的、让人皮开肉绽的东西。我想要彻彻底底地受苦。”全都没用：“无需赤热的烤架，地狱就是他人。”

3. 魔鬼的变形

地狱的中心坐着路济弗尔，或称撒旦。其实撒旦式角色的魔鬼和恶魔早已存在。各种处于中间的神魔有时仁慈，有时恶毒。他们邪恶的一面（即使在《启示录》里“天使”也是帮上帝和魔鬼两方的助手）早已见于各种文化：埃及有怪物阿木特（Ammut），介于鳄鱼、豹和河马之间，在阴间吞食罪人；美索不达米亚文化里，有相貌狰狞的神魔；各种二元论的宗教里，原恶和原善对立。伊斯兰文化里有兽性的魔鬼色旦（Sl-Saitan），也有以美女面貌出现的诱人魔（gul）。

至于对基督教文化有直接影响的犹太文化，《创世记》里那个魔鬼化身为蛇来试探夏娃。传统上对经文的阐释似乎认为他另有所指。《以赛亚书》和《以西结书》中，他被表现为天地初开时被上帝打进地狱的那个造反天使。

《圣经》里还提到起源于巴比伦的女怪莉莉丝（Lilith）。这女怪在犹太传统里变成女人脸、长发、有翅膀的女魔。7—8 世纪的犹太密宗说，她是后来变魔鬼的亚当第一个妻子。

这里可以加上《圣经 · 诗篇》91 章里所提的“午间魔鬼”，最先是死亡天使，在后来的修道院传统里成为肉欲的诱惑者。《圣经》有多处提到撒旦。他有时以中伤者的形象出现。上帝试验约伯的时候，他则是上帝和人的大敌。最后，他是托比亚（Tobias）书里的阿斯莫得斯（Asmodeus）。我们在《智慧书》（2 ： 24）中读到：“上帝造人，要他不朽。上帝照自己的形象造人，但魔鬼妒嫉，把死亡带到世界上来。”

福音书对魔鬼没有任何形容，只写他为害的影响。他试探耶稣，被从他所附的身体中赶出。耶稣提到他，有时叫他污鬼，有时叫他敌人、魔王、骗子或这个世界的王。

有一点很明显，就是各种传统都说，魔鬼是丑的。彼得早就说了：“务必守紧，警醒，因为你们的仇敌魔鬼，如同吼叫的狮子，遍地游行，寻找可吞吃的人。”在隐士生活里，他以动物形态出现，而且在早期教父和中世纪文学里愈来愈丑。

路济弗尔，
古抄本，
fol. 48r,
14 世纪

巴比伦王的覆亡

《以赛亚书》14 ： 12—15

哦，路济弗尔，明亮之星，早晨之子，你如何从天坠落，你这打败列国的，如何被砍倒在地？因为你曾在你心里说，我将升到天上，我将高举我的宝座于上帝的众星之上；我还将坐在集会的山上，在北方的极处；我将升到高高的云以上；我将和至尊至上者同等同列。然而，你将被带到下面的地狱去，到无底坑的极深之处。

米迦勒和龙之战

《启示录》12 ： 1—5、7—9

天上出现一个大异象：一个妇人身披太阳，脚踩月亮，头戴十二星的冠冕；她是有身孕的，在生产的艰难痛苦中呼叫。天上出现另外一个异象：看，一条巨大的红龙，有七头并十角，七个头上戴着七个冠冕。它的尾巴拖着天上星辰的三分之一，将那些星辰摔到地上：那龙站在就要生产的妇人面前，一等她的孩子生出来，就要把那孩子吞掉。

……天上有了战争：米迦勒和他的天使们与龙交战；龙与他和他的天使交战。龙没有得胜；天上也不再有他们容身之地。大龙被丢出天上，大龙就是那条古蛇，名叫魔鬼，又叫撒旦，它迷惑全天下。

魔鬼向**格拉贝**现身。在**曼德维尔**（Mandeville）笔下旅人叙说的殊方异域故事里，魔鬼成群出现。很多时代的宗教传奇故事都流传“和魔鬼订约”之事：魔鬼试探善良的基督徒，引他签一纸契约（就是我们今天说的浮士德契约）。不过，故事中的基督徒通常最终挣脱圈套。

和魔鬼订约，是中世纪塞普利安（Cyprian）传奇的基础。塞普利安是异教徒，为了得到所爱的少女约丝丁（Justine），把灵魂卖给魔鬼。最后，他被少女的信仰感动，皈依基督教，两人相偕走上殉道之路。后来，卡德隆（Calderon de la Barca）以此主题写成《大能的魔术师》（*The Mighty Magician*, 1637）。在早期数世纪里，这个故事最成功的一个流行版本当推《提奥菲勒斯传奇》（*Legend of Theophilus*）：提奥菲勒斯在西西里亚担任辅祭，遭主教中伤而被革职。为了重获职位，他在一名犹太巫师协助下和魔鬼碰面。魔鬼要他出卖灵魂并弃绝基督和圣母。契约既签，提奥菲勒斯获得复职。他过了七年罪恶生活，心生悔意，向圣母祷告四十天。圣母让她儿子处理此事，拿回那份要命的羊皮纸契约，交还给提奥菲勒斯。他烧掉契约，公开宣布自己的过失和整个奇迹。采用这个传奇的作者有迪安科诺（Paolo Diacono）；博韦的文森特（Vincent of Beauvais）的《历史之镜》（*Speculum Historiale*）和达瓦拉吉尼（Jacobus da Varagine）的《黄金传奇》（*Golden Legend*）也采用了；罗斯维塔（Roswitha）的一首诗写到此事；吕特伯夫（Rutebeuf）写到过此事；西班牙和英国文学都有以此为题之作，更别说歌德的《浮士德》了。

对提奥菲勒斯奇迹的最佳刻画之一见于罗马式索伊拉克（Souillac）教堂的侧厢。一系列画面叙说这个故事（有人说这是连环漫画的先驱）：左下角，魔鬼拿羊皮纸给提奥菲勒斯；右边是这位辅祭在纸上签字；上端是圣母从天而降，从魔鬼那里取回契约。

这件雕刻里，魔鬼已经很丑。不过，以同一时代的其他图像来判断，他尚未穷其丑相。

拉维纳（Ravenna）的圣阿波里奈诺沃教堂（St Apollinare Nuovo）有一件据考作于公元 520 年的马赛克，上面把魔鬼表现成红色天使。长着尾巴、一对兽耳、山羊胡、脚上有爪或蹄、头上有角的怪物从 11 世纪开始出现，稍后又加上蝙蝠翅膀。

使徒行传

相貌严厉，形状可怕，大头，长颈，脸上消瘦，胡须肮脏，两耳毛茸茸，眉头阴沉，眼神尖利，气息恶臭，齿如马齿，口中吐火，嘴角冷肃，厚唇，声音可畏，枯黄头发，口沫横飞，胸高而大，肋骨如耙，腿瘦如柴而脚跟浮肿。

格拉贝和魔鬼

格拉贝（10—11 世纪）

《纪事》，V，2

承上帝的旨意，这种事经常发生在我身上，最近就有一件。有个夜里，就在天亮以前，我在有福的殉道者圣雷格位于香勃的修道院里，我面前，在床尾那头，出现一个影沉沉的小小的男人的身形。就我的眼力所能分辨，他身高中下，细长脖子，面容枯槁，眼睛暗暗黑黑，额头全是皱纹，鼻子低扁，嘴突出，双唇浮肿，下巴薄薄的，尖尖的，留山羊胡，耳朵长满了毛，耳页尖尖，头发高耸蓬乱，头颅拉长，胸前高突，驼背，屁股乱颤，衣服脏污；他上气不接下气，整个身子骚动不宁。他抓紧他站立之处的草席一角，猛烈摇起床来；然后他说：“你不可以留在这里。”

我陡然惊醒，就像有时候发生的情况，我看清我在上面描写的这个人。他咬牙切齿，再三发话：“你不可以留在这里。”很快地，我一跃下床，跑进修道院里，在那儿，我扑到我们天父的祭坛坛脚，伏在那里许久，满怀惊怖。我尽全力贯注心神，回想我少年时代以来，或由故意，或由疏忽，所犯过的所有错误行为和严重过失。由于对上帝的敬畏、对上帝的爱都不曾驱使我忏悔或改过，我伏在那儿，既痛苦，又失落，我想不出更好的话来，只说得出这几个简单的字：“主耶稣，您是来拯救罪人的，请您以您无限的慈悲，怜悯我吧！”

教士提奥菲勒斯和魔鬼订契约，
12 世纪，
苏亚克的蒂帕诺

勒格朗，
道德书，
手稿 297，
f. 109v，
15 世纪，
尚蒂伊，
孔代博物馆

魔鬼掳走修女，
13 世纪，
夏特教堂，
南大门

魔鬼之谷

曼德维尔

《曼德维尔游记》(1366)

米斯托拉克岛旁边，皮森河左侧附近，有一件奇妙的事。群山之间有个山谷，差不多四里长。……谷里满满是魔鬼，而且自古如此。有人说，这里是地狱的入口之一。谷里有大量的金和银。为了此故，许多信仰错误的人，以及许多基督徒，经常到谷里搜罗宝藏；可是很少人再出来，信仰错误的人，以及基督徒，都很少再出来，因为他们很快就被魔鬼掐死。山谷中央，一颗岩石之下，有个魔鬼的头和脸，看起来十分恐怖吓人，只露出头，到肩膀为止。……他用他可怖的眼睁看人，眼神那么锐利，眼睛不断地转动，闪烁如火一般，而且变化多端，容色又那么恐怖，因此没有人胆敢走近他。他喷出烟和恶臭刺鼻的火，可憎之至，没有任何人能够忍受。但是，忠诚的基督徒，信仰稳定的，可以进去而无危险。因为他们能画神圣的十字为记，魔鬼对他们没有力量。不过，虽然他们没有危险，然而他们还是难免害怕，当他们看见魔鬼在他们周围现形，四面八方攻击他们，威胁他们，从空中，从地下攻击，并且用阵阵雷声闪电和暴风雨惊吓他们。最可怕的是，这时候，上帝会报复那些违反他意旨做错事的人。你要明白，当我的伙伴和我在那谷里的时候，我们想了很久，我们是不是要冒险，要不要在上帝保护之下进去。我的伙伴有的进去，有的没有。……于是，我们进去十四人；可是，我们出来的时候，只剩九人。我们不晓得，那些人是不是丧命了，还是害怕而回头。……就这样，我们通过那险恶的山谷，在里面发现金子和银子、宝石和丰富的珍珠，数量极多，看起来这里那里到处都是。不过，它们是不是看起来的样子，我不晓得，我一颗也没碰，因为魔鬼很奸诈，会把一件东西变成好像是一个样子，其实不是，以便欺骗人类。

帕伦蒂诺，
圣安东尼的诱惑，
约 1490，
罗马，
多利亚·庞菲利画廊

圣安东尼的诱惑

亚历山德里亚的阿塔那修（4 世纪）

《圣安东尼传》

开始的时候，〔魔鬼〕对他耳语，说起他的往事，他记忆中的财富，他对他姊妹的情感，他对金钱和荣名的喜爱，宴饮的种种乐趣，以及其他生活上的舒适享受，企图将他从他的忏悔引开；最后，对他说起美德的种种困难，提醒他说，他的身体将会变虚弱，他必须牺牲很长久……有一天晚上，魔鬼现身为一个妇人，学她勾引他的手段。

接着，那地方马上充满狮子、熊、豹、公牛、蛇、毒蛇、蝎子和狼的形状，每一只都按照它的本性来动作。狮子大吼，等不及要扑上来；公牛看似就要用它的角攻击；蛇盘蜷起来，但别无能耐；狼好像要一跃而前，但又驻足……所有这些喧闹和幽灵，加上它们的怒号，都令人五内惊恐。

魔鬼无所不为，胡言乱语，令你思绪混乱，假装天真来愚弄脑筋单纯的人，制造骚乱，像发疯似的大笑，还吹口哨，只要你不理会它们，它们马上哭起来，唉声叹气，好像被打败一样……

魔鬼差遣那些狰狞的动物来搅扰他的时候，他正在守夜。他明白这是他敌人制造的幻象，于是对那些动物说："如果你们有对我不利的力量，我随时让你们吃掉。不过，如果你们是魔鬼派来对付我的，那么，立刻离开吧，因为我是基督的仆人。"安东尼刚说完这句话，它们听了他的话，像挨了鞭子一样，马上跑开。

酷刑的狂喜

福楼拜

《圣安东尼的诱惑》（1847—1849）

柱廊中央，明亮的阳光下，一个赤裸的女人被绑在一根柱子上。两个士兵正在用他们的皮带抽她，每抽一下，她就蠕扭着……她身体美丽……美得曼妙……

我可以被绑在你旁边的柱子上，面对面，在你眼前，以我的叹息回应你的呻吟，我们的痛苦就会合而为一，我们的灵魂两相交缠。（他奋力鞭打他自己。）一鞭，再一鞭，为你，再一鞭！——可是，看，我浑身颤抖。何等折磨！何等喜悦！像接吻。我骨头要融了！我要死了！

罗普斯，
圣安东尼的诱惑，
1878

后页：

罗萨，
圣安东尼的诱惑，
约 1646，
科迪洛地（桑雷莫），
史泰法・诺兰巴底美术馆

达利，
圣安东尼的诱惑，
1946，
布鲁塞尔，
皇家比利时美术馆

极其丑怪的魔鬼不但是泥金抄本和壁画的可怕主角，还在隐士被诱惑的故事里呼之欲出。**亚历山德里亚的阿塔那修**（Athanasius of Alexandria）所写《圣安东尼传》（*Life of Saint Anthony*）就是一例。这些作品中，他以暧昧青年男子或丰艳妓女的面目出现。要指出的一点是，近代的浪漫主义和颓废主义作品中，这个主题甚至颠倒过来，出现近乎渎神的趋势。

艺术家不强调魔鬼之丑和隐士抗拒魔鬼的力量，反而把重点放在诱惑者身上和受诱惑者的柔媚善感上。参见**福楼拜**（Flaubert）作品。

德普兰西，
阿布拉克斯、别西卜、巴尔、德莫斯、哈拜利、哈布西亚斯，
取自《地狱辞典》，
巴黎，
普隆出版公司，1863

弗伦戈（Teofilo Folengo）以假名科凯（Merlin Coccai）所写的《巴尔杜斯》（*Baldus*）里，魔鬼之丑有如万花筒般极尽变化。《巴尔杜斯》是英雄兼喜剧而带荒唐趣味的畅怀诗，以谐谑之笔模仿但丁的《神曲》，并且是拉伯雷名作《巨人传》的先声。可惜我们无法在这里摘录，因为此诗一定要读意大利原文，翻译则风味全失。主角巴尔杜斯和他的朋友们有种种流浪冒险，其中第 19 章写大战一群魔鬼。魔鬼以种种动物姿态出现：无尾狐狸、长角的熊和猪、三爪獒、四角公牛、头似狼鼻的巨人、猴子、松鼠、猫猴、狒狒、狮身鹰首怪、龙身鹰、蝙蝠身体的巨鸮、鸮喙蛙脚怪，以及带着筒状山羊角和驴耳朵的生物。巴尔杜斯和他的朋友拿魔王别西卜（Beelzebub）当棍子，打败众魔。别西卜碎成 17 万片，巴尔杜斯最后只剩一只鹅脚可以握着。

这场胜仗的寓意是，巴尔杜斯意识到魔鬼并未被打倒，因为魔鬼回来了，见于当代社会里的种种恶行，尤其是教士们的各色野心。全诗写于新教宗教改革正在展开之际，猛烈抨击魔鬼在教会腹地再生。

魔鬼的大小

叙兰

《神的爱战胜地狱的力量》(1829)

他(魔鬼)想要的话,能够坐在针头上;但是,他们能在一切空间里显现他们的存在或本质,例如十五里格。其中最大的,例如利维坦,能占去三十里格;另一个,十五里格;另一个,十二里格;各依其天生本事而定。利维坦无法占去三十平方里格的空间,但是,它能像蛇一般把自己伸长那样的大小;一个能伸长三十里格的,除了长度之外,还能在一个比较小一点的空间里展开自己(例如,一个四分之一里格的圆),或者,用它的本质填满一个大城市。

将教宗刻画成魔鬼之王,
新教徒作品,
16 世纪

路德的著作经常说魔鬼和敌基督就是教宗。路德满脑子是魔鬼的问题。据说,有一次魔鬼现身,路德用一个墨水瓶丢他,把他赶走。即使不提这传说,他的《桌边谈话》(*Table Talk*)也有这类咒骂:"我经常放个屁把魔鬼赶走。他用愚蠢的罪恶试探我,我对他说:魔鬼,我昨天也给了你一个屁,你加起来了吗?"(122)以及:"我醒来的时候,魔鬼马上就来和我辩论,直到我告诉他:吻我屁眼吧……因为他害我们心生怀疑而痛苦。不过,我们有个宝贝,就是上帝的话。赞美上帝。"(141)在路德著作和新教传统里,有个观念逐渐流行(后来对被怀疑和魔鬼订约的巫婆巫师发动迫害的狂热新教徒不采用这观念),说魔鬼是各种罪恶的象征,魔鬼就是那些罪恶。新教圈子出版的最大规模魔鬼学文献是《魔鬼全览》(*Theatrum diabolorum*, 1569),厚厚七百页,处理魔鬼学的所有方面(魔鬼的数量也算出来了,是2,665,866,746,664 个),但书中未提传统的魔鬼,而是渎神、跳舞、色欲、打猎、喝酒、专制、懒惰、骄傲、赌博这些魔鬼。

102—105页：
博斯，
圣安东尼的诱惑三联画
局部，
1505—1506，
里斯本，
国家古代艺术博物馆

博斯（Hieronymus Bosch）去世于宗教改革开始之时。他画的地狱角色是杂种生物，令人想起《巴尔杜斯》那些身具多种动物器官的魔鬼，但完全不同于以前的图像学。这些杂种并非已知动物的结合，而有其自身的梦魇式特征。我们无从得知他们是否来自无底坑，或就住在我们这个世界里，只是无人察觉。在《圣安东尼的诱惑三联画》里，困扰主角的不是传统的魔鬼。传统魔鬼太邪恶了，我们根本不会相信他们。这里困扰主角的是几乎有点逗趣的生物，像嘉年华里的角色，因此更有说服力。有人说博斯的艺术有魔性，在他的作品里看到异端的骚动、画笔探触到潜意识世界、炼金术成分；更有人说他是超现实主义的先驱。阿尔托（Antonin Artaud）在《残酷剧场》（*Theatre of Cruelty*）中说博斯是一位能向我们显示我们心灵黑暗面的艺术家。

博斯是“圣母社”成员，精神上保守，但同时有心移风易俗，因此我们不妨将他的画看成一系列以呈现当代颓废现象为主旨的教化寓言。在《乐园》或《干草车》里，不但有滚烫硫磺的来生异象，还有看来优雅、感性和田园风的场面。但这些画面显示出人间的欢乐世界如何导向地狱，令人极为不安。博斯好像在预言《魔鬼全览》。他展现的不是地底深渊的魔鬼景象，而是他生活的那个社会的种种罪恶。

第四章

怪物和凶兆

1. 奇观和怪物

阿多洛凡迪，《怪物志》，VI，博洛尼亚，1698

古典世界对凶兆和奇观非常敏感，认为这些是灾难即将发生的信号。凶兆和奇观包括天雨血、扰乱常态的事故、天现火焰、不正常的出生、婴儿兼有男女性器官。凡此种种都可见于奥普塞昆（Julius Obsequens）的《奇观书》（*Book of Prodigies*）。此书写于公元4世纪，记录之前数百年里罗马发生的所有令人惊异之事。

柏拉图可能就是根据那些不正常现象来想象他笔下的阴阳人。这些记载又是据说住在非洲和亚洲的许多怪物的部分来源。关于这两个地方，当时的消息稀少又不正确。话又说回来，冒险前往那些地方的人真的看见过河马、象、长颈鹿。《约伯记》写一种生物，大概是鳄鱼，历史上称为海中巨兽利维坦（Leviathan）。公元前4世纪，克尼多斯的克斯提西亚斯（Cstesias of Cnidos）已经写到印度各种奇事。他的著作已失传，但老普林尼在公元1世纪问世的《自然史》（*Natural History*）提到大批非比寻常的生物，给一系列概要式作品带来灵感。公元2世纪，萨摩斯塔塔的鲁西安（Lucian of Samostata）可能想讽刺人轻信异说，在其《真实历史》（*True History*）里写到一种翅膀用莴苣叶做的鹰头马身的怪物鸟、牛头人身怪和大如十二只象的跳蚤。

用拉丁文写的《亚历山大传奇》（*Romance of Alexander*）出现于12世纪，写到这位马其顿征服者如何不得不面对一些令人惧怕的民族。其取材可以追溯到3世纪的托名克利斯提尼斯（Pseudo-Callisthenes）。

利维坦

《约伯记》，41：10—24、26—32

没有一个人勇猛到胆敢惹它：既然连惹它也不敢，谁能在我面前挺立？有谁先给了我什么，而要我偿还的？全天下的万物都是我的呢。我不会隐瞒它的肢体，它的大力，它美好的骨骼。谁能掀下它的外皮？谁能进到它上下牙骨之间？谁能打开它的腮颊？它圆排的牙齿是可怕的。它以它的鳞甲傲世，那些鳞甲片片密密相邻，像封死的印缄。那些鳞甲一一紧连，一丝风也透不进去。那些鳞甲彼此相锁，联结为一，不能分离。它打喷嚏，就闪现一道光，它的眼睛就像早晨的阳光。它口中发出盛燃的火把，迸射火星。烟从它鼻孔冒出，有如出自沸腾的锅或炉。它的呼吸点燃煤炭，火焰就从它口中发出。它的颈项强壮有力，在它面前的，忧伤都变恐惧。它的肌肉紧绷结实：那些肌肉强健硬扎，不可动摇；它的心坚稳如石；没错，硬如那承托上层磨石的下层磨石……

用刀剑刺它，拿它没法度：枪、镖、尖枪，都没有用。它视铁如稻草，视铜如烂木。箭不能使它逃走；弹弓的石子射它，只如碎枝。镖枪对它就像断禾残梗；挥舞作势的长枪，它嗤笑以对。它肚腹有如尖石利瓦；它经过淤泥，有如钉耙扫过。它使深渊热滚如锅鼎；它使海洋沸烫如锅中的油。它所过之路都发光；令人以为深渊如同皤皤白发。

大地产生许多灾殃

埃斯库罗斯（前 6 世纪）

《奠祭者》

大地产生许多灾殃和恐怖的事物：可怕的怪物，人类之敌，充满着深海里的沟壑。高高的上面，天和地之间，火焰划过空中，每一种飞的、爬的生物，都见识过暴风雨的狂怒。

阴阳人

柏拉图（前 5—前 4 世纪）

《会饮篇》，189d—191b

首先，让我谈谈人的本性，以及这本性发生了什么事；说起来，人性原本不是现在这样子的，而是和现在不一样。那时，性别不是今天这样的两种，而是本来有三种；这三者是男人、女人，以及男人与女人合一，这男女合一的，有一个与其双性对应的名称，当初是真的存在的，但现在已经没有了，“阴阳人”一词如今也就变成一句骂人的话。其次，原始的时候，人是圆形的，背部和两侧形成一个圆圈；他有四只手，四只脚，一个头，头有两张脸，各朝相反的方向，两张脸安在一条圆脖子上，而且两张脸完全一模一样；此外，他有四只耳朵，两个私处……他能够翻滚，其快无比，以他的四手四脚，总共八根柱子，就像杂技演员用他们的脚那样在空中灵巧翻滚，翻了又翻，滚了又滚；他奔跑起来，也极其迅速。……他们的力量大得可怕，他们的心思也是那么大，向众神攻击……最后，经过许多深思，宙斯想到一个办法。他说：“我想，我有个妙计，能杀杀他们的傲气，使他们变礼貌一点；人可继续活下去，可是我要把他们剖成两半，这样的话，他们的力气就会减少，而他们的数目会增加；这办法的好处是，他们对我们会更有用……”他说完，就把人切成两半，就像把一颗山梨剖成两半，以便腌制，或者，就像你用一根线把蛋分成两半；宙斯把人一个一个剖分的时候，他命令阿波罗把那张脸和一半脖子转过来，好让人看看他自己的模样：看过自己的模样，他就会学到什么叫谦卑。阿波罗还受命医治他们的伤口，整好他们的身体。于是，阿波罗把那张脸转过来，并且从两腋拉出皮肤，盖满我们今天所说的肚子部位，就像把钱包合起来一般，他还在那肚子中央做个口口，打个结绑合起来（就是我们说的肚脐）；另外，他做胸部，把皱褶差不多去掉，很像鞋匠把皮革压在鞋楦上弄平滑；不过，他在肚子和肚脐那一带留下一些皱纹，当做原初状态的纪念吧。人被剖分成两半之后，每一半都想念另一半，他们相聚，伸手搂住对方，交缠相拥，渴望变成一体，他们由于饥饿和忘我，几乎送命，因为他们除了相拥以期复合，什么也不想；当其中一半死去，另一半活下来，活下来的就另寻一个伴侣，这伴侣就是我们说的男人或女人——他们是全男或全女的一半——并且相守不分。

沃尔泰拉
小矮人和鹤，
黑彩陶，
局部，
4 世纪，
佛罗伦萨，
考古博物馆

预兆

奥普塞昆（4 世纪）

《异象志》

他们祷告了九天，因为在皮斯诺一带，天雨石头，许多地方还降天火，轻轻一拂，就烧掉好几个人的衣服。神殿山上的朱庇特庙被闪电击中。在安布利亚，他们发现一个大约十二岁的阴阳人，依照预言家的指示，将它处死。高卢人通过阿尔卑斯山进入意大利，未经一战就被赶回去……

神殿山上，好几座雕像被连续不断的暴风雨吹倒……在朱庇特的宴会上，众神的头被地震震得摇摇晃晃；一个装满供物准备拜朱庇特的盘子翻覆。老鼠啃食供桌上的橄榄……

夜里，兰奴维乌姆地方的天空现灯。在卡西诺，许多建筑被一阵闪电摧毁，太阳在夜里照耀好几个钟头。在提诺西狄奇诺，一个孩子出生，四手四足。经过净化，事情始归平静……塞里斯地方生下一只猪，人手人脚，有些孩子出生时四足四手。弗洛艾西诺地方，一只公牛嘴里出火，公牛却没有受伤……

城里看见一只凤凰和一只猫头鹰。在一个石窟里，一个男子被另外一个男子吞吃……好几千人在波城的洪水和艾雷佐的池塘里淹死。天雨奶汁两次。在诺尔奇亚，未婚妇人生双胞胎：一个是女婴，四肢完好，一个是男婴，肚腹敞开，可以看见肠胃，而背后一无孔窍；这孩子呱呱而哭之后，死了。

亚历山大战野人和野兽，
取自《好国王亚历山大的书与真实故事》，
皇家手稿 20.B.XX，
fol.51，
15 世纪，
伦敦，
大英博物馆

亚历山大历险记

无名氏（12 世纪）

《亚历山大传奇》，II，33

然后，我们来到一个泛灰色的地方，那里有野蛮人，类似巨人，四周举目都是；他们眼睛像火，模样像狮子。还有别的生物，名叫奥奇莱特：他们全身无毛，他们直立有四肘高，像标枪一般瘦削。他们看见我们，就朝我们跑过来。他们身披狮子的毛皮，极为强壮，而且善于不拿武器作战。我们攻击他们，但他们反击，用棍棒打死我们很多人。我担心我们战败，于是下令火烧森林。那些极为强壮的人看见了火，马上逃走；但是，他们逃走以前，又杀死我不下一百八十个士兵。

第二天，我决定进入他们的洞窟。在那些洞窟里，我们看到野兽，被链在门上，看来像狮子，却有三只眼睛……然后，我们离开，到达吃梨族之地。那里有个人，全身密密的毛，身体巨大，我们看了害怕。我下令捉他；他被捉到，但继续用他眼睛野蛮的精光审视我们。然后，我下令把一个裸体女人带到他面前。他一把捞住她，眼看就要吃了她。士兵立刻跑进去把她带开，他开始用他的舌头发出尖锐刺耳的声音。一听到那些叫声，他的族类就从沼泽现身，向我们扑来。他们有好几千人，我们的部队人数是四万。于是我下令火烧沼泽，那些人一见火就逃。我们捉到三个，可是他们八天什么也不肯吃，最后都死了。这些生物不像我们人类这样说话，而是吼吼叫叫，像狗。

2. 不受节制的新美学

以上作品孕育了“西土美学”（Hisperic Aesthetic）。古典拉丁语学家之前已谴责这种风格是“亚洲”风格（后来又说是“非洲”风格），这是相较于讲究平衡的“阿蒂卡”（Attic）风格而言。早期教父认为西土风格“丑陋”，圣哲罗姆（St. Jerome）在《反乔维尼安纳论》（*Adversus Jovinianum*, I）里这样责骂：“现在有许多野蛮作家及文章，满纸呈现风格上的恶习，下笔乱七八糟。你再也弄不清楚是谁在说话，也没办法了解他在说什么。一切都在膨胀，也在收缩，像只生了病的蛇，想蜷起身体，结果支离破碎。这种文字巫术有什么用？”

不过，在 7 到 8 世纪之间，品味发生根本改变。至少从西班牙到英伦三岛如此，还触及高卢部分地区。西土美学流行的欧洲正在经历其“黑暗时代”，农业衰落，城市荒废，伟大的罗马水道和道路崩溃。在普遍野蛮的大气候里，在森林笼罩的土地上，修道僧、诗人和泥金抄本的作者所见的世界是一片浓密的树林，怪物盘踞，迷宫般的道路交叉穿行其中。西土风作品不再遵循传统的比例法则。人们享受难以理解的野蛮新风潮带来的新音乐。作家竞押头韵，连缀成古典世界会被认为是纯粹杂音的漫长句子。受欣赏的不是节制，而是巨大和无节制。爱尔兰僧侣尤其如此。在那诸事艰困且秩序混乱的数百年里，他们保存着某种文学传统，把这传统带回欧陆。他们穿过语言和视觉想象的世界，仿佛那些世界真的是森林，真的是爱尔兰人圣布伦丹（St. Brendan）漫游而过的海洋：他看见一座岛，上岸去，那个岛却是一只可怕的巨鲸，他乘鲸而行，碰见犹大，犹大被囚禁在一处岩石上，永受海浪拍击折磨。

7—9 世纪，也许是在爱尔兰（说英伦三岛一定不会错）出现一部《志怪搜奇录》（*Liber monstrorum diversis generigus*），除了描述形形色色的怪物，还评论其差异变化。第二章说：“海兽数目种类无穷，这是毋庸置疑的。它们那看不到边、高大如山的身体猛烈摇起巨大的波浪，大水几乎从海底厮涌而起……它们用已经被他们巨大的身体晃翻的海水搅起漩涡，游向海滩，恐怖无比，吓坏观看的人。”

《凯尔斯之书》，
第 8 节，
都柏林，
三一学院

在这样的气候下，8 世纪的爱尔兰出现《凯尔斯之书》（*Book of Kells*），每页以华丽放大的字头字母开始，作为装饰。这是花叶交织艺术（entrelacs）的得意杰作，迂回如迷宫的编织，里面有神像，还有各色各样的怪物。动物以风格化手法呈现，细小的类人猿藏在繁复无以复加的枝叶之间。整体看来像几个主题在一张地毯里反复使用，实际上每一条线、每一个伞状花序都代表一个别出心裁的发明。这是复杂的涡卷构图，刻意违反一切平衡规则，是纤美颜色组成的交响曲，从粉红而橘黄，由柠檬到淡紫，绚丽无比。四足动物、鸟、天鹅喙的狗，还有难以置信的人形——人弯曲如马戏团特技员，头夹在膝盖之间，然后仰头做成一个字母状；他们随意延展，弹性惊人，如同彩色橡皮筋，身体蜿蜒穿过复杂相连的网络，从抽象装饰里往外窥看，缠绕字母，在一行一行文字里溜上滑下。

3. 怪物道德化

虔诚的僧侣怎么看这些“丑到极端”的怪物？当然，大致就像后来儿世纪的人爱看泥金抄本页眉上的畸形生物（就是所谓的眉注，只是以形象表现）或罗马式教堂的柱头雕刻那样。

中世纪的人觉得那些怪物有吸引力，一如我们喜欢看动物园里来自异国的动物。有个例子，德高望重的圣伯纳在他的《为威廉院长辩护》（*Apologia ad Guillelmum*）里谴责那些令信徒着迷过头的教堂雕刻（不过，他描述那些雕刻太文情并茂了，令我们不得不疑心他忘了自己圣徒之尊，把那些雕刻看得太入神）：“修道院里怎么可以有那可笑的怪物，那奇怪的描摹生动的畸形？那些丑陋的猿猴在那里做什么？那些狰狞的狮子呢？还有那些半人半马怪，那些半人半兽，那些色彩斑斓的老虎？……一颗头下面许多身体，许多颗头下面一个身体。这边一只蛇尾四足怪，那边一条鱼长着四足兽的头。这儿一只看来像马，后半身却是山羊的野兽；那儿一只带角的马身动物。一言以蔽之，触目尽是变化万端的奇形怪状，看这些大理石雕刻简直比念经书还多些乐趣，竟日流连，把这些形象一个一个拿来欣赏，比沉思上帝的律法还令人乐在其中。”

怪物吃人，
圣皮埃尔教堂中央柱头，
11—12 世纪，
乔维尼（法国），
圣皮埃尔教堂

甚至怪物也是上帝的孩子

圣奥古斯丁（4—5世纪）

《上帝之城》，XVI，8

另外有个难题来了：我们如何能相信，从挪亚的子女，或者从他们所从来的那个单单一人，会产生一个人类怪物族类？连异教的历史也谈到他们；我们得知，他们有些只有一只眼睛；有的脚跟在前，脚趾朝后；有的阴阳双性，右乳是男乳，左边是女胸，交合以后能怀孕或生产；有的没嘴巴，只能用鼻孔透气；更有的站起来只有一肘高，因此被希腊人叫作侏儒；有些地方，妇女五岁能怀孕，却活不过八岁。

他们甚至说，有个族类只有一只脚，膝部不能弯曲，跑起来却非常快：他们叫单足人，夏天里，他们躺在地上，举起单足为自己遮荫……

总之，怪物人产生的道理和怪物族产生的道理相同。一切生命都是上帝创造的。他知道他必须何时、如何创造，因为他知道宇宙之美，以及宇宙成分之间的相似或差异。不过，不了解整体的人会为了其中一个成分的畸形而感不安，因为他们不晓得那些部分和整体的关系。

我们知道，有人天生一手不止五指，或一足不止五趾，这是不算重要的异常，但这也不应该使我们愚蠢到以为造物主在那些手指的数目上犯了错误，即使我们不了解那些现象何以如此的理由！……

在希坡，有个人的脚底和手掌都是新月形，只有两指两趾；如果这些人是整个族类，他们会被加到怪物奇物志里。然而，这可以成为一个有效的理由，来否认这么一个人是上帝所造第一个人类的后代吗？……

我们推定，关于那些人的各色种类，以及关于他们和我们之间的差异，说者所言是真的。其实，如果我们不是已经知道猿、猴和猩猩不是人，而是兽，那些炫耀自己博学的历史学家可能就会以他们虚荣的瞎扯骗过我们，将它们呈现为人类……基于此故，我认为解决这个问题的最安全方式是以下择一：一个是，关于这些人的种种记载未得其实；一个是，如果那些记载说的是实情，那他们就不是人；如果他们是人，则他们就是亚当的后裔。

基督教世界着手“拯救”怪物。我们在本书第二章第1节已看过，关于宇宙至美论，**奥古斯丁**说，怪物是美的，因为他们是上帝的造物。在他的《基督教教义》（*Christian Doctrine*）中，奥古斯丁整理对《圣经》的寓言诠释。他指出，《圣经》看起来好像对石头、草、动物做多余的描写时，你必须感受那字面意思以外的精神意义。不过，想了解一颗宝石或一只动物的精神意义，你需要一部解释那些事物寓意的“百科全书”。这就是动物寓言的由来。

基督教世界第一部动物寓言是《**自然史**》（*Physiologus*），在2—3世纪间以希腊文写成（然后翻译成拉丁文和各种东方文字）。书中列举大约四十种动物、树木和石头。《自然史》描述这些东西，然后说明它们每个都是某种伦理和神学信息的媒介。例如狮子，传说狮子用尾巴抹掉它走过的足迹以骗过猎人，这象征基督抹掉人的罪。

博韦，
独角兽，
《动物特性书》，
手稿 3401，
1566，
巴黎，
圣格尼维夫图书馆

自然史

无名氏（2—3 世纪）

《自然史》

独角兽是一种小型动物，类似山羊，但极为凶猛。猎人不能接近它，因为它力气异常大。它的头额中央有一只角。如何猎独角兽？他们派出一个贞洁无瑕的处女，这动物跳进她膝腿之间，她以胸喂它吃奶，然后把它引到国王的宫殿里。

独角兽是救世主的象征：事实上……它住在完美无瑕的圣母马利亚子宫里。

在群山之中，有一种叫做象的动物，它对肉欲关系没有渴望。象要有子女的时候，它们远行到东方，接近乐园之处，那里生长一种称为曼陀罗的树。雌象先摘取其果实，献给雄象，试探它，直到它接受这果实。吃了果实，雄象趋近雌象，同它交配……生产的时候到了，它进入一口池水，到水及乳房之处，在水中生下它的后代，幼兽爬到它膝上，吸它的乳头……这是象的天性：它如果跌倒，就起不来，因为它膝没有关节。那么，它怎么会跌倒？它睡觉的时候，靠在一棵树上，猎人熟悉象的天性，先过去将树干锯一半，象靠到树身上，同树一块倒下，开始大声鸣叫。另一只象听见叫声，赶来相助，却没有力气拉扯同伴。于是两象开始鸣叫，另外十二只象赶来。但是，集众象之力，仍然扶不起最先跌倒那只，所有的象这就开始鸣叫。最后，一只小象来到，将它的长牙插到最先倒下那只象的身体底下，将它扶起……所以，象和它的配偶是亚当和夏娃的象征：他们在乐园中享福而尚未犯过的时候，他们既不知肉欲，也不知交合之事。然而一旦那女人吃了树上的果实，换句话说，吃了精神上的曼陀罗，而且分给那男人吃一点，亚当就知道女人，而在那恶毒的水上创造了该隐……然后那只大象来，换句话说，来了法，它没法拉扯他；接着来十二只象（换句话说，先知），它们也扶不起那个堕落的男人；最后，圣灵象来到，扶起那人。

《自然史》里说那蝮蛇：雄的有一张男人的脸，雌的有一张女人的脸。它们从头到肚脐是人形，尾巴是鳄鱼尾。雌的没有阴道，只有个状似针眼的细缝。雄的和雌的交配时，它射精到它嘴里。……所以，蝮蛇是弑父又弑母的，圣约翰将它们比作法利赛人，比得真好：就如蝮蛇谋害其父母，法利赛人杀害他们精神上的父亲，亦即先知。

4. 奇迹异闻

追随老普林尼立下的传统而构思的动物寓言、宝石学、植物学和“百科全书”，都以这本《自然史》为模范。从毛鲁斯（Rabanus Maurus, 8—9 世纪）的《物性论》（*On the Nature of Things*）到 12、13 世纪的伟大编纂之作，如奥腾的何诺流斯（Honorius of Autun）的《世界的形象》（*The Image of the World*）、内克姆（Alexander Neckham）的《物性论》（*On the Nature of Things*）、安格利克斯（Bartholomew Anglicus）的《论物性》（*On the Property of Things*）、博韦的文森特（Vincent of Beauvais）的《自然之镜》（*Mirror of Nature*），直到拉丁尼（Brunetto Latini）的《宝藏书》（*The Book of the Treasure*）与《小宝藏》（*The Little Treasure*）。有些想象旅行之作也取用并描写《自然史》里的动物，例如曼德维尔的《游记》（*Travels*）和达列索（Ristoro d'Arezzo）的《论世界的构造》（*On the Composition of the World*）。

上面这张清单并不完全，但也显示了古代和中古世界如何受到未经探索的国度吸引，以及这些书籍的读者如何带着惊愕的心情想象那些奇事异闻。12 世纪的伪作《约翰长老的信》（*Letter of Prester John*）大获成功就是证据。此作描写亚洲一个神奇的基督教国度，那地方在异教徒国度外的远方，人民富拥黄金珠宝而美德流行。约翰的神话令许多旅行家陶醉（例如马可·波罗），他们想找到它，并且怀着政治动机鼓励基督徒向东方扩张（到了近代，那个神奇国度的位置从亚洲变成非洲，有人说是皈依基督教的埃塞俄比亚）。这个想象的国度吸引人的一个理由正是作品中描写的各种生物，那些生物全听约翰指挥。这样的写法，几乎就印证了那里的美德和财富。

这些怪物当然不足以称作美的范例，但也不是全都危险。其中可怕的有气息含毒的蛇怪，狮头、半龙半山羊身的怪物，上半身驴、后半身麋鹿、狮腿、马蹄、叉角、嘴从一耳开到另一耳、声音似人类、牙齿是单单一根骨头的怪物，以及三排牙齿、血色脸孔、嘶声如蛇的狮身、蝎尾、蓝眼怪。

埃塞俄比亚的怪物族类，
手稿 461，fol.26v，
约 1460，
纽约，
摩根图书馆

约翰长老的王国

无名氏（12 世纪）

《约翰长老的信》

我，约翰长老，是万王之王，是太阳底下的首富，我的德和权大过天下每一个国王。……

在我们国家里出生和生活的生物包括象、单峰驼、骆驼、河马、鳄鱼、豹、野驴、白狮、红狮、白熊、白色山乌、无声蝉、狮身鹰首兽、虎、胡狼、土狼、野牛、马、野人、角人、半人半羊怪、人马怪、雌人马怪、侏儒、狗头人、身高四十肘的巨人、独眼生物、库克罗普斯、一种称为凤凰的鸟，以及天底下几乎每一种动物……

我国的一个省份里有一条河，人称印度河。此河源出乐园，支流遍布那个区域，河里可以找到天然石、翠绿石、蓝宝石、红宝石、黄玉、橄榄石、缟玛瑙、绿柱石、紫水晶、红玉髓，以及其他多种宝石……

在大地极远地带……我们拥有一个岛屿……岛上一年到头，两星期一次，上帝降下充裕如雨的灵粮，人民取而食之；他们只吃此物，即能生存。其实，他们不犁田、不播种、不收成，也不必掘地取食……所有人只以天粮为食，活五百岁。但是，他们到了一百岁，就从一口源泉饮水三次，而还童，而更增力气。那口泉从那里一棵树的树根之间流出……我们这里无人说谎……我这里无人通奸。没有任何罪能左右我们。

野人

浦尔契

《摩尔干提》，V，38—45（1481—1482）

他有个熊一般的头，
全身是毛，而且骄傲，牙齿如象牙，
强壮得咬一口就撕裂岩石；
他的舌头遍布鳞片；
他有一只眼睛，在他胸前中央
是一颗巨大的火球；
他胡须粗糙蓬乱，头发也一样，
两只像驴耳的耳朵
以及长长、强壮、刚毛丛生的手臂。
他的胸脯和身体都盖满了毛；
脚上长长的脚趾，手上长长的指甲。
他在干地上不穿鞋，
但是，他赤裸又没穿鞋，
到处狂吠像只狗。
没有人看过这么丑的怪物；
他手拿一根花楸木做的巨大棒子
历经风霜又黝黑，像乌鸦。

怪物在森林中化成爱女子的人形，
取自皮埃尔·柏艾斯杜欧著
《怪物故事》，
手稿 136，fol.140r，
16 世纪，
伦敦，
维尔康图书馆

拉斐尔，
圣米迦勒屠龙，
约 1505，
巴黎，
卢浮宫

还有头如邪恶冠冕，以脚行走，咽喉常开而涓涓流出毒液的蛇。另一个可怕的东西是龙，画中常见它败于圣乔治之手，后来许多骑士文学则写它大战骑士。那些骑士还可能碰到过森林里全身多毛的“野人”，**浦尔契**（Pulci）的史诗《摩尔干提》（*Morgante*）就写到这事。其他是一些温和的生物。这些温和生物的形态和习惯当然不寻常，而且同样远离人类一切美的观念。这些基本上无害的生物包括眼睛长在肩上，以胸膛两个洞为鼻子和嘴巴的无头人；阴阳人；无嘴，只以味道为食的人；双头人；直腿而无膝，马蹄，阳具长在胸上的人；脖子极长，手臂如锯子的人；永远和鹤作战的小矮人；讨人喜欢，单脚却奔跑极快，睡觉时高举那巨大的单脚来遮荫的人。最后是独角兽，它是一匹漂亮的白色骏马，额头一只角。捕它的唯一办法是在树下放一个处女，这动物受处女的气味吸引前来，把头搁进她膝腿间。

巨耳族帕诺提
（局部），
约 1120—1130，
维哲雷（法国），
圣玛德琳教堂弧形顶饰

门斯特，
蛇怪，
取自《宇宙结构学》，
1558

蛇怪

老普林尼（23—79）

《自然史》，33

那叫做蛇怪的蛇，也有和这一样的力量。此蛇产于西伦纳人伊卡省，长不超过十二指。它头上有一个白斑，形状非常像王冠。它嘶嘶叫的时候，所有别的蛇都飞奔而逃：它前进的方式，不是像别的蛇那样身体一折一折的，而是身体前半部直立。它摧毁所有灌木，不只是把灌木压垮，还有它呼出的气息；它还烧死所有的草，并且碎掉石头，它的毒害力量就有这么大。从前远远近近的人都相信，一个骑在马背上的人如果用长枪杀死这么一只动物，它的毒会沿长枪而上，不但毒死马上的人，连马也毒死。对这可怕的怪物，鼬毛是要命的东西，这件事屡试不爽，因为国王们经常想看它丧命后的尸体；一点也没错，大自然的意思就是，没有一件东西没有它的克星。这动物的所在是一个洞，从洞口被它传染的土壤，很容易辨认。

一些怪物

塞维尔的伊西多尔（570—636）

《字源》，XI，3

希腊人……认为巨人是 gheheneis，易言之，terrigeni，意思是生自大地，因为，根据传说，是大地她自己从她巨大的肚围里把他生出来的……Cinocefali 就是这么个东西，因为他们的头是狗头，也因为他们的吼吠声证明他们更像是兽，而不像人。他们是在印度出生的。印度也产生库克罗普斯，这名字的由来，是据说他们只有一只眼睛，在额头中央……有些人相信怪物 Blemmyae 出生在利比亚。这种怪物有身体而没有头，双眼和嘴在胸脯上。有记载说，在极远的东方，有一种怪物脸的人：他们有的没有鼻子，脸则是畸形，完全扁平；有的下唇无比突出，他们睡觉的时候，用这些下唇盖住整张脸，保护自己不被炽烈的太阳照射；更有的嘴巴是粘合的，只能靠麦秆透过一个小洞吃东西维生。据说塞西亚人那里住着一种 Panotti 人，他们耳朵极大，大到能遮掉他们整个身体……传说埃塞俄比亚有一种 Artabant 人，名称由来是他们像山羊一般四肢着地走路：他们没有一个活过四十岁。还有 Satyr 人，意思是他们身材矮小、钩鼻、额头长角，脚则是山羊脚。圣安东尼独处沙漠之时，看过一个。这位上帝的仆人问这个 Satyr，他的族类是怎么个情形，这个 Satyr 回答："我们是凡人，住在沙漠一带，外邦人为许多错误所愚，尊称我们为山神。"……听说埃塞俄比亚住着一个叫 Sciapod 的种族，他们的脚天赋异禀，跑起来异常快：希腊人给他们这个名称，因为大热天里，他们躺在地上的时候，举起他们的大脚来为自己遮荫。Antipodi 住在利比亚，他们的脚是脚趾向后的，换句话说，他们的脚趾和我们相反，在脚跟部位往后指，而且两足各有八趾。Hippopod 人住在塞西亚：他们是人形，脚却是马脚。传说印度住着一种人，叫 Makrobioi，意思是他们身高十二呎。印度还住着一种人，身高只有一肘，希腊人称他们为 Pygmaei（侏儒），这个字的来源其实也就是"一肘"的意思。关于这个族类，我们在上文已经提过：他们住在印度的多山地带，靠近海洋。

后页：
布西科画师，
独角兽、龙、狗头人、无头怪、巨足人、独眼人，
取自《异物志》，
15 世纪，
巴黎，
法国国家图书馆

65
Contra iustitiam
Ira
Superbia
Gula
Invidia

5. 怪物的命运

基督教世界从一开始熟悉怪物之后，就借用怪物来定义神。**托名戴奥尼索斯**在他的《天国阶级》（*The Celestial Hierarchy*）中说：上帝的属性不是语言文字所能表达的，因为无论用多么奇妙的比喻都不足以用来谈上帝，又因为我们这个世界的任何理论都是无力的，都只能说上帝不是什么，而无法说出上帝是什么，因此我们不如以非常不相似的形象，例如动物或怪物的形象来指称上帝。《以西结书》就有这种做法的先例，以动物形象来描述天使，后来使徒约翰也循例描述神的宝座（后世将马可、路加、约翰三位传福音者和牛、狮、鹰相连，都可以从这里得到解释）。

在文艺复兴时期，怪物甚至还有一种友好的功能，恰恰因为它们那令人印象深刻的丑。举回忆术为例。自古以来，有人想要记起某些文字或概念，就会被建议去联想一间有可怕而令人难忘雕像的房间或一个城市里的某些场所。在罗森海姆（Petrus von Rosenheim）的《回忆术》（*Ars memorandi*，1502 年）里，我们看见一些帮助记忆的形象，那些形象的确非常近似《启示录》里的怪物和动物寓言中的生物。

最后，怪物在炼金家的非正统宇宙里得意发达。炼金家以它们象征提炼哲学家之石（就是长生不老药）的各个过程。我们因此可以猜想，这些异术的专家并不认为怪物可怕，而是认为它们魅力美妙。

我们在后面的第十章可以看到，对传奇异闻的爱好后来式微，代之而起的是人对科学上有趣事物的好奇心，各种怪物于是走进古董店和各种现代收藏家手里。到那时候，人们依然探索中世纪时期的传奇领地，但这些探索再也没有怪物或动物寓言的容身之地。怪物在近代和当代的想象里仍有一席之地，不过是以其他形式出现。

阴阳同体的路济弗尔，
《神圣三位一体书》，
手稿 428，
1488，
弗德（瑞士），
圣嘉伦

罗森海姆，
《回忆术》，
1502，
弗尔兹罕（德国）

上帝如蛆如虫

托名戴奥尼索斯（5世纪）

《天国阶级》，II，5

我们会发现，关于神秘现象，神学诠释家虔诚采用这些象征，不但在诠释天国秩序的时候采用，有时诠释上帝法则的化身时也采用。他们歌颂神，有时候从我们所见的最珍贵事物开始，例如正义的太阳……但是，有时候，他们用中间元素的名称来颂神，例如火，火发光而不伤物，水，水提供生命所需的健康，或者，他们用个象征说法，说上帝化身为水，进入肚子，然后射出来，像莫之可遏的河流。最后，他们每下愈况，以最卑下的东西说明上帝之道，例如香油、基石，甚至用野兽来比喻，用狮、豹的特性来解释上帝的道法，说上帝可能像豹、像生气的熊那样发威。还有一种最为卑下的比拟，看起来也是最可耻的一种比拟：其实，关于神的事情，所有饱学者都曾告诉我们，上帝也化身为虫为蛆。因此，神义论者，以及诠释神秘启示的人必须将“至圣之所”另当别论，说至圣之所是真正纯净，与亵渎和不完美的事物无涉，他们维护神的各种现身，使神的事物不被亵渎之物接触，并且使沉思神的拟象的人不至于将神的形式误解为实物。这样，我们就能通过真正的否定来颂神，通过最卑下、与神其实相反的事物的形象来颂神。

卡利班

莎士比亚

《暴风雨》，II，2（1611）

特林科洛：……（看见卡利班）这是什么来着，是一个人，还是一条鱼？是死的，还是活的？是鱼呢，他闻起来像奶子，我想不出可以拿什么来比拟，好一条鱼——一种非常古老的，鱼一般的气味，一种什么呢，一种不是新腌的，是风干的狗鳕吧。一条奇怪的鱼。我去过英格兰，要是我现在在那里，只要请人把这条鱼画了，在市集的摊子上挂起来，逢年过节到那里逛热闹的蠢蛋没有一个不会掏出一文银钱来一睹为快，那，这怪物可真能教人发一笔呢。不管什么奇怪的动物，到那里都能帮人捞一笔：那些蠢蛋舍不得拿半文钱周济一个跛脚乞丐，却舍得花十块铜板来看一个死印第安人。可他又像人一样长了脚，而且他的鳍就像手臂！还是温温的呢，我敢发誓！现在，我放弃我原先的看法，不再坚持：这东西不是鱼，而是一个住在这岛上的人，最近遭了雷打。

丑怪的乳房

斯威夫特

《格列佛游记》（1726）

我必须坦白说，从来不曾有什么东西像她那对丑怪的奶子这么令我恶心，那对让好奇的读者约略想见它的大小、形状和颜色。它高挺六呎，周围不会少于十六呎。那乳头约莫有我的头一半大小，那乳头和乳房的颜色，则斑、痣、疱疹遍布，无驳杂，再不可能有什么东西更令人作呕了……这令我不由得想起我们英国淑女的白皙皮肤，她们所以在我们看来美丽，只因为她们和我们自己是同样的身材体型，她们的缺陷不用放大镜是看不出来的；经过实验，我们发现，用放大镜一照，最光滑、最白的皮肤看起来也是粗糙、凹凸不平而且颜色病态的。

航海家遇上（真的遇上）有野蛮习俗的人的故事影响了**莎士比亚**写作可怕（也不快乐）的卡利班，**斯威夫特**则写出他旅游过程的遭遇。然后，逐渐地，人们对怪物的熟悉感减退；怪物令**爱伦·坡**不安，吓坏**柯南道尔**（他对史前动物有些研究），而**波德莱尔**则梦想在女巨人身上的色情狂喜。

经过吸血鬼、科学怪人弗兰肯斯坦、怪医海德、金刚及外太空来的活死人和异形人后，这个时代还有新怪物。但我们只是害怕他们，并不把他们当成上帝的使者。马可·波罗《游记》可能已对动物寓言里常带善意的那些生物起了一丝疑心。他是真的旅行，并非只用想象。他遇见的一种动物明显是犀牛。他不曾看过这种动物，但他的文化告诉他，独角兽是鼻上有一角的四足动物，因此他说他看见了独角兽。但他是一丝不苟的诚实记录者，连忙解释说这些独角兽挺奇怪，不像传统上的独角兽模样，既不细长，也非白色，而是“毛如水牛，足如象”，角黑而丑，舌多刺，头如野猪。马可·波罗说，此兽不但是“看来非常丑的野兽”，而且“不像一般说的那样能让一个少女牵着走，而是恰恰相反”。

库伯与修萨克（导演），
《金刚》，
1933

女巨人

波德莱尔

《恶之花》（1857）

在自然以旺盛的精神
每天孕生怪物孩子之时，
我该靠近一个年轻女巨人
居住，
像女王脚边一只丰淫的猫。
我要看她的灵魂和身体都得意，
在她那些恐怖的游戏中无拘无束成长；
从她眼睛里飘浮的雾猜测
她心中是否藏着焖烧的火焰；
从容探索她硕大的身体，
爬上她巨大膝盖的斜坡，
有时候，在夏天，当
不健康的太阳
使她大展四肢，疲倦，
横陈在乡间，
悠闲地睡在她双乳的阴影里，
像山脚下一个平静的小村庄。

齿爪带血

爱伦·坡

《皮姆的故事》（1850）

我们还拣到一种形状奇特的陆地动物的尸体，长三呎，高却有六呎，有四只非常短的腿，足部有长爪，是鲜亮的猩红色，质地类似珊瑚。身体布满一种直直的、全白的丝状毛。尾巴尖细如鼠，约莫一呎半长。头似猫，除了耳朵，耳朵下垂如狗耳。牙齿和爪子一样，也是鲜亮的猩红色。

勃克林，
海妖塞壬，
1875，
柏林，
国家博物馆

失落的世界

柯南道尔

《失落的世界》，12（1912）

突然，我看见了。在我方才经过的林中空地那一端，矮树丛里有个动静。一个巨大的黑影脱离树丛，蹦出来，出现在明澈的月光里。我说“蹦”，是有道理的，因为这只野兽动作如同袋鼠，跳跃的时候，以它有力的后腿把身体撑得直挺，前脚则弯曲于胸前。它身形和力量都巨大，像一只直立的象，但它虽然身体巨大，行动却极为敏捷。看见它的形状时，有一会儿，我希望它是一只禽龙，我知道禽龙是无害的东西。不过，我虽然无知，还是很快看出它是一种非常不一样的生物。禽龙温和，外形如鹿，是巨大的三趾草食动物。这只野兽却有一张宽而短胖，形如蟾蜍的脸，就像先前在我们营地吓坏我们的那张脸。听它叫声狰狞，见行动力量惊人，我确信这一定是那种巨型的肉食恐龙，地球史上最恐怖的动物。

第五章

丑、诙谐与猥亵

1. 普利阿普斯

帕塞罗蒂，
讽刺画，
16—17 世纪，
私人收藏

蒙田在其《散文集》（II, V）里说："性行为把人类怎么样了？这件自然、必要、正当的事怎么了？为什么弄得人们羞于谈论这件事，要把它排除在严肃的有思想的讨论之外？我们有胆子说杀人、偷窃、背叛，为什么独独对那件事羞于启齿？"事实上，人类（至少西方社会）对一切涉及排泄和性的事情一向感到不安。我们因为排泄物让我们恶心（别人的、动物的又比我们自己的更恶心）就认为这东西是丑的。在《文明及其不满》（*Civilization and its Discontents*）一书里，弗洛伊德说："人看见性器官总是兴奋，却从不认为性器官本身是美的。"这尴尬表现为羞耻之情，也就是那种要避免暴露、避免谈论某些身体器官和活动的本能或义务。

这种羞耻感随文化和历史时期而有所不同。有些时代，像古希腊或文艺复兴时期，性特征的呈现并不令人恶心，而是有助于强调人体之美。有些文化也不认为这些性征的公开暴露令人困窘。那些羞耻感强烈的文化中，人们却往往喜爱反其道而行之。这种喜爱表现出来就是猥亵。

猥亵的行为可以出于愤怒，或者出于挑剔的精神，但猥亵的行为或语言经常引起大笑——想想小孩子多么爱听关于排泄物笑话，又爱拿排泄物开玩笑。

远古以来，阳具崇拜就结合了猥亵、丑和不可避免的诙谐等特征。一个典型例子是小神祇普利阿普斯，他出现于希腊化时代的希腊-拉丁世界，有个巨大的生殖器。他是维纳斯的儿子，是生育的保护神，雕像通常用无花果树的木头做成，立在田地和果园里，用以充当稻草人保护作物。据说他鸡奸窃贼，使他们不敢再来。他的确猥亵，并且由于那话儿硕大而招讪笑（今天普利阿普斯症被界定为一种病，殊非巧合）。另外，也没有人认为他英俊。事实上他被视为不成样子的畸形，是丑的，因为他的身体不合常形。

向普利阿普斯祈求
1 世纪，
庞贝，
威第之家

意大利阿奎里亚（Aquileia）有一件图拉真时代的浅浮雕（弗洛伊德知道这件作品，他在 1898 年的一封信中曾提及），主题是维纳斯讨厌这孩子的长相，恶心地把他赶开。最后，他不是快乐的神。他“一成不变”，因为他是用一块木头刻成的，有如挨了定身法，立在田里，动弹不得。他只有这个本相，没有本事变成其他神话角色。他寂寞苦楚，尽管那话儿巨大，却没有引诱山林女神的能耐。**贺拉斯**以他为题，写出大批怜悯又讽刺的诗文。

然而他基本上是个逗趣可爱的神祇，是旅人的朋友。许多诗人，从**忒奥克里托斯**（Theocritus）到《**普列阿培亚**》（*Priapea*，可能是公元 1 世纪某无名氏的集子，文笔诙谐而淫猥），再到《帕拉丁集》（*Palatine Anthology*），都这么表现他。

因此，普利阿普斯象征了丑、猥亵和诙谐之间从远古以来就建立的关系。从**阿里斯托芬**的作品和《**伊索传**》的一些段落中也可以看出这一点。

普利阿普斯的哀歌
贺拉斯（公元前 65—前 8 年）
《讽刺》，I，8

从前我曾是一块无花果树的木头
既无用亦无益之木。
一个木匠难以决定到底要
把我做成长椅，还是普利阿普斯，
他选择了这个神。
从此我就变成一个神，吓唬鸟和小偷
妙用无比：
我吓走偷儿，用我的右手
和这根从我胯间猥亵挺起的红棒子，
我头下一束芦苇
则惊吓做坏事的鸟
使它们不敢飞落新的菜园。
从前，奴隶将他们朋友的尸体
用粗劣的箱子带到这里，
将它们倒出窄挤的斗室；
这里，你可以找到
流浪人的骨冢……
如今，已开垦的艾斯奇兰山
人们可以沿着城壁
居住，在阳光下行走，
而同样的地方，从前
你会惊恐发现
褪色的人骨和荒寂的地面；
如此烦扰我的已不是
通常出没这类地方的
小偷和动物，
而是用魔药和魔法
迷乱人心的巫婆：
说实话，我没法消灭她们，
也无法阻止她们来
收集人骨或毒草，当月亮
炫耀一张满满是光的脸
漫步通过黑夜。

普利阿普斯

《普列阿培亚》，6、10、12

虽然我，如你所见，只是
一个木头做的普利阿普斯，
拿一把木制镰刀，长着木制阳具；
我还是会攫住你，抱稳你，
一旦逮到你，我就要享用你，
我的女孩。
这大大的东西，又大又硬如里拉琴
我要埋到你第七根肋骨，或更上面。
笑什么，愚蠢的女孩？塑造我的
不是普拉克西特列斯
不是斯科帕斯，也不是菲迪亚斯。
一个无赖将我从不成形状的木头
雕刻成这个模样
然后叫道："好！你是普利阿普斯了！"
现在你瞪着我，
一笑再笑？
你好像觉得可爱又好玩，
这根从我胯间
直挺而上的柱子！
这肥沃园圃的管理人命令我
确保这园子不受打扰，
所以，你受罚吧，小偷，虽然
你会生气地说，
"这么一点青菜，这么重的代价？"
"没错，当然！现在付你的代价吧！"

普利阿普斯

忒奥克里托斯（3—4世纪）

《格言集》，4

沿着那条小径，在橡树生长的地方，啊，牧羊人，转过一个角，你会发现一具用无花果树的木头做成的粗糙雕像。它有三只脚，树皮还在，但没有耳朵。不过，它那话儿有本事完成维纳斯的工作。一堵神圣的篱笆围着它，一条溪流从岩石间流出，周围是月桂、桃金娘，以及香柏树。那里有一株藤蔓蜿蜒而行，结着葡萄：春天的山鸟用它们尖锐的声音唱着各色各样的歌。夜莺回应以它们蘸了蜜糖的音乐。到了那儿，停下来，请那优雅的普利阿普斯消除我对达佛涅的欲望，我将立刻献上一只美味的小山羊为牺牲。但是，如果他拒绝，我准备献上三种牺牲：我将献下一只小母牛、一只多毛的山羊和一只我养在室内的羔羊。但愿他听见我的祷告！

第戎画家，
维纳斯的奇异诞生，
公元前4世纪，
巴利（意大利），
省立考古博物馆

可怜的苏格拉底

阿里斯托芬

《云》，169（前423）

卡里丰说，蚊子的肠子很窄，空气通过这窄小的通道时，空气受激而奔向尾部；过了这狭窄的管道之后，它碰到屁股，屁股于是像小喇叭般膨胀，空气就在那里发出洪亮的回响。

斯特利普西亚德斯：所以说，蚊子的屁眼是一支小喇叭。

门徒：有天晚上，他正在研究月亮运行的轨道和月亮的旋转，张着嘴巴凝视天上，一只蜥蜴从屋顶朝他屙屎。

斯特利普西亚德斯：蜥蜴朝苏格拉底嘴里屙屎！太精彩了！

屙掉常识

无名氏（1—2世纪）

《伊索传》

“你能为我解释吗，我们大便的时候，为什么经常端详我们的排泄物？”伊索解释说：“从前有个国王的儿子，他因为生活安逸又奢华，大多时间坐在那里大便。有一回，他坐在那里，忘了自己在做什么，坐太久，把他自己的常识也给屙掉了。从那天起，人就弓身蹲着大便，小心提防，别把自己的常识屙掉。不过，你也别担心：你屙不掉你没有的东西。”

反对大笑

圣巴西勒

《小规则》（4世纪）

主也具备所有与人性不能分开的肉体功能。……不过，就如福音书告诉我们的（你们喜笑的人有祸了！因为你们将要哀恸哭泣。《路加福音》6：25），他从来不放松自制去大笑。相反，依照他的界定，那些喜欢大笑的人是不快乐的……

《四位教父的规则》（5世纪）

任何人只要被发现在大笑或说笑话……我们就要下令，以主之名，用谦卑的鞭子，以所有可能的方式抑制他，持续整整两星期。

2. 对农民的讽刺与嘉年华狂欢

有的艺术形式表现失落的和谐（因此产生崇高或悲剧，导致焦虑和紧张）；有的表现拥有的和谐（有和谐则产生美，美生宁静）；有的表现失落的与失败的和谐，因其亏蚀与减少或对正常行为模式的机械化而带来诙谐。于是乎，我们笑傲慢的人踩到香蕉皮滑倒，我们笑提线木偶硬邦邦的动作，笑各种弄巧成拙，笑人的五官变成动物模样，笑不胜任的人败事出纰漏，笑令人发噱的文字游戏。凡此种种形态的诙谐都拿畸形做文章，未必涉及猥亵。

但诙谐和猥亵有时会结合，如当我们取笑我们鄙视的人的时候（例如我们嘲讽戴绿帽子的人，或拿他们说粗俗的笑话），或当某件事或某个人压迫我们，我们寻求心理解脱的时候。我们取笑压迫我们的人，引起大笑。这种诙谐 - 猥亵就代表一种有补偿作用的反叛。

这种形式的反叛，有时是得到准许的，当作一种宣泄紧张情绪的安全阀，不这样宣泄的话，紧张情势可能一发而难以收拾。这样的反叛可见于古罗马的农神节（Saturnalia）。农神节期间，奴隶可以代替主人的位置。游行的时候，老兵们用最下流的嘲弄和充满言外之意的话轰炸英雄人物。

早期基督徒不允许放纵自己大笑，因为大笑被视为带有魔鬼性质的放肆。据考属于伪托的福音《伦特勒斯书》（*Epistle of Lentulus*）说，基督从来不大笑。耶稣和大笑成为争论好几百年的问题。不过，虽然有种种**反对大笑**的文献，我们也不要忘了，教会的其他教父和博士维护健康的欢乐。中世纪初期就有幽默文字流传，包括《塞普利亚诺斯的晚餐》（*The Supper of Cyprianus*）。这是一件充满离奇想象的作品，在修道院里极为流行，从非常不恭敬的角度刻画《圣经》人物。还有一部《修道士的笑话》（*Joca monachorum*）也是如此。另外有摆明允许诙谐放肆的时刻，像"复活节的大笑"（riso pasquale）。庆祝耶稣复活期间，连在教堂里讲道时也准许开玩笑。

畸形人，
15 世纪，
昂热，
木屋

令人尴尬的丈夫

无名氏

《黑色的阴囊》（12—14 世纪）

我的主，在你面前
我要当着这里每个人说明
我上法庭的理由。
我结婚至今已经七年，
和一个农夫，此人我从未
完全认识
直到昨晚，我头一遭发现
我再也不能和他一起，
也不能和他相处的理由。
你会明白我说的是实话：
我丈夫那话儿
比铁还黑，阴囊
比那个修道僧或教士的法衣还黑；
而且长满浓毛像熊皮，
而且从来没有哪个放贷人的钱包
像他的阴囊那样饱胀。
我供的是实话；
我不晓得咋说比较好。

农夫的屁

吕特伯夫（13 世纪）

耶稣基督不希望
农夫在他成圣的母亲家中
获得招待……
农夫没钱或什么东西
来买天国，
他们甚至地狱也去不了，
因为连魔鬼也
嫌他们恶心……
有一天，一个农夫
生病了
地狱万事俱备
只等他的灵魂到来。
我告诉你一件事，千真万确。
一个魔鬼前来
带他下去，
先在这人屁股上
绑一只皮袋，
因为这魔鬼坚决相信
人的灵魂是从那里脱离身体。
不过，那晚农夫已经
服了治病的药，
又吃下牛肉加蒜
还有热热肥肥的肉汤
因此他肚子并不是松松软软
而是紧绷像鼓皮。
他要死了，这点没问题，
但是，他如果能放个屁，
则一切没问题。
于是他拿定主意
使尽全身力气做这件事，
他顽强坚持不懈，
辗转翻滚，
终于放出那个无比响亮的屁，
皮袋灌个饱满，魔鬼把袋口绑紧，
人临终必须忏悔，魔鬼
猛踩这人的肚子，权当逼这人忏悔；
俗话说得好
“逼过猛，得到屎。”
然后，魔鬼拎着装屁的袋子
走出门外。
他把袋子扔进地狱，
不料屁溜出袋子。
群魔大怒暴跳
诅咒农夫的灵魂。
第二天，他们集会商讨
众口一词决定：
各位一清二楚了吧
一个农夫的灵魂也不收，
因为农夫的灵魂奇臭无比。
这就是为什么农夫今天
上不了天堂，也下不了地狱：
各位一清二楚了吧。

中世纪是充满矛盾的时代，鼓励公开表现虔诚和苦行，同时大方地向罪恶让步。由当时许多短篇故事可见一斑，有些地方还容忍卖淫（村子里有所谓闺房或“女人的空间”，当时称为 columbaria，即密室或洞房，专供封建领主光顾）。我们也不要忘了宫廷恋爱诗和放浪修道生（goliard）的歌曲。此外，那年头的羞耻感当然和现代不同，尤其对穷人来说。穷苦家庭是一个杂交世界，全家睡一个房间，甚至一张床，拉撒则在田里，谁都无暇担心隐私问题。

嘲讽农民的作品以及和下层人民有关的嘉年华狂欢里都有猥亵（以及称赞畸形和丑怪）的内容。这些是两种相当不一样的现象。从法国的小寓言（fabliaux），到意大利的短篇故事和英国乔叟（Chaucer）的《坎特伯雷故事》（*Canterbury Tales*），许多作品里面的无赖都是个蠢夫，浑身脏臭，随时随地打主意欺诳主人。有个故事说，一个赶驴人打一家香水店门前过，被香味熏得昏倒了，给他闻粪便，他才醒来。有时候，农民被刻画成普利阿普斯，因令人恶心的生殖器而显得畸形。

这并不是民间流行的诙谐，而是封建领主和教会世界对农民心怀轻蔑的表达。他们讥刺农民畸形，由此获得虐待狂式的快感。这是嘲笑他，而不是和他同乐。

甜甜圈上拉屎，教堂里，
1531，
华尔科（比利时），
圣母教堂

牧牛人

特洛耶斯的克雷提安

《狮骑士伊维安》（1180 年）

一个长相如同摩尔人的农夫，畸形、恐怖得难以置信，奇丑无比，无法用语言文字形容，坐在一棵树的残株上，手里拿着一根大棒子。我走上前去，只见他脑袋比老马或其他任何动物的头都更大。他一头乱发，前额已经开始光秃，他耳朵有十八吋宽，和象的耳朵一样大，长满浓毛。这个乡巴佬眉毛浓密，脸部扁平，眼睛像猫头鹰，鼻子像猫鼻，下颚像狼颚，牙齿尖长而泛黄，像野猪牙，留红须，拧扭的髭，下巴仿佛粘在胸上似的。他背部很长，但扭曲而驼耸。他棒子拄地，穿一种非常怪异的衣服，那衣服既不是布，也不是毛做的，而是两张新剥的牛皮或狐狸皮，在脖子上固定，悬垂而下。

浮夸

罗森克兰茨

《丑的美学》，III（1853）

浮夸无论在什么情况下都是丑事。浮夸是一个人的自由往往已经失去控制的征象，而且每每在不适当的场合，在他不防之下迅速难以收拾而令他恐慌吃惊。因此，浮夸就像一个妖怪，在没有预警之下放肆妄为，使他陷入尴尬的处境。所以，喜剧演员总是喜欢在丑怪剧和诙谐情节里运用这项因素，至少是通过典故来表现……人，不管年龄、教育水平、社会阶级和地位有什么差异，全都有这种不由自主的卑下天性，因此这类典故指涉很少有不令观众大笑的：低下的喜剧特别喜欢运用与此有关的粗俗、淫秽和瞎闹，道理就在这里。

疯母亲的旗帜，
15 或 16 世纪，
第戎

城市居民在嘉年华之类活动期间就成了丑怪促狭的明星，诸如驴（傻瓜）节和闹婚活动——鳏夫再娶时举行的游行，高声怪叫，加上猥亵的肢体姿势，参加者都化装，锅碗瓢盆等厨房用具尽出，尽情喧闹。嘉年华时间，则着重于人体的丑怪表现（戴面具），以嘲弄的方式模仿圣物，语言肆无忌惮地放纵，包括亵渎神明。凡此种种在一年中的其他时间都被视为丑事，大多被禁止。因为特殊的场合，这些活动成为获得准许的插曲。一年里其他时间是官方的宗教节日，就要恢复传统秩序和对阶级制度的尊重了。嘉年华期间社会秩序和等级制度暂时允许推翻（他们甚至选举国王和主教），民间生活的小丑层面和"可耻"层面一一浮现。人民快活地报复封建领主和教会的权力阶层，并且经由模仿魔鬼和阴间来抵抗死亡和来生的恐惧，抵抗瘟疫和天灾的恐怖。

因此，我们可以吊诡地说，严肃和阴郁是健康的乐观主义者的特权（我们不得不受苦，但永恒的荣耀属于我们），笑声则是在悲观中辛苦度日者的良药。

这类活动也包括愚人节。愚人（他们可能怀着出人意料的大智慧）的特征是，他们扮着疯狂的鬼脸，又马上换成小丑式的面具。

这些场合里，粪便扮演一个闹剧式的角色。滑稽选举假主教的时候，教堂里烧粪便，而不是点香。嘉年华中粪便则会被丢向群众。藉此方式，丑在某个意义上得到救赎。部分原因也许是，嘉年华的明星们既饥肠辘辘，又为疾病所苦，并不比他扮演的角色美丽。于是，透过这反抗的演出，丑人被接受，而且成为模范。

愚蠢之王

格兰瓜尔（15—16世纪）

闷闷不乐的愚人，糊涂的愚人，聪明的愚人；城市的愚人，城堡和村落里来的愚人；古板的愚人，头脑简单的愚人，心思细腻的愚人；可爱的愚人，孤独的愚人，狂野的愚人，旧的、新的愚人，以及所有年龄的愚人；野蛮的愚人，外国的愚人，体贴的愚人，讲理的愚人，邪门的愚人，顽固的愚人……愚蠢的夫人和愚蠢的侍女；愚蠢的老妇人和愚蠢的嫩少女；所有爱男人的蠢女人；勇敢的、怯懦的、貌丑的和貌美的愚人；活泼的愚人，甜蜜的愚人，叛逆的愚人；索取报酬的女愚人；一路蹦蹦跳跳的愚人；瘦瘦的愚人，红色的愚人，胖胖的愚人和苍白的愚人；四旬斋狂欢节那天，愚蠢之王将在哈尔斯做东招待你们。

闹婚活动，
手稿 Fr.146，fol.34，
14 世纪，
巴黎，
法国国家图书馆

3. 文艺复兴与解放

就某方面而言，以上所有现象在文艺复兴时代都颠倒过来了。这个过程最明显例子就是1532年开始出现的**拉伯雷**名作《巨人传》(*Gargantua and Pantagruel*，又译《卡冈都亚和庞大固埃》)。在这本书中，拉伯雷不但以匠心独具的方式取用旧有通俗文化里最猥亵的形式，并且他的猥亵不再是（或者不只是）一个庶民特征，而是成为宫廷文化了。此外，下流（带着无与伦比的喜剧效果）不再只是嘉年华期间容忍的穷人行为，而是转入有教养的文学之中，堂而皇之地展示，成为对有学问之士和教会习俗的讽刺。总而言之，下流有了哲学功能，不再只是偶尔出现于民间的无政府式造反，而是真正的文化革命。在一个鼓吹人性和尘世高于神性的社会，猥亵成为对肉体权利的骄傲肯定。这就是**巴赫金**对拉伯雷所做的精彩分析的要义。依照古典的中世纪标准，巨人卡冈都亚和他儿子庞大固埃是畸形的，因为他们的身体不合比例，但他们的畸形变成了光荣的事情。他们也不再是对宙斯造反、在古典神话里被无情谴责的可怕巨人，也不再是中世纪传奇里住在印度的丑怪人物，他们以伟大的好色和伟大的“巨大”成为新时代的英雄。

庞大固埃的屁

拉伯雷

《巨人传》，II，27（1532）

然后，他站起身，起身之中放了个屁，再一跳，又吹个口哨，欢欢喜喜大声叫道：“庞大固埃万岁！”

庞大固埃见此光景，想依样做一遍。结果，他放个屁，震得方圆二十七哩的地面都抖动起来，那个屁的恶臭撒播开来，五万三千个小人、畸形的侏儒差点不保；他大了个便，五万三千个佝偻的小女人性命差点不保，你们在不同的地方都看过这样的女人，她们的身体从来长不大，有长大的话，也是像母牛尾巴那样往下长，或者身围变大，像法国利木桑地方那种大萝卜。“怎么了？”班努赫鸠叫道。“你的屁有这么肥沃？老天爷，这里有这些矮矮短短的男人，又有这些发臭的女人。让他们互相婚配吧，他们就会生出马蝇来。”

多雷，
《巨人传》
插画，
1873，
巴黎，
贾尼耶出版

班努赫鸠屙自己一身屎

拉伯雷

《巨人传》，IV，67（1532）

班努赫鸠走近的时候，约翰修士闻到某种怪味，又不像火药味。于是，他转过班努赫鸠的身体，只见班努赫鸠的衣服脏得要死，是新拉的大便。班努赫鸠想象自己看见可怕的景象，心中极端恐惧，控制括约肌（也就是说，班努赫鸠的屁眼）的神经因此丧失了收束的力量。班努赫鸠看见可怕景象之外，还加上连续炮击的如雷响声，那响声在船腹里比在甲板上更吓人。恐惧有个并发现象，就是它通常会打开屁眼的大门，而屁眼里面正是暂时储存粪便之处。

班努赫鸠的好习惯

拉伯雷

《巨人传》，II，16（1532）

至于那些可怜的艺术大师和神学家，他最是让他们吃足苦头。他只要在街上看见他们，一定拿他们玩一些花招。有时候，他在他们头巾上放粪便；有时候，他在他们背后绑些小小的狐尾或兔耳；又有时候，他对他们玩些别的恶作剧。有一天，所有神学家都奉命前往费勒路集会，他用大量蒜头、白松香、阿魏胶和海狸香，加入还温热的大便，合成一块泥饼，泡在恶疮流出来的脓里。他用这东西把走道涂了又涂，抹了又抹，把那地方弄得连魔鬼自己也受不了。

后页：
拉伯雷，
《庞大固埃的滑稽梦》
插画，
1565，
巴黎，
理查·布赫顿

擦屁股的最好方法

拉伯雷

《巨人传》，I，13（1532）

“经过长久而且充满好奇的实验，”卡冈都亚答道，“我们发明了一种擦屁股的方法，有史以来最高贵、最优异，也最方便的方法。”

“什么方法？”格朗古昔问道。

“我这就告诉你，”卡冈都亚说。“有一回，我用一位淑女的天鹅绒面罩擦屁股，觉得好极了，因为那料子弄得我那底下无比舒服。另外一次，我用她们的头巾，觉得一样好。又有一次，我用一位淑女的围巾。另一次，我用一种深红色的纱绸耳罩。另有一次，我用一个小厮戴方小圆帽擦，照瑞士时尚用羽毛装饰的小圆帽。

“后来，在一个矮树丛后面拉大便，发现一只三月出生的猫；我用他来擦屁股，结果他的爪子把我会阴那里抓裂了。第二天，我用我妈的手套擦屁股，伤就好了，我妈那双手套沾了maljamin，香香的。之后，我用过紫苏叶、茴香、茴芹、墨角兰、玫瑰、葫芦叶、甘蓝菜、甜菜、蔓藤、药蜀葵、毛蕊花，像你的屁股那样红的毛蕊花、莴苣，以及菠菜叶。以上这些对我这双腿都大有益处。我还用过铁苋、红蓼、荨麻和聚合草，结果那东西害我下痢，我用我的遮阴布擦屁股，这才好了。

“之后，我用被单、床单、窗帘、垫子、挂帘，用绿布，用桌布，用围兜，用手帕，用罩衫。我发现用这些东西比用梳理整齐的癞皮狗得到的乐趣更多。”

“是吗，”格朗古昔说，“不过，你发现哪样最好呢？”

“……总结来说，我认为，而且我坚持，擦屁股的东西，最好莫过于将长满软毛的鹅脖子夹在你两腿之间。你非得相信我的话不可，你真的一定要相信。那软毛细柔，鹅的体温又冷热适中，两样加起来，屁眼的快活感受真是奇迹；这感觉很快就从屁股传到体内，传到肠胃，从肠胃到达心脏和脑子。极乐世界里的英雄和神仙那么幸福，不要以为他们是像古人说的，吃了仙花，吃了仙食，喝了琼浆玉液才幸福。据我的看法，他们是用鹅脖子擦屁股，才那么幸福的，而且这也是约翰·邓斯·司各托的见解。”

23

8

取自佛兰德斯的三连画的讽刺之作，
约 1520，
列日（比利时），
中央图书馆

17 世纪初期，**克罗齐**（Giulio Cesare Croce）的《极为机敏害羞的贝尔托多》把从前对农民的讽刺也颠倒过来了。主角贝尔托多既丑又粗俗，但农奴不再被描写成愚蠢，而是非常机敏。作者深谙伊索传奇的精神：伊索人见人厌的容貌里深藏智慧和狡黠。其实也不必等到贝尔托多，因为 1553 年就有《农夫康普利亚诺的历史》。这个聪明的农夫把钱藏在他驴子的屁股里，让愚蠢的商人看大便，拉出来的不是便，而是钱，然后以高价把驴卖给他们。同时，连傻瓜也已经从嘉年华角色变成一种哲学象征。勃兰特（Sebastian Brant）的《愚人船》（1494）以讽刺漫画的手法，把驶向寇克恩（Cockaigne）的形形色色疯子个个变成各种恶习的象征。在伊拉斯谟（Erasmus）的《愚人颂》（1509）里，愚行则化身为人，痛斥当时的种种风俗。

博斯，
愚人船，
约 1500，
巴黎，
卢浮宫

嘴巴和鼻子

巴赫金

《拉伯雷的作品与通俗文化》，V（1965）

在人类脸孔的所有特征里，只有嘴巴和鼻子（后者是阳具的替代物）在身体的丑怖意象中扮演一个主要角色。在脸部的丑怖意象里，眼睛没有什么重要性。眼睛只表现纯属个人的生命，或者说，只表现人的内在生命。因此，要表现丑怖的话，眼睛并不扮演重要角色。丑怖的表现法只处理骨突圆睁的眼睛……以及所有从身体冒出、突出或浮出的部位，也就是所有意图脱离身体轮廓的部位。在丑怪的刻画里，凡是瘤、疣之类赘生物和骈枝，凡是加长身体，使身体和其他身体或非肉体世界结合的东西，都特别受重视。我们还可以指出，丑怪的刻画对暴突的眼睛感兴趣，是因为这样的眼睛见证了纯属肉体的紧张。不过，在丑怪的刻画里，整张脸最重要的部位是嘴。嘴支配一切。基本上，一张丑怪的脸可以化约成一张蠢蠢地咧开的嘴，脸的其余部分只是这张嘴的框子，框起身体上这个咧开来吞东西的深渊。

贝尔托多

克罗齐

《极为机敏害羞的贝尔托多》，1（1606）

伦巴德王阿尔波伊诺几乎成为全意大利的共主，其都城设在景色美丽的城市维洛纳。那时候，有个名叫贝尔托多的农夫可巧来到他的宫廷里。贝尔托多是个畸形而相貌极丑的人，不过，他外表缺乏的东西，他活泼敏捷的心思足以弥补：他机趣一流，应答灵敏，除了脑筋锐利，也天性尖酸、恶毒、下作。他的身形如此处所描写：首先，他身材矮小；他的前额全是沟沟纹纹；他眼睛像火一样红；他睫毛又长又粗，就像猪鬃一般；他的耳朵一副蠢相；他嘴巴大大的，有点变形，下唇下垂，就像马的下唇；他下巴的胡须极浓，垂悬如公山羊胡；他鼻子如钩而上翘，鼻孔奇大；他一口牙齿突出，就像野猪；他下巴底下有三个，甚至四个甲状腺肿，他说话的时候，那些肿瘤不断跳动，就像滚锅上的盖子；他还有一双山羊腿，如同半人半羊怪，足部长而宽，而且他全身长满了毛；他的裤子是非常沉闷的灰色，膝盖全是补丁，鞋子则鞋跟又大又高。总而言之，他彻头彻尾是那耳喀索斯的反面。

布鲁盖尔，
嘉年华和四旬斋之战，
1559，
维也纳，
艺术史博物馆

拉伯雷有个同时代人，是老布鲁盖尔（Pieter Bruegel the Elder）。拜他所赐，农民的世界，连带农民的节庆活动，其粗俗与畸形成为伟大艺术的题材。一如那些对农奴的讽刺之作，布鲁盖尔的画虽然表现人民，但不是画给人民看的。豪瑟（Hauser）在其《艺术的社会史》（*Social History of Art*）里说过，想刻画自己生活的人是对自己的处境满意的社会阶层，而不是还在被压迫、希望改变现有生活的人。布鲁盖尔的艺术是给城镇人的，而不是给乡下人看的。虽然如此，也没有人能否认他留意乡村习俗多么纤细入微，而且他对农民的刻画的确不像中世纪的讽刺之作那般狠心的讥笑。

佛斯塔夫画像

莎士比亚

《亨利三世》，II，4（1598—1600）

亨利：……有个魔鬼变成一个肥胖的老人，阴魂般缠着你；有个大酒桶似的人做了你的同伴。你怎么和那阴阳怪气的大箱子打起交道来，那只装了兽性的筛面粉笼，那个水肿的脓包，那个笨大的酒囊，那个肚满肠肥的旅行皮箱，那只烤熟了的、肚子里还填了馅的曼宁特利牛，那个貌似可敬的邪棍，那个头发灰白的恶神，那个无赖父亲，那个上了年纪的虚荣鬼？他除了尝酒喝酒，还会做什么？除了切鸡吃鸡，他还会什么干净利落的勾当？他会耍什么聪明，除了装巧逞能？他有什么巧妙能耐，除了作奸为恶？他做什么恶，除了恶事做尽？他值什么，除了一文不值？

自然界里好的丑

罗科

《论丑》（1635）

自然界里，最丑的事物是腐败、死的东西、饥荒、贫穷等等。这些之外，还有其他的；这些，你如果仔细地看，其实是世界上最奇妙的事物。腐败是一种丧失，但也赋予每个新世代、赋予太阳底下的一切以生命，这类思想在逍遥哲学里都可以找到。话说，如果起始是坏的，则接下来的将会更坏，而如果起头是好的，则接下来的会更优异。亚里士多德有一条他说的基本原理，appetit enim, ut turpe, etc. de generatione animalium，也就是说，世上最丑、最不愉快的事，莫过于动物生产，尤其是人的生产。事实上，谁要是亲眼看到那些暗色的血、污秽的种子、肮脏的月经和味道难闻的精子的可憎混合，都要五内不快，作三日呕。想想生孩子、通便、排泄等等事情，你就会清楚我说的是实情，而且这些虽是实情，却也是绝对重要、绝对必要的，而且是一切好事的起始；这么说来，自然的丑难道不是好的丑吗？

这样，对丑的思考就开始出现写实面貌了，看看17世纪的绘画就知道。在《论丑》（*On Ugliness*, 1635）一书中，**罗科**（Antonio Rocco）提出一个蓄意要引起争论的说法。他说，他想处理丑的事物，因为永远甜美的东西到最后总是免不了令人作呕。于是罗科兴高采烈地提出种种道德主义和反女性主义的吊诡说法，指出女人如果丑，这丑是“保贞洁之方，治淫欲之药，是达成平等和正义的良机”，因为只有丑女不会撩起情人的欲望和焦虑，而且不会像美女那样淫荡。罗科还赞美天灾，说天灾导致再生。他还把有些人认为讨厌的事物，诸如生孩子、月经、精子、泻药界定为众善之本。到文艺复兴时代，猥亵更进入一个新的阶段。表现人体的时候，生殖器外露不会再令任何人难堪，而是被视为美的要素。作家，如阿列提诺（Aretino），则颂扬先前认为不堪启齿的事（时至今日，我们这本书还不宜摘录那些文字）。这类材料后来进入宫廷，包括教皇的宫廷，不再被视为令人不快的东西，反而被看成不故作羞态而大胆邀人欣赏之物。有教养阶级的艺术现在公开赞扬曾经几乎是偷偷赏给庶民百姓的这个权利。只有一点不同，就是他们用起这权利来是优雅的，而无暴力。从此没有所谓能启齿的事和不堪启齿的事了。通过对纯真的丑和禁忌进行“美丽的”刻画，这种新艺术把猥亵从丑中分离出来。

库尔瓦

萨德

《索多玛的 120 天》，引子（1785）

库尔瓦是社会的一根支柱；他年纪将近六十岁，被淫乱耗蚀的程度令人吃惊，看起来比一具骨架好不了多少。他身材高高的，干瘪、枯瘦，两只蓝眼睛无精打采，一张嘴苍白，非常不健康，下巴凸显，鼻子挺长。他毛浓如半人半羊兽，背部削平，屁股松弛下垂，有如一副脏污的破布盖在两边大腿上；两瓣屁股的皮肤由于常挨鞭子，死死硬硬的，你可以抓起一把，揉成一团，他还毫无感觉。……他全身上下也是处处同样邋遢不整，而且他的品味至少和他的外表一样龌龊，所到之处，浑身散发的恶臭令每一个人都不愉快……天下没有几个人的行为像他这么无拘无束或淫乱堕落；但是，他这么完全精疲力竭，彻底醉生梦死，人生还没做的事仍然只有继续堕落，以及放荡渔色。现在，必须三个小时以上的放纵，而且是最令人发指的放纵，才能激起他的肉欲反应……库尔瓦沉湎于邪癖和渔色的程度，使他除了淫乱纵恣，心中所想，嘴上所说，根本已不可能另有别事。他嘴里说出来的，是没完没了的吓人言语，一如他心中永远打着最邪恶的主意，同时，他沉迷于亵渎和诅咒时，却精力过人，因为他和他那伙人一样，碰到任何带有丝毫宗教意味的事物，都避之唯恐不及。心智上的这种盲乱，加上成天喜欢醉醺醺，而更变本加厉，过去几年来使他散发一股低能而沉溺的气息，他常宣称，这气息是他最珍爱的乐趣。

在 17 和 18 世纪的放纵文学里，猥亵为都会式的文雅消遣提供了机会，尽管猥亵在“可恶的”**萨德**手里又恢复了所有最可厌的特征。《索多玛的 120 天》（*120 Days of Sodom*）里对库尔瓦（M. de Curval）的种种描写实在不堪，我们在这里难以全部摘录。库尔瓦酷嗜渔色，行事淫亵可憎，而且非常可怕，恶心得无以复加。作者写其行为，穷情尽相，着墨唯恐不细。萨德跨过尚可启齿和不堪启齿的界线，超越正常的身体功能，利用猥亵来发挥纵恣无度的文笔，追求极端和令人难以忍受的境地。这么说好了，在 19 世纪晚期的许多文学作品及 20 世纪前卫运动产生的许多文学里，猥亵成为主角，目标则是拆毁自以为是者建立的禁忌，鼓励人接受肉体的一切层面。

但在 19 世纪，志在刻画日常生活一切层面的现实主义艺术与文学也毫不迟疑地接手处理先前被视为丑而近乎猥亵的事物。说起来，得体、庄重是个相对的概念。证据有如今天学校里教的许多作品，像福楼拜的《包法利夫人》、乔伊斯的《尤利西斯》或劳伦斯、亨利米勒的小说，当初问世时就被视为丑闻，甚至还被列为禁书。

罗普斯，
牵猪女人，
1878，
纳木尔，
罗普斯博物馆

MUSIQUE
POESIE

4. 漫画式讽刺

漫画式的讽刺是诙谐的一种形态。漫画式讽刺基本上属于近代观念，有人则说始于达·芬奇。达·芬奇“发明”类型，而不挑选容易辨认的目标——就像从前的画像依照几类已经有定义的畸形来画，诸如半人半兽的山林之神、魔鬼、农民。而近代漫画则是一种批评，针对真实人物或一望即知的社会范畴，夸大身体的某个方面（通常是脸），也就是通过身体上的瑕疵来讥评或指斥道德上的瑕疵。

在这层意义上，讽刺漫画不美化对象，而是使之更丑，把一个特征强调到畸形的地步。道德家**泽德麦尔**（Hans Sedlmayr）在《失去的中心》（*The Lost Centre*）里说，这是把一个人的均衡或尊严拿掉的过程。

有些漫画，用意的确是羞辱所画目标，使之可恨（请看后文第七章，那里谈到各种把政治、宗教或种族敌人妖魔化的技巧）。

不过，漫画强调所画对象的一些特征，宗旨往往是要使人对其性格有更深刻的了解。

漫画也不尽是以暴露对象“内在”的丑为目标，有时也突出对象令人喜欢的身体、思想特征或行为模式。因此，道米尔（Daumier）、克洛兹（Crosz）的凌厉漫画揭露他们时代里某些人物或某类人物的道德卑下，而意大利艺术家佩里科利（Tullio Pericoli）呈现的思想家或艺术家的漫画却是具备伟大心理洞见的画像，而且每每到达颂赞的层次。

这就是为什么**罗森克兰茨**主张漫画是丑在美学上的救赎，只要它不限于强调某种不合比例，也不完全是以反常的特征为焦点（如果只以这些为能事，像斯威夫特那样写巨人或侏儒，则已经不是漫画，而是另一种不同的形式）。好的漫画将夸张当作“一种涉及整体的动力因素”来运用，而且使形式上的失序或混乱变成“有机”的要素。

换句话说，好的漫画是一种将畸形加以和谐运用的“美丽”刻画。

麦奇斯，
买卖契约，
16 世纪，
柏林，
国立美术馆

达·芬奇，
老人头像，
1500—1505，
汉堡，
艺术馆

汉密尔顿，
讽刺群像，
约 1776，
耶鲁，
英国艺术中心，
梅伦收藏

漫画讽刺里的和谐

罗森克兰茨

《丑的美学》，III（1853）

〔丑〕将崇高的转化成粗俗的，将惬意转化成可憎的，将绝对的美转化成讽刺漫画，在讽刺漫画里，尊严变成强调，魅力变成卖俏。讽刺漫画因此是形式之丑的极致，不过，也正因为其所反映的事物是受其所扭曲的正面形象决定的，所以讽刺漫画不知不觉进入喜剧境界。一直到现在，我们每每看到丑到了什么程度就变成可笑。不正式的和不正确的、粗俗的和可憎的把自己摧毁，能产生一种看起来不可能的真实，而不可能的真实就有一种喜剧效果。凡此种种因素，都是讽刺漫画的成分。讽刺漫画也变成非正式的、不正确的、粗俗的、可憎的，各依这些观念的渐进层次而定。它有无穷的能力，转化它们，将它们和变色龙的能力联结起来。无意义的宏伟、理性的荒唐、空洞的饱满，以及无数其他矛盾，也就由此产生……

讽刺漫画的要义在于夸大一个形式，夸大到畸形的地步。不过，这个定义还必须稍加限制……要解释讽刺漫画的话，你必须加上另外一个夸张观念，就是形式与其全体之间的不合比例，也就是否定那个依照形式观念而本来应该存在的统一。也就是说，如果整个形式的所有部分都做同等的放大或缩小，那么，各部分之间的比例维持不变，结果，就像斯威夫特笔下的人物，不会产生任何真正的丑。但是，如果有一个部分逸出这种全体的统一，从而否定各部分之间原有的协调，可是这逸出部分以外的其余部分之间仍是协调的，那么，应当会产生错置失位和秩序大乱的效果，也就是丑。举个例子，突出的鼻子可能是很美的，但这鼻子如果变得太大，则脸的其他部分相形之下几乎消失。这样，就是不成比例的效果。我们下意识地会拿这鼻子的尺寸和脸部其他器官比较，并且判定鼻子不应该太大。过大的尺寸，不但变成对这鼻子的讽刺漫画，而且变成对整张脸的讽刺。……不过，在这里，我们也必须再画一条界线。单纯的不成比例可以产生一种单纯的丑，但这样的丑不足以界定为讽刺漫画效果……

使形式出现扭曲的那种夸大，必须是一个充满力量的，牵动整体形式的因素。它所造成的形式失序必须是有机的。这个观念是讽刺漫画效果的奥秘所在。透过将整治的某一部分加以不怀好意的夸大，造成的不和谐却会生出某种新的和谐来。

杜米埃，
两个律师和死神，
19 世纪，
温特土尔（瑞士），
莱茵哈特收藏

h. Daumier

佩里科利，
爱因斯坦，
1987

格罗斯，
灰色的一天，
1921，
柏林，
国家美术馆

反对讽刺漫画

泽德麦尔

《失去的中心》，V（1948）

讽刺漫画从久远时代以来就已存在。我们知道从亚历山大时代晚期的文化以来就有讽刺漫画。讽刺漫画强调身体上的丑。巴洛克时期，有个人的、私人的讽刺漫画，例如卡拉奇、米泰利、盖齐，以及贝尼尼之作。波德莱尔的说法甚有道理，达·芬奇那些所谓漫画并不是真正的讽刺漫画。中世纪有中伤诽谤式的政治图画，有点像利用真人的刍像来执行死刑。一直要到18世纪末叶，由英国首开其端，讽刺漫画才自成类型。再到19世纪，从杜米埃开始，才有伟大的艺术家以之为其作品的核心特征。重要的征象并不是讽刺漫画的诞生，而是讽刺漫画的地位被提升，成为一种高级的，富有意义的艺术力量。从1830年以降，出版了《讽刺漫画》这份杂志。这杂志带有政治影射意味："瓦尔普吉斯的巫婆聚会之夜、群魔乱舞，一出暴食纵酒的撒旦戏剧，有时候疯狂，有时候令人作呕。"这几句话指的是讽刺漫画起源之处的贫民窟。在其本质上，讽刺漫画就是把人或性格扭曲，在极端的例子里，则在人的成分里加入地狱的成分（地狱无非与人类意象相反的那些意象的总和）。这种扭曲有各种不同的作法：例如以面具使人显得畸形……不过，一般来说，扭曲的过程使用两种方法，一个不妨称为正面手法，一个可以叫做负面手法。后面这种手法取消一个人的平衡、他的形式和他的尊严；使人显得丑陋、不成样子、狼狈，以及可笑。人，万物的冠冕，在这里被贬损，被降格，只是还保持人的性格。……20世纪初期……出现一种新而无情的讽刺漫画，从内在将人贬降，这种扭曲的人的意象征服了艺术家，使艺术家难以抗拒。在现代艺术里，被扭曲者不再戴着人的面具。有识者认为这些意象是可怕的讽刺，其实这些意象是在艺术家心里最深的黑暗深渊里产生的。

E=mc²

第六章

女人的丑：古代到巴洛克时期

1．反女性的传统

中世纪到巴洛克时期之间，对女人寻疵摘瑕——女人之丑透露她们内在的恶毒和邪门的诱惑力量——是个极为讨好的主题。在此之前，古典文学的**贺拉斯**、**卡图卢斯**（Catullus）和**马提雅尔**（Martial）就已刻画女人之可憎，朱文纳（Juvenal）的《第六讽刺》（*Sixth Satire*）更是凶狠仇恨女人之作。在讲化妆术的残简《女容良药》（*Medicamina faciei femineae*）里，奥维德（Ovid）有句警语说：女人之美在美德而不在化妆。到了基督教世界，德尔图良再度谈到美容的问题，他以极为严厉的语气说：“依照《圣经》，美貌的吸引力和出卖身体每每是同一回事。”除了道德谴责（以及为了和异教世界的放纵划清界限），**德尔图良**迂回影射说：女人涂抹化妆品等人造物是为了掩饰身体的缺陷，误以为这样涂涂抹抹更能取悦丈夫，或者更糟糕，去取悦陌生人。

贝特拉（Patrizia Bettella）的《丑陋的女人》（*The Ugly Woman*，从中世纪谈到巴洛克时期）指出“丑陋的女人”的这个主题的三个发展阶段。中世纪有很多老女人画像，是肉体和道德衰微的象征。其反面则是正典立场对青春的赞美，是美和纯洁的象征。文艺复兴时代，女人之丑变成讥讽的主题，称赞不合美学正典的女子模型。这是反话，用意是证明女人的丑陋。巴洛克时期则重新评价女人的缺陷，说这些缺陷是女人吸引力的要素。

斯特罗齐，
虚荣，
1630，
莫斯科，
普希金博物馆

大鼻子少女

卡图卢斯（前 84—前 54）

《歌集》，43

哦，女孩，没有最小的鼻子，
没有漂亮的脚，也没有乌黑眼睛，
没有修长的手指，也没有干亮的双唇，
说话也不文雅的女孩。
弗米亚那个破产户的女朋友，
所以乡下人说你漂亮？
他们拿你比我的蕾丝比亚？
好个愚蠢，庸俗的世界！

龌龊的臭味

贺拉斯（前 65—前 8）

《抒情诗》，XII

你在图谋什么，女人，黑象吗？你为什么对我又是送礼物，又是写情书的？我可不是什么才华洋溢的年轻人，而且我老是鼻子不通。你知道吧，我的嗅觉真的非常灵敏，我比什么猎犬都行，猎犬能闻出野猪躲在哪里，所以呢，我知道那鼻子里有没有息肉，或者那长满了毛的腋窝是不是暗藏什么恶臭！当我那话儿无精打采，而她赶着死命满足她脱缰野马般的炽欲时，她兀自酣畅的肢体散发的汗渍的臭味何其难闻；她的脂粉从她双颊滴落，她那用鳄鱼粪调制的染发剂与汗俱流；她发情如狂，扯破垫褥，把整张四柱床也震塌……

维杜丝提拉

马提雅尔（1 世纪）

《格言集》，94

你比三百个执政官都活得久，
维杜丝提拉，
你这个老丑女；你剩下三根头发和四颗牙齿，
胸脯似蝉，两腿（和颜色）像蚂蚁。
你大剌剌走着，额头皱纹比你那件披肩还多
奶子则像蜘蛛网；和你那张血盆相比
尼罗河鳄鱼的嘴也算娇小，
拉维纳的青蛙，和亚德里亚的蚊子
虽然吵死人，还不如你恼人，比你更悦耳。
你的目光
是早晨阳光下
的猫头鹰，
你的臭味如同公山羊；尊臀
比鸭屁股还干瘪，甚至一个老犬儒
也不如你的阴道枯瘦。浴场的门房
让你跟着一群坟场妓女进去，
但他先得把灯火吹熄……
而你还考虑结婚，在两百个丈夫
死在你身上之后？
……
唯一有办法插入你那阴道的，是
丧礼里的蜡烛。

女人，要戴面纱

德尔图良（3 世纪）

《论女人的衣着》，4—7

你们必须取悦你们的丈夫，而且只取悦你们的丈夫。你们愈是取悦自己的丈夫，就会愈不担心怎么取悦别人。别担心，女士们，对自己的丈夫，没有一个女人是难看的；她以她的仪态和她的美被他选上，那就够取悦他了。我们中间也没有谁会认为，如果一个女人穿着节制适中，她丈夫就会觉得她讨厌而排斥她。每个丈夫都要求妻子贞洁，而不是要求妻子美丽（如果他是基督徒的话），因为我们不是异教徒认为重要的事物的奴隶……

我对你们说这话，并不是建议你们把外表弄得完全粗糙和野蛮，也不是劝你们说，懒散和肮脏是好事，而是建议你们运用良好的判断力和正确的自制来照顾你们的身体。你们不必超过素朴和端正得体的要求：最能取悦上帝的，莫过于素朴和端正得体。

其实，用化妆品折磨自己皮肤，把双颊污染成红色，用煤灰加长眼线的女人，都是对上帝犯了罪。毫无疑问，这些女人不喜欢上帝的创造，她们在心中指责批评万物的创造者。她们除掉瑕疵，添加东西的时候，就是在批评他，而且毫无疑问，她们是从造物主的敌人，也就是魔鬼那里，拿这些东西……我甚至看见有人把她们的头发染成番红花的颜色。她们以她们自己的民族为耻：她们以不生为日耳曼人或高卢人为耻。于是，由于她们头发的颜色，她们要改变她们的民族出身……

常言道，没有人能增加自己的身高。你如果在头上做什么圆髻，或在上面编织什么形状，当然就是在增加你的身高……这是自甘为装饰的奴隶，你们要凭自己的自由意志来拒绝这奴役。你费心费力装饰，都是徒劳，你去找最有才华的发型师，都是徒劳：我相信上帝给你们的诫命是，戴面纱，才不会抛头露面。

市场老妇人雕像，
1 世纪，
纽约，
大都会艺术博物馆

我是甜美的塞壬

但丁（1265—1321）

《地狱》，XIX，7—33

梦中，一个说话结巴的女人向我走来，
她斜眼，双足扭曲，
双手残缺，皮是病黄色。

“我是，”她唱道，
“甜美的塞壬，
使水手丧失男子气概的塞壬，
我的歌声听来是那么悦耳。
我用我的歌声
吸引流浪的奥德修斯，和我同住的人
绝少离去，我令他们完全心满意足。”
她的嘴还没有合起来，
我身边就出现一位圣洁又机警的女士
使她慌乱起来。

她抓住塞壬，撕开她的衣服，
向我显露她的肚子；
那肚子发出恶臭，我醒过来。

反比阿特丽斯

安杰奥列里（13—14 世纪）

《诗》，398

嘿，奇安波尔，瞧一瞧！看看
那个老女人多么干巴巴，
看她直起身来的模样，
看她怎么浑发发臭，她的脸、肩和姿势
多像非洲北部巴巴里的苹果，
我们看她，她气疯，
咬牙又切齿。
你看她的时候，感觉不是
愤怒、烦恼、屏息、爱，
甚至不是幸福，
而是你会奇怪，她怎么
没有令你丧尽心中的爱欲。

有臭味的老女人

菲利波（13 世纪）

“你不管到哪里，都带着你的厕所，”
你这个发臭的，虚伪的老女人，
任何靠近你的人
都得捂着鼻子逃命。
你的牙齿和牙龈都满是污垢，
因为你发臭的气息把它们堵塞；
和你发出的可怕香味相比
我夜壶闻来变成香柏。
当你张开你的大嘴，
仿佛一千座坟墓
打开来：
你何不翘辫子或把自己埋起来，
好让没有人再看到或听见你？
因为全天下都怕你，我想你就像只狐狸
你散发恐怖的恶臭，你这只脏畜生。

恶毒的老妇人

布尔基耶洛（15 世纪）

《恶毒的老妇人》

腐烂、不诚实又恶毒的老妇人
所有好人的敌人，充满嫉妒，
一个编织咒语的，诡计多端的老巫婆，
龌龊又扭曲，你除了是惹祸精，
什么都不是。

中世纪，**但丁**（《地狱》第 19 章）说诱人的女海妖是说话结结巴巴的恐怖女人。对女人的这类指摘在其他很多作品里出现过，例如凡登的马太（Matthew of Vendom）所著《诗人的艺术》（*The Art of the Versemaker*）刻画既老又堕落的贝洛伊丝（Beroes）如何令人恶心（光头，满脸皱纹，风湿眼，吐气恶臭，鼻涕不断）。还有托名马格纳斯（Pseudo-Albertus Magnus）所著《论女人的秘密》（*On the Secrets of Women*），作者接受一个流行观念，认为老女人（因为有经血遗毒）注视摇篮里的孩子，会让孩子中毒。有时候，这种反女性的谩骂是对 13 世纪意大利“甜美的新风格”（dolce stil novo）的反动。文学上“甜美的新风格”运动视女人为女人 - 天使（donna angelicata）。因此，**菲利波**（Rustico di Filippo）和**安杰奥列里**（Cecco Angioleri）描写的丑女人是一种反比阿特丽斯（anti-Beatrice）。

葛里恩，
死神与人的年纪
（局部），
1540，
马德里，
普拉多博物馆

人文主义运动初萌时期，对女人的仇恨在**薄伽丘**（Boccaccio）的《科巴丘》（*Corbaccio*）中达到顶点。叙述者单恋一个美丽寡妇。她丈夫的灵魂从地狱上来，向他指陈这女人如何不知检点，如何不忠，并揭露据称四十二岁的洛萨里欧用面霜和其他令人作呕的秽物掩饰她的五十岁，还不厌其烦细数她身体上种种令人不敢领教的丑陋。

女人的本性

薄伽丘

《科巴丘》（1363—1366）

女性是一种不完美的动物，被成百上千激情搅动，这些激情令人想到就不愉快、憎恶，更别说考虑：男人如果以他们应该看女人的方式看她们，就会纯粹为了自然的乐趣才接近她们；否则的话，为了免于一切多余的负担，他们会想尽办法远离她们……没有任何动物比她们更不干净：就是在粪沼里打滚的猪，也不像女人那样丑恶；要是有谁有意反驳这一点，那么，请他检查她身上各处，请他找一找，找出她藏在身上的那些可怖工具；女人自知可耻，用那些工具除去她们多余的体液。

她早晨从床上起来的时候，她的脸是，而且我相信到现在还是，死水池塘散发的蒸汽那种可憎的鬼绿颜色，她的皮肤则像褪毛的鸟的皮肤，全是皱纹，疥癣一般，而且松弛。这时候的她，和她有时间把自己弄漂亮之后的样子是那么完全相反，没有一个人（除非他像我这样已经看过她无数次）会相信自己的眼睛。谁不晓得，白色的涂料抹到被烟熏黑的墙壁，就像女人的脸，能加上画家所要的颜色？谁不知道，生面团（一种没有感觉的东西）愈搅和，就愈发酵而膨起，就像女人的肌肉？那肌肉原先像死肉一般，现在看来饱饱满满？她重重地涂她的皮肤，造成那么厚的外皮，当夜晚来临，向我揭露她的真面目，我，在这之前看过她的我，只能称奇叫绝。你要是像我这样几乎每天早晨看她，发网垂过耳朵，领巾缠着脖子，一张脸像我上面描述的那样浊黯，整个人蹲在夜壶上，被褥般的袍子紧紧围在身上，眼下带着泛蓝色的眼袋，又咳嗽，喉咙吐出大块大块黏液，我毫不怀疑，尽你的朋友派给她的那许多美德，也不足以使你爱她……你看她又高又苗条，我相信我可以打包票说，你盯着她的胸脯的时候，你确信你眼睛所见是货真价实的；就像你相信，她那张脸也是真实的，你没看过腮红和脂粉掩藏起来的下巴赘肉……你看见她腰带上方那块突起，你一定要相信，那里面没有好看的衬垫，而是两颗畸形水果的肉，那两颗水果也许曾经摸起来，也看起来坚实，因为我相信她直接继承了她娘的身体……那两个奶子，不管为了什么原因，无论是由于被那些情人摸扯太多，还是由于被别人的重量压垮，如今已经拉长，以至于如果她任由它们下垂，它们也许（还是不要这个也许吧）会垂到她肚脐，空空的，皱皱的，像破掉的脓泡；如果那种奶子在佛罗伦萨像某种帽子在巴黎那样时髦，我毫不怀疑，她会风姿优雅地以法国作风把奶子甩过肩膀。我还有什么告诉你的？她小腹也松弛下垂，不像她的双颊，那双颊被化妆物拉得紧绷，皱纹深如小山羊的皮肤，看起来又像空空的麻袋，和公牛喉咙的垂肉没什么不同；当自然要她解放的时候，或者，她高兴起来，把男人那条东西放到她热热的那里的时候，把松弛的皮拉高，对她是最好的，就像她身体其他部位的作法。

塞拉诺，
布达佩斯（模特儿），
1994，
保拉・库柏艺廊

美好的银发

杜·贝莱（16 世纪）

《懊悔》

美好的银发优雅地鬈曲，
安详、微皱的眉头，金饰的脸，
美丽如水晶的眼睛，大大的嘴
配上那形成其曲框的宽纹
美丽的黑檀牙齿，哦珍贵的宝贝
只一微笑，我的灵魂就折磨我
而你们，丰满的乳房，这样恰好的大小，
还有你们，那丰腴的淡红喉咙上的
皱纹！
哦，圆润而带着泛黄指甲的手！
哦，优美，细长的大腿，多肉的小腿，
还有那里，为了庄重，我不可形诸言语的！
美丽澄洁的身体，你们，无言的四肢，
但愿你原谅我，无与伦比的奇迹，
如果我，身为凡人，不敢爱你。

银色的秀发

贝尔尼（16 世纪）

《给女郎的十四行诗》

银般的秀发，绒绒的，没有做作的缠卷
围着一张美丽的金色的脸；
微皱的额头，我见而失色，
上面显现爱与死的箭；
灰色珍珠般的眼睛，雪般的睫毛，
还有那些大而粗短的手指，
我甚至也感到甜美的吸引；
乳白色的双唇，大而天仙般的嘴；
轻摇而如稀珍黑檀的牙齿；
闻所未闻的，难以言喻的和谐；
她的风采高傲而严肃：
爱情的仆人们，这些就是
我的爱的种种美丽。

当我美丽的时候

龙萨（16 世纪）

《给爱伦娜的十四行诗》

当你已是老女人，某个夜晚，
就着烛光，坐在火边，拆开线团，纺纱，
你会重新念我的诗，心中称奇：
龙萨曾赞美我，当我美丽的时候。
然而，不会有侍女听你说话，
她累坏了，已经半睡，
听到我的名字的声音也不会张开眼来
赞美你幸运的名字。
我将会在地下，赤裸灵魂之中的一个灵魂，
安息在那丛桃金娘的阴影底下。
你在火炉边，一个弓背的老女人
你将为我的爱和你高傲的不屑啜泣，
不要为明日而活，而聆听，而等待：
此刻就采撷生命的玫瑰吧……

恶心的乳房

马罗

《丑陋乳房赞》（1535）

只剩一张皮的乳房，
枯瘦、无力、轻飘飘
大大的乳房，长长的乳房，
挤扁的乳房，小圆面包似的乳房
乳头尖尖
像漏斗尖端的乳房，
你动不动就乱颤
根本不必要抖动时也是……
乳房，我们不妨说，抚弄你的人
知道他有甜头可尝。
烤过也似的乳房，下垂的乳房
皱缩的乳房，
流出泥巴而非奶汁的乳房，
魔鬼要你在他的地狱家里，喂哺他女儿。
像旧时披肩般
甩过一边肩膀的乳房
看见了你，很多男人想
戴着手套攫住你，以免污了手，然后用你，
乳房，猛掴你在她腋下晃荡的她
又大又丑的鼻子。

阿东札太太

门多萨（16 世纪）

《自以为美丽的老女人》

阿东札太太，你三乘以三十岁了，
你头发不过三根，牙齿单单一颗，
胸脯如蝉
至多只像蜘蛛网做的。
你穿的那些衣服里
藏着我在你额头上看得到的皱纹；
你的嘴颤摇如一座桥，
而且宽似两扇门。
你唱歌像青蛙，又像山鹬，
你的指爪如尸体，
你看来挺像一只仓鸦
你发臭如等着腌渍的鱼，
以你那佝屈的山羊背，
你在我看来像拔了毛的鸡。

宁丑勿美

兰多

《吊诡二集》(1544)

有人认为，有时候丑胜于美……我认为有一点是不容置疑的，那就是，如果希腊的海伦和特洛伊的帕里斯貌丑而不是貌美，希腊人的麻烦会少一点，特洛伊人也不会遭受围城和后来的毁灭……我们经常看到，其貌不扬的人比美貌的人有智慧，也更聪明。我们先看苏格拉底，我们听说，而且由他的雕像的确可见，这个人丑得可怕，然而他是无价的，甚至神谕也宣布他是天下最有智慧的人。弗里吉亚的伊索，就是那位大名鼎鼎的寓言家，相貌也几近怪物……然而，尽管如此，他（尽人皆知）充满美德，而且智慧超卓。哲学家芝诺，以及亚里士多德，都相貌丑怪。恩培多克勒也是。加尔巴亦然。但这些杰出之士给人的观感都是智力过人而且辩才无碍……今天，意大利有多少美貌女人是言行诚实的？我非常确定，在我的国家，最高尚和最美貌的女人也是出了名的最淫荡，最不诚实。……有些女人令我惊讶之至，她们埋怨她们不美丽，并且为此缘故而心怀怨懑地反抗自然，孜孜不倦，费尽心力要把自己变得美丽一点，不管多少代价，不管何其辛苦。……哦，丑，你是贞洁的神圣朋友、抵抗丑闻的盾牌，使人免于危险的保护者，你当然懂得最轻松的谈话；你使愉快的言语丝毫不带怨意，你粉碎邪恶的疑猜，你是嫉妒的唯一解药……

男人之丑

马里内利

《女人的高贵和优秀》(1591)

因此，我们可以说，女人之美是个奇妙的大观，也是一个值得大书特书的奇迹，这奇迹，男人从来不曾给予应有的颂扬和尊重。但是，我甚至要更进一步说明，男人有义务，而且不得不爱女人，女人却不必回爱男人，除非是出于单纯的礼貌……男人理应爱美丽的事物：然而，天下还有什么比女人更美的？没有，真的没有，男人自己就这么说了：他们用天国的优美和光辉来描述女人的醉人面容，并且说，他们为此而不能不爱女人。但是，女人没有义务为此缘故而爱男人：因为，比较不英俊的男人，或丑男人，并不是天生就值得爱的。我说，比起女人，天下所有男人都丑，因此他们不值得女人回爱，除非女人出于天生的礼数而为之……所以，男人别再争辩、抱怨、叹气、抗议了，因为（我不管世人怎么说）他们要女人回报他们以爱，女人不依的时候，就说女人残忍、难养也、没心肝：诗里写得满篇满纸的这些话头，全是可笑的指控。

文艺复兴时代，丑女看起来则比较像针对彼特拉克理想化的劳拉而来，变成了反劳拉。在**贝尔尼**（Berni）、多尼（Doni）或阿列提诺的嬉笑之作，以及法国**龙萨**（Rosard）、**杜·贝莱**（du Bellay）和**马罗**（Marot）的类似作品里，有明显的反彼特拉克主义。

这些诗作里不再有丝毫敌意。对畸形的看法若非玩笑反讽，就是带着情感。作者以女人年老色衰为题，忧郁地省思美的消退。在文艺复兴时代，我们再次看到一些省思质疑对丑的谴责。甚至在罗科称赞丑（第五章提过）之前，**兰多**（Ortensio Lando）就讽刺女人的丑是优点，**马里内利**（Lucrezia Marinelli）更秉持我们今天说的前女性主义精神，将传统倒过来，以男人之丑来盛赞女人之美。

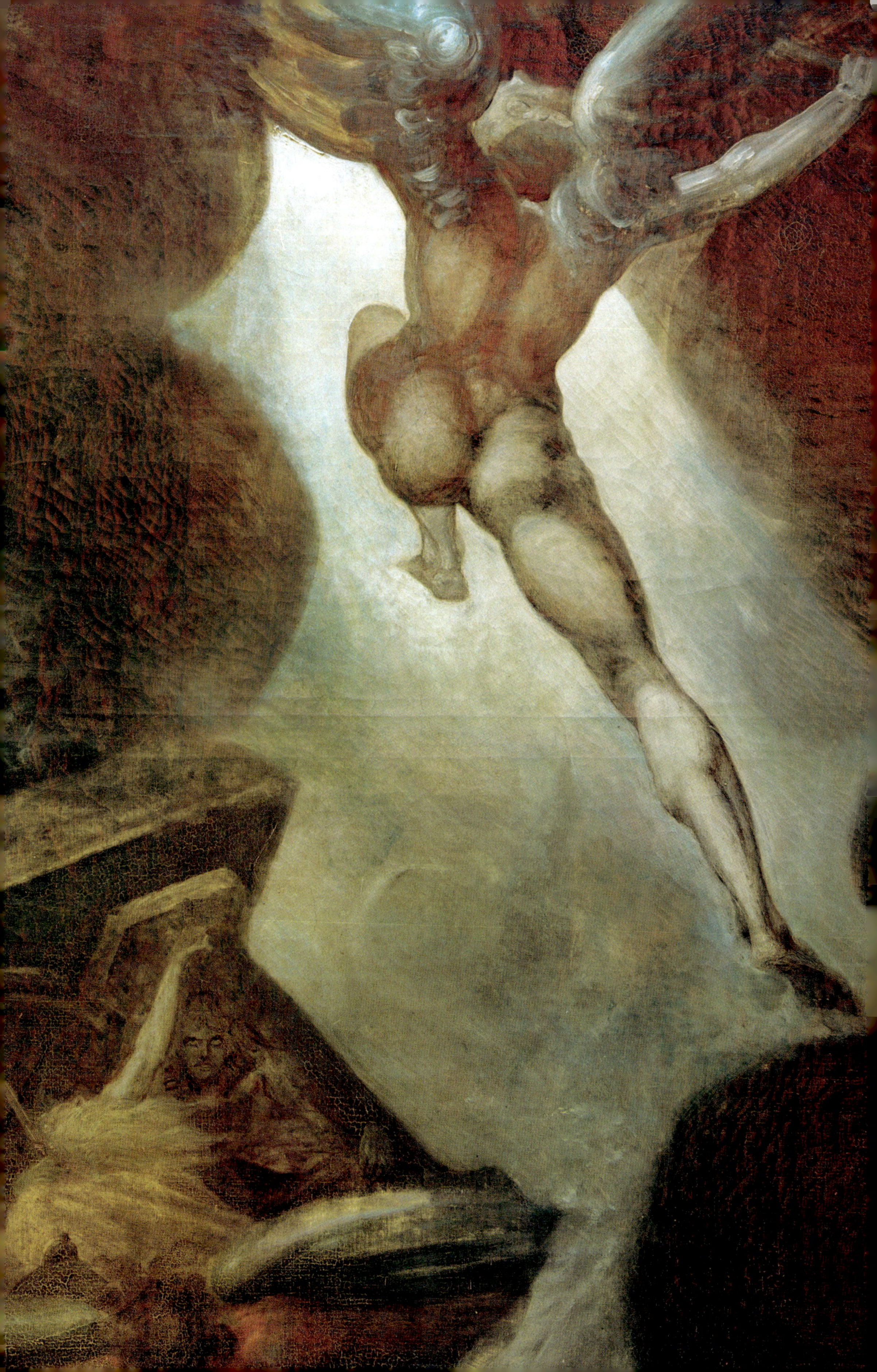

老米开朗基罗

《诗集》(1623)

我在一只小罐子里养一只大黄蜂，
一个小皮袋里藏骨头和一条绳子，
一个小瓶子里摆三个小松脂丸。
紫丁香颜色的眼睛如今乳浊而且有了
暗影，
我的牙齿像乐器的键
不是给我声音，就是寂静无声。
我的脸有一种可怕的神色。
我的衣服老旧又破烂，
我能把田里的乌鸦吓跑。
我一边耳朵重听，另一边
一只蟋蟀竟夜鸣噪；
当我就寝，喉头的黏液令我呼吸困难

我做那么多人偶，
有何意义呢，如果
到头来，我的下场像那个人
能游过大海，
却被自己的鼻水淹死？
我伟大的艺术，
我赖以出名的艺术，
到头来，牵引我
变成一个可怜
任人摆布的老人，
太不堪了，我如果不很快死去，
一定要崩溃。

给自己

格吕菲乌斯(17世纪)

《夜，明澈的夜》，I，48

我害怕我自己：我四肢颤抖
当我透过如今稀疏的睫毛看世界
我的嘴唇和鼻子和深窟般的眼睛
被亮光和我辛苦费力的呼吸变盲
我的舌头，渴燥乌黑，说话结巴
喃喃不清；我疲惫的灵魂呼唤
那伟大的安慰者，我的肌肉有坟墓的
气息，
大夫既去，痛苦复来，
我的身体只剩血管、皮肤和骨头。
坐着难过，躺着是折磨。
我的双股需要拐杖。
名声、荣耀、青春、艺术云乎哉？
这个光景一到，一切只是烟和雾。
这样的焦虑愁杀我们。

理察三世

莎士比亚

《理察三世》，I，1(1597)

可是我生来不会谈情说爱的活计，
又天生不许对镜多情自赏；
我貌丑性陋，全无做个情郎的风姿
可以在婀娜款步的仙女面前卖弄；
我被剥夺堂堂相貌，
被欺人的造化作弄仪表，
畸形，尚未完工，时候未到
就发落到人间，半成品都还不是呢，
就这样跛着，怎么都不顺人眼
我停在狗身边，它们也猛吠我；
唉，我，在这升平时代，
也得不到消遣时光的乐趣，
除了偷看自己在太阳下的影子
品评我自己的畸形：
因此，既然我当不成情郎，
来享受别人情话绵绵的好时光，
我索性当个无赖
并且怨恨别人悠哉度日的快乐。

但是打从风格主义时期一开始，就有一个明显的趋势，即对男人老去的忧郁沉思。**米开朗基罗**或**格吕菲乌斯**刻画他们的老年之丑，诗中流淌着哀伤之情。同一时期，有人写丑如何产生痛苦和邪恶，笔带同情，这是又一个被后来的浪漫主义运动拿去发挥的主题。**莎士比亚**写卡利班或李察三世的痛苦，笔锋那股苦涩的同情也值得注意。莎翁的写法暗示着使这两个人邪恶的正是别人怀着敌意看待他们的丑。许多画家的作品里，也有对人的瑕疵的这种体谅。那些作品刻画不讨好的脸孔，用意不是嘲弄不幸者，也不是要重现他们的邪恶，而是在显示疾病或时间的无情。

拉突尔，
琴师，
1628 1630，
南特，
艺术博物馆

帕塞罗蒂，
男子吃自己手臂，
16世纪，
米兰，
私人收藏

乔尔乔内，
老妇，
1506 1507，
威尼斯，
学院画廊

我们在16—17世纪间发现两件意义重大的作品。**蒙田**为跛脚女人写了一篇情词温暖的赞美；**莎士比亚**对传统“美”的特征做了一连串否定，看似贬低他的“黑美人”，但篇终来个“然而”——不管怎么样，他还是爱他的缪思。巴洛克诗人更进一步，他们以诗赞美口吃、侏儒、驼背、斗鸡眼、麻脸女人。**马利诺**（Marino）一反中世纪歌颂浓色或玫瑰色双颊的传统，赞美他所爱女子的苍白。从前女性美的正典要金发，现在赞美黑发。塔索（Tasso）在《诗集》（Rhymes）中写道：“你乌黑，但美丽。”马利诺还称颂女黑奴之美，**萨洛莫尼**（Salomoni）动人礼赞美丽的老女人。**克维多**的文字看来仍有一点传统的敌意，**伯顿**（Burton）则非如此，他热情洋溢地描写一个相貌可怖的女人，文中重申爱能超越美丑的对立。

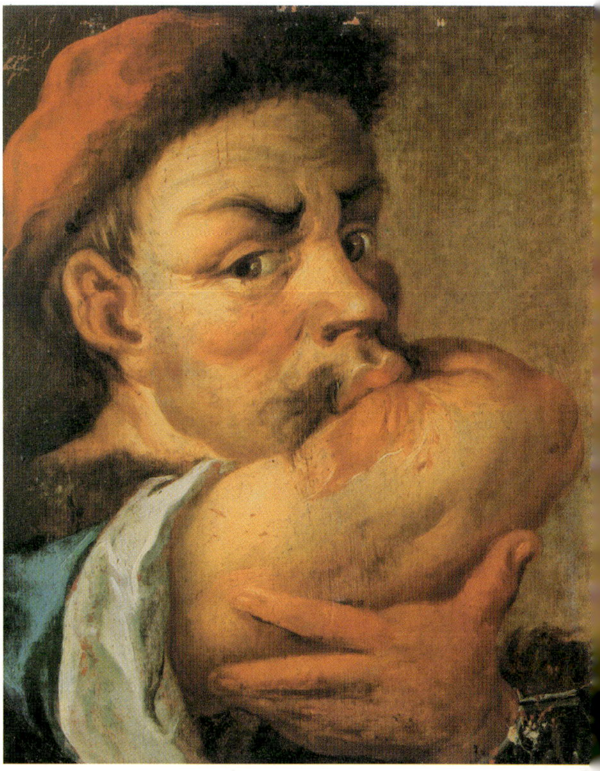

卡利班

莎士比亚

《暴风雨》，I，2（1623）

普洛斯培洛：你这个有毒的贼奴，妖魔娇上女巫才生得出来的，快出来！

（卡利班上）

卡利班：但愿我母亲用乌鸦的羽毛从瘴疠的沼泽刷下来的毒露落在你们两个头上！但愿西南风吹到你们身上，教你们全身长满烂疮！

普洛斯培洛：凭你这番话，好吧，今晚你会起痉挛，两肋如缝针，痛得你透不过气来；刺猬通宵涌来整治你，全在你身上下工夫；你会被痛扎，密密麻麻像蜂窝，每一针都比蜜蜂的螫更剧痛。

卡利班：我得吃饭。凭我母亲西克拉斯的名分，这岛是我的，被你抢去。你刚来的时候，你抚慰我，对我很像样，给我泡了草莓的水，教我如何称呼那日夜轮流燃烧的大光和小光；就这样我对你有了爱，带你看这岛上一切特有的东西，那些清泉，有用和没用的物事，不毛的和肥沃的地方。我倒透了楣才那样做！愿西克拉斯所有魔瘴、蟾蜍、甲虫、蝙蝠都掉到你身上！我如今是你的奴才，而我本来是我自己的王；你把我禁锢在这坚硬的岩石里，使我去不了岛上其他地方。

普洛斯培洛：你这满口谎话的奴才，只有鞭打赶得动，仁慈是叫不动的！你饶是肮脏，我也曾以人性待你，让你和我同住一室，直到你妄图玷污我孩儿的名节。

卡利班：哦吼，哦吼！要是我干成就好了！你打坏了我的好事；要不然我早把这个岛住满卡利班了。

米兰妲：可憎的奴才，一丝善良也沾不上身，邪恶样样会的！我可怜你，费心教你说话，每个时辰教你这个那个。你野蛮，对自己的一切都不知不明，只会希哩呼噜像只禽兽似的，我教你使用语言，使你能够表达心思。可是你这个孽种，你学是学了，却有不能和善良并存的天性；所以你被禁锢在这岩石里是应该的，你应得的还不只是囚禁呢。

卡利班：你们教我语言，我得到的好处是，我懂得怎么诅咒。祝你们得瘟疫生红烂疮死翘翘报答你们让我学会你们的语言。

蒙田

《散文集》，III，11（1595）

意大利有一句常用的谚语说：男人如果不曾和一个跛脚女人上床，就会不知道维纳斯多么甜蜜完美……我本来认为，跛脚女人不灵便的动作会为那回事带来某种全新的乐趣，让和跛脚女人试试那回事的人尝到一些额外的甜头。可是我最近得知，甚至古代哲学就确定了这一点：古人说，由于跛脚女人的小腿和大腿没有获得它们应有的营养，因此就近位于它们上方的生殖器更丰满，得到更多滋养，因而更有劲道。又或许，由于跛脚的缺陷妨碍行动，有跛脚之苦的人比较少浪费力气，因此从事维纳斯游戏时更加完整而充分……根据古人以及上面那句谚语建立的权威，我甚至曾相信，我从一个女人那里享受到更多乐趣，因为她跛脚，因此我把这一点算做她的优点之一。

一个美丽女人的苍白

马利诺

《里拉琴》，14（1604）

哦，我苍白的小太阳，
在你甜美的苍白面前
灿烂艳红的黎明黯然失色。
哦，我容色死淡的冤家，
在你甜美而乏血色的紫罗兰面前
玫瑰失去它
嫣红、浓情的颜色。
哦，但愿命运
让我变成和你一般苍白，
我甜美苍白的爱人！

帅气的老淑女

萨洛莫尼

《诗》，4（1615）

我这个骗子，这个蠢人，
我批评，甜美又文雅的老淑女，
你的胸脯，你的头发，和你美好的脸。
现在，我已改变心意，
我将改变我的曲调
我说过的每一个谎言
都将用一首诗收回……
你的头发是银色的，但就是如此
也比金发更令男人着迷
无论是编成辫子，还是自然悬垂……
你安详的眉头，曾经美丽，平滑如迎人的沙滩
散布着白花，现在被年纪之犁
划出了沟纹，没错，
但那些沟纹
给别人的心
愉快而兼痛苦
就像那带刺的稻穗的
甜美的收成气味。
你弯曲的睫毛，
和你拱起的眉毛
曾点燃深重的爱，
如今像（哦真奇妙）
无用的武器，脆弱的工具；
然而力量更胜往昔
它们一往直前
来收割灵魂和刺穿心灵。
你令人魂销的目光
已在褪色，但虽然褪色
依旧发出能够偷心的眼神，
我心也继续燃着对你的爱……
你玫瑰色的双唇，
亲吻的宝藏
蜜语的源泉，
不害怕岁月贪婪的利爪……
你雪白的胸，
幸福、悦目、细心呵护的苹果园
甜蜜又美丽
入目活跳，
你大胆不加遮掩，尽管
你这些果实已不再年轻……
你的手，美而白，
已有年纪碰触的痕迹，
似因长久使用而疲惫；
然而它虽衰颓，却不衰颓，而且尚未丧失
它曾拥有的美名，的确，
它的美仍在增加……
你喉间多纹，你双颊多纹，
你胸脯多纹，
但是，由于爱情，它们是美的
多纹的战利品，
而不是瑕疵……
没错，没错，我漂亮的老女郎，
你虽老却可爱，
你的美像镜子再度照见青春……
在你身边，这个丘比特变老了，
然而继续爱你，欲望你，
即使太阳已老，在你旁边褪色。
光阴飞逝，
不过，别怕它的箭矢，
因为，你尽管老去，
却益发美丽。

2. 风格主义和巴洛克

文艺复兴标志着一种古典艺术观的成功，古典艺术观的基础是模仿自然的和谐。风格主义（Mannerism，又译手法主义或矫饰主义）则带来了一种改变。今天的我们通常依照约定俗成的方式，将风格主义的起始定在1520年，就是拉斐尔去世那一年。从前，手法指一位作者特有的风格而言，后来指反复模仿过去的伟大范本。现在，“风格主义”的定义则是指在一个时期内，艺术家由于焦虑和“忧郁”，对模仿之美不再有兴趣，改而致力于表现力（expressiveness）。阐述风格主义的理论家提出天才和观念论，说艺术家心中孕育的观念是神助创造力的表现。畸形于是有了道理，变成对没有灵感的模仿的拒斥，对规则的拒斥。规则不能决定天才，规则源自天才。风格主义者通常以主观方式表达其视界。文艺复兴艺术家的目标是重建一个场景，仿佛那场景是一只数学般客观的眼睛所见。风格主义者却要用没有中心拥挤场面来消解古典空间的结构，如布鲁盖尔，又如葛雷柯（El Greco）那些扭曲的“散光式”的人形，以及帕米吉亚尼诺（Parmigianino）那骚动不安的不真实的风格化脸孔。相对于美丽，还有一种选择是有表现力，一种走向怪异、夸张、变形的趋势，就像阿尔钦博尔多（Arcimboldo）那些充满奇想的人物。

阿尔钦博尔多，
冬，
1563，
维也纳，
艺术史博物馆

巴洛克时期，人逐渐爱好超乎寻常的事物和引起奇妙之感的事物。在这种文化气氛之中，艺术家们探索暴力、死亡与恐怖的世界。莎士比亚的作品是如此，伊丽莎白时代的作品大致也是如此，还有克维多（Quevedo）的《梦》（*Dreams*）。在格吕菲乌斯（Gryphius）的作品中，甚至达到对所爱之人尸体的病态省思。这方面，风格主义与巴洛克不怕运用古典美学认为不合常规的元素。连丑女人这个主题也有了不同于以前的观点：女人的缺陷成为令人感兴趣的因素，有时候成为刺激感官的要素。我们在下文中就会看到，后来的浪漫主义和颓废主义也采取这个态度，波德莱尔就是一例。

麦奇斯（据传），
丑怪女人，
1525—1530，
伦敦，
国家艺廊

174—175 页图：
克拉纳赫，
青春之泉，
1546，
柏林，
国家博物馆画廊

幻觉

克维多

《世界主日》（1612）

你有没有看见这个幻觉？丽妲上床睡觉，今天早上自己化妆。她的动作有点奇怪。你应该晓得，女人一睡醒过来，首先就是化妆，穿上露肩衣服，打扮两只手，然后穿衣服。你在她身上看到的一切都是店里买来的，都不是自然的天工。看到她的头发没有？喏，那头发也是买的，不是自己长的。她的睫毛比黑还要乌黑，要是鼻子弄得像睫毛，她根本不会有鼻子。那些牙齿，你可以看到，还有那张嘴，都黑得像墨水瓶，那是她使用的那些调配料把它们弄得那么黑。她的耳垢从她耳朵移到她嘴唇来了，她嘴唇有如两根小蜡烛。好，她那双手呢？那看起来白白的东西，其实是油脂。看一个女人，第二天一定要出门受人赞赏，前一天晚上却用盐水腌渍自己，脸上涂了什么膏什么乳的去睡觉，早上醒来又把自己的活生生的肌肤涂涂抹抹，漆个痛快，真够瞧的！一个丑女人，或者，一个脏兮兮的老女人，像那个搞关亡术出名的人〔德维勒纳尔〕，奢想在一只小药水瓶里还童，真够瞧的！看到她们没有？都不是她们本来有的东西。她们如果洗个脸，你不会认出是她们。相信我，世界上鞣制最彻底的皮，莫过于美女的皮。她们的化妆品干燥之后，掉落的膏膏脂脂多过她们穿的裙子。她们不信任她们的身体。想刺激别人的鼻子的时候，她们马上乞灵于香精、烟熏、香水，连足下的汗味都用琥珀拖鞋掩饰。我向你保证，我们的感官已经无法感受一个女人的真实模样，却看足她的表面模样。你吻她试试看，你的嘴唇就被涂上那些东西；你要是拥抱她，你抱的好像是硬邦邦的木板和纸板；你和她睡觉，她身体有一半用高跟鞋顶在床下；你追求她，结果是筋疲力尽；你赢得她，不久就厌烦，你留着她，你就面临破产；你离开她，她和你没完没了，叫你没好日子过；你爱她，她就离开你。告诉我，你在女人身上发现什么好处长处，再想想：她是我们的弱点创造的，她因为我们的需求而有力量，她对我们的用处不是满足我们，而是鞭打、羞辱我们。想一想，你就会明白看见你多愚蠢。想想她的月经，你就会恶心；如果她此刻没有月经，那你也得记住，她有过月经，而且还会再有，令你迷得魂销的人正是令你吓得魄散的人。而且你该觉得可耻，迷住你的这些东西，敷在任何老木头雕像上都没那么恶心。

爱一个丑女人

伯顿

《忧郁的剖析》（1621）

爱是盲目的，常言道，丘比特是盲目的，所有跟随他的人也是盲目的。Quisquis amat ranam, ranam putat esse Dianam（爱上青蛙的人，以为青蛙是狄安娜）。每个情人都悦慕他的情人，虽然她非常畸形、讨人厌、满脸皱纹、满脸面疱、苍白、红红的、黄黄的、晒得黑黑的、面如蜡脂，有一张浮肿的大扁脸，或一张薄薄、瘦瘦的小女孩脸，脸上有污斑，歪七扭八、干巴巴、秃头、眼睛暴突、视茫茫，或者，眼睛直勾勾的，看起来像只被压扁的猫，头歪歪的，笨重、死气沉沉、目光空洞、眼睛周围黑黑或黄黄，或眼睛斜视、麻雀嘴、波斯式钩鼻，或者，有个尖尖的狐狸鼻子，狮子鼻或扁鼻，鼻子像岬角，暴牙、满嘴烂牙，黑黑的、不整齐的、褐色的牙齿，浓眉，巫婆胡子，气息熏得举室皆臭，鼻子冬夏滴水，下巴底下一根巴伐利亚的拨火棒，下巴尖尖，耳朵巨大又下垂，颈长如鹤，而且歪歪斜斜，“奶子像一对水壶”，或者另一极端，没有奶子……一个庞然泼妇，或者，一个丑陋的小蠢妇，一个迟钝如蛞蝓的女人，懒散邋遢的胖大女人，瘦如桁架，瘦长如柴，皮包骨，身轻无声如偷儿……你怎么也不会喜欢，而是讨厌、憎恶的女人，想对她脸上吐口水，或在她胸口擤鼻涕，remedium amoris（对别人是可以治好爱情病的药），一个土里土气的女人，浪蹄子，动不动骂街的女人，一个龌龊、坏透、辣嘴嘈杂、浑身污秽、脏如畜生的小妞，也许加上不诚实、猥亵、卑鄙、穷似乞丐、粗鲁、愚蠢、无知没教养、乖戾……但是，只要他爱上她，他就不会注意到她身心上的任何这些错误或瑕疵，他只要她，不要天下其他任何女人。

第七章

近代世界的魔鬼

1．从造反的撒旦到可怜的墨菲斯特菲里斯

福斯里，
散旦从混沌浮现，
取自弥尔顿《失乐园》III，
1010 行以下，
1794—1796，
苏黎世，
私人收藏

基督教传统一直都在努力忘记一件事：如果撒旦曾是天使，那他一定是最美丽的那位。但是，在 17 世纪左右，撒旦开始转变。在《哈姆雷特》中，**莎士比亚**写魔鬼也能以美丽的形态出现。在《屠杀圣婴》（*The Slaughter of the Innocents*，1632）里，**马利诺**描写撒旦满怀忧郁和沮丧，在某种程度上撩动我们的同情心。**但丁**（14 世纪）笔下的路济弗尔（Lucifer）和**塔索**（16 世纪）在《耶路撒冷解脱》（*Jerusalem Delivered*）里描写的普路同（Pluto）可以比较一下。两个都恐怖，但塔索让他的普路同有一种"恐怖的庄严"。

撒旦明确得救之作是**弥尔顿**的《失乐园》（*Paradise Lost*, 1667）。有人说这里面有政治理由（弥尔顿参加了后来失败的清教徒革命），因此诗人将撒旦写成对当权势力造反的模范。布莱克（Blake）在其《天国与地狱的婚姻》（*The Marriage of Heaven and Hell*, 1790—1793）里说，弥尔顿"站到魔鬼那边而不自知"。即使我们不必同意此说，也看得出弥尔顿的撒旦具备堕落之美的特征和永不服输的傲骨。他不是革命家，因为他除了一心报复和肯定他的自我，别无理想，但他的确是那种纯粹造反之气的典范。难怪席勒（Schiller）批判他自己的剧作《强盗》（*The Robbers*）时说，读者会站在落败者这边；雪莱则在其《诗的辩护》（*Defence of Poetry*）里说，弥尔顿的撒旦优于他反抗的上帝。撒旦基于他特有的一种荣誉感而不悔，他不愿臣服于他的征服者，而且拒绝乞怜："宁称王于地狱，不为臣于天国。"

布莱克，
撒旦使约伯长毒疮，
取自《约伯记》，
RA 2001.68，
1826，
纽约，
摩根图书馆

但丁笔下的路济弗尔

但丁（1265—1321）

《地狱》，XXXIV，28—57

悲惨王国的皇帝
半胸以上探出
寒冰，
我和一个巨人相比
胜过巨人和他的双臂相比；

我觉得真奇异，
当我看见他头上三张脸！
正面那张，朱红色；
另外两张和这张
在各肩中间上方相接，
三脸在头顶连在一起；
右手边那张好像介于黄白之间
左边那张看起来
像尼罗河往谷里落下之地的人的颜色。
左右各边底下伸出两个强大的翅膀，
像他这么大的鸟会有的巨翅；
这么大的船帆我还没见过。

塔索笔下的普路同

塔索

《耶路撒冷解脱》，IV，7（1581）

高傲的暴君从他高高的房子皱眉下望，
以他的眼神使他底下所有怪物战栗，
他的眼睛充满愤怒和毒氛，
像召集人马作战的两把烽火，
他纠结的长发垂到胸前，像嶙峋
高山上的荆棘，
他张开的嘴冒着腥血，
像冥河洪水
聚涌的大漩涡。

马利诺笔下的撒旦

马利诺

《屠杀圣婴》（1632）

他那对住着邪恶和死亡的眼睛，
闪射着沉黯的红光。
他斜视的目光和扭曲的瞳子
像彗星，眉头像灯笼。
从他的鼻孔和了无血色的双唇
他吐出煤烟和恶臭；
暴躁、高傲，铤而走险，
雷霆是他的叹息，
闪电是他的呼吸。

科克，
地狱，
1825　1829，
罗马，
马西莫馆，
但丁室

造反者的魅力

弥尔顿

《失乐园》，I，62—151（1674）

依照人间的算法九天又九夜，
他，带着他可怕的徒众，
一败涂地，在那烈火的深渊中翻滚，
虽是不朽之身，却已
万劫不复。但他的劫数
燎起他更大愤怒；因为想到
已失幸福，痛苦又天长地久
也为之椎心：他凶恶的双眼
四下环顾，目睹巨大的折磨和
惊恐，夹杂着顽强的傲气和固执的愤恨。
立刻，尽他天使的目力，他看出
悲惨的凄凉和荒烟。
望尽四面八方，
一个恐怖的地牢，
像个烈焰熊熊的洪炉；但
那些烈焰不发光；而是
一种有形的黑暗
只供发现苦难的景象，
哀惨的境地，凄郁的暗景，
平静和安息永远不居之处，希望
无所不到，只不来此地，但有折磨
无穷逼人，以及由
永恒燃烧，从不消蚀的硫磺
源源添注的火热洪流。
这就是永恒的正义
为那些叛逆者准备的处所；

从何等的高处
沦落何等的深渊：那
握有雷霆的，证明
强太多了；但直到此时
谁知道险恶武器是何威力？然而
虽然我外在的光彩已变，
威力，以及那有力的胜利者
盛怒之下所能施展的折磨，
都不能令我后悔，或改变
我坚定的心志，以及我的价值受损
所激起的傲然鄙蔑，
这股鄙蔑使我奋起
和那最万能者争锋，
带领无数不喜欢他的统治
而拥护我的武装天军
投入激烈的争战，
在天界的沙场上
以相敌的力量
作胜负未定之斗，
和他至高的力量对阵，
并且撼动他的王座。败阵又算什么？
我们并未尽失：不可夺的意志，
复仇的思考，不朽的恨意，
以及永不屈服或让步的勇气：
还有永远不服的。
这荣耀，他的怒气或力气永远无法
从我身上夺走。弯腰，屈膝乞求恩典，
奉他的权力为神，
而他，最近为此臂所慑，
还曾为他的帝国疑惧：那
的确是不争气；
那是比这沦落更不如的耻辱。

莫里森，
《浮士德》，
剧院海报，
1896

杰拉德·菲利普
在**《魔鬼之美》**中的扮相，
雷尼·克雷尔（导演），
1950

可怜的魔鬼

歌德

《浮士德》，I（1773—1774）

墨菲斯特菲里斯——我是混元之力的一部分，
老想作恶，
却做成好事。。
……我是那否定一切的精灵；
而且我是对的：
一切生成之物，都该当毁归于无；
因此万物反是
本来就不产生的好。
我只是跟你说区区真相而已。
人，这个小小的愚蠢世界，
习惯以为自己是全体——
我倒说我那黑暗的一部分，
当初黑暗本来是一切，
生出了光，
骄傲的光反过来
想将它母亲／黑暗的
古老地位和位置
夺为己有，
但是，它没有成功，
它再努力
依旧囚禁在形体里。
……
浮士德——现在
我知道你高贵的工作了！
你破坏大处没办法
就对小处下手。
墨菲斯特菲里斯——我得承认
小处我也没破坏多少
这东西，
你们这个笨重的世界，
和虚无否定对抗，
我不知费尽多少工夫
它都不惊不摇——
洪涛巨浪、暴风、地震、火灾，
结果海洋和陆地安然原样。
至于野兽和人类，
该死的东西，
简直叫我束手无策；
我已经埋葬了多少！
可总是又有新血生生循环。
事情就是这样，真要叫我发狂！
从水中、土里，甚至空气，
无数种子
在干、湿、温、冷之处生长。
我要是没有为自己留下火，
我可真是一无所有了。

马洛（Marlowe）的《浮士德博士》（*Dr Faustus*, 1604）里，墨菲斯特菲里斯仍然一副丑相。到18世纪，**卡佐特**（Cazotte）的《恋爱的魔鬼》还把他写成骆驼。但是，在**歌德**的《浮士德》里，他以衣着讲究的绅士亮相。没错，他先变成黑狗和浮士德打照面，然后又是目露精光、嘴露可怕尖牙的河马，但他终于还是以流浪学者和体面知识分子的打扮出现。

说他是魔鬼，只是因为他凭着满嘴辩证法来说服、取信于人，和浮士德玩猫捉老鼠的游戏。话说回来，他没有太费力就诱拐了浮士德，浮士德心里早已准备和鬼神打交道，几乎可以说是他要见魔鬼，而不是魔鬼来引诱他。因此，墨菲斯特菲里斯是魔鬼第三个变体的先声。

到20世纪，他彻底变成“世俗的”。这一点读**陀思妥耶夫斯基**、**帕皮尼**（Papini）和**托马斯·曼**的作品便知。他既不吓人，亦无魅力，无聊，小资产阶级的调调挺讨人厌，但他也因此更危险，更令人担心，因为他不再像从前那样丑，反而貌似无辜。

卡佐特笔下的魔鬼

卡佐特

《恋爱的魔鬼》(1772)

我用清晰、强烈的声音说我的祝
己，然后，为了加强声音，我很快重
三次：别西卜。

一阵寒意通透我全身血管，我头
上毛发直立。我才刚念完我的祝咒，
正前方高高拱起的天花板就开一个
扇窗。从那个开口，一大柱比白天
亮的光倾注而入。一个骆驼的头，
得可怖，来到这窗口。这个头上最
的东西是耳朵。

这可憎的鬼张开它的双颚，用这
幽灵特有的一种声调对我说："你要
么？"……

我第一个上心的念头是狗：来啊，
说，来一只猎犬吧。我这命令才刚
口，那可怕的骆驼就把它的脖子伸
六呎，把它的头低垂到房间中央，吐出一只猎犬，毛色光亮，一对耳朵垂到地面。

陀思妥耶夫斯基的魔鬼

陀思妥耶夫斯基

《卡拉马佐夫兄弟》(1879—1880)

他是个绅士，或者，更恰当地说，一种俄罗斯绅士，不再年轻了，像法国人说的，qui frisait la cinquantaine（年近半百），黑发已有几抹灰白，不过，还相当长而且浓，而且留一把山羊胡。

帕皮尼的魔鬼

帕皮尼

《魔鬼告诉我》(1906)

他身材非常高，非常苍白：他仍然年轻，不过，他的年轻，是那种经历已经太多，比老年还忧伤的年轻。他极白而极长的脸没有什么特殊之处，只是嘴薄薄的，合起来，紧抿着，以及单单一条非常深的皱纹从双眉之间笔直而上，几乎穿入发根……他总是一身黑衣，手上也永远一丝不苟戴着手套。

托马斯·曼的魔鬼

托马斯·曼

《浮士德博士》(1947)

他有点儿骨瘦如柴，身材不算非常高，甚至比我矮，戴一顶扁帽，一边帽缘拉下来盖住耳朵，泛红的头发从另一边的太阳穴冒出来。他睫毛泛红，眼睛泛红，面色灰白，鼻尖稍微往下钩曲。他穿一件编织的斜纹衬衫，外面一件格子夹克，夹克袖子太短，粗短的手指从袖口冒出来。他的长裤太紧了，鞋子则破烂到没法再清洗。一个有着剧场演员声音的皮条客、寄生虫。

2. 将敌人妖魔化

塞塔拉，
铸链中的奴隶
（魔鬼自动装置），
17 世纪，
米兰，
应用艺术馆，
斯弗札堡

在撒旦的形象逐渐中性化之际，出现另外一个趋势——把敌人妖魔化，亦即把撒旦的特征安到敌人身上。虽然直道现代世界这个敌人（他取代撒旦的位置）才被特别留意，但敌人向来就是存在着的。

自古以来，敌人就是“他者”，外国人。他的相貌不符合我们的审美标准，要是他的饮食习惯也不同，大家就更讨厌他的味道了。不必上溯太远，我们就能记得西方人不能接受中国人吃狗，英国人觉得法国人吃蛙是无法接受的。外国话诘屈难解，就更不必说了。希腊人把所有不说希腊语的人当作蛮族（barbarians，字面意思是指说话结结巴巴的人）。罗马雕刻上被罗马兵团打败的野蛮人都被表现成须发蓬乱、鼻孔朝天。

基督教找到的第一个敌人是撒旦的代理人，亦即敌基督。现在所知一切描写**敌基督面容**的文字（灵感从《圣经》的《**但以理书**》等处得到），从最早数世纪到**阿德索**（Adso of Montier-en-Der）的《论敌基督之起源与时代》（*Letter on the Origin and Time of the Antichrist*），再到**宾根的希德嘉德**（Hildegard of Bingen），都在强调他猥亵的丑（有时以他的犹太人出身为判断依据）。

第二个敌人是异端。西方和东方的基督教对付异端的武器之一就是描写他们的魔鬼习俗。有个例子是拜占庭时期**普塞洛斯**（Michael Psellos, 11 世纪）写的《论魔鬼的活动》（*On the Activity of Demons*），里面谈到杀婴仪式，经常成为指控犹太人的把柄，被每一个异端宗派不厌其烦地抄袭。

教会分裂派也是敌人。在**克雷莫纳的流普兰德**（Liutprand of Cremona，10 世纪）出使拜占庭宫廷（因豪华而出名）的记述中，我们发现其对当地衣着、食物和今天被许多人视为佳酿的香脂葡萄酒的描述令人毛骨悚然。

撒拉森人（Saracens）显然也一向就被视为恐怖的民族。

最后，麻风病人和**死于瘟疫的人**也是恐怖的。这些不幸的人因为无药可救又污浊，而总是被视为社会之敌。

后页：
西尼奥雷利，
敌基督传教，
壁画局部，
1499　1504，
圣布里奇欧圣母礼拜堂，
欧维托大教堂

但以理的预言

《但以理书》，7 ∶ 2—8、15—18、23

但以理说，我夜里看见异象，瞧，天的四风起来了，刮在大海上。海中出来四只大兽，形状各各不同。第一只像狮子，长着老鹰的翅膀：我一直看着，直到它的翅膀被拔去，从地上立起来，像人一样双脚站地，被喂了一颗人心。另一只兽，就是第二只，像一头熊，它侧身旁跨而坐，嘴里的牙齿衔着三根肋骨。这兽得到吩咐说：起来，多多吞肉。然后，我再看，另外一兽像豹，背上有四只鸟的翅膀；这兽并且有四个头，而且获得统治的权柄。之后，我在夜里的异象中，看见第四兽，甚是恐怖可怕，而且极为强壮；它并且有巨大的铁齿：吞吃，咬碎，剩下的用它的脚践踏。这兽和先前三兽都不一样，它有十只角。我细看那些角，看见那些角之间又生出一只小角，这小角先前的角中有三只被连根拔起：看，这只角有眼睛，就像人的眼睛，还有一张嘴在说着大话……我，但以理，我的灵魂在我身体里烦忧，我脑中的异象令我心乱。我趋近站在那里的一位侍者，问他这一切的真相。他于是告诉我，让我知道这些事情如何解释。这四只巨兽是四个将要在世上兴起的王。但是，至高的圣徒将得到王国，永远永远享有……那第四只巨兽将是世上第四个王国，和其他王国都不一样，将会吞噬整个世上，践踏它，把它咬碎。

敌基督的诞生

阿德索

《论敌基督之起源与时代》（10 世纪）

敌基督将会由犹太人生出来……由一个父亲和一个母亲结合生出来，而不是如有些人坚持的，由一个处女自己生出来。他将完全在罪孽之中成孕，在罪孽之中产生，在罪孽之中生下来。在他成孕之初，魔鬼将会进入母亲的子宫，他将会在母亲的子宫中获得魔鬼的滋养，他因此将永远拥有魔鬼的力量。　如圣灵降世，以他的美德充满我们主耶稣的母亲的身体，使它是由圣灵诞生，生来就神圣；同样的，魔鬼将会进入敌基督的母亲身体里，完全充满那身体，包围她，把她变成他的，从里里外外占有她。由于这魔鬼的合作，她将会和人类一样成孕，生下来的他也将是完全不正义、邪恶，而且失落的。基于此故，他将被称为万劫不复之子……他将会有巫师、巫婆、算命的和施魔法的人来教他，以魔鬼的灵感教他一切不义、虚伪和邪术。

敌基督的面容

《主耶稣基督的叙利亚文圣经》，I，4（5 世纪）

这就是他的长相：他的头像熊熊燃烧的火焰，他的右眼充满血丝，左眼绿如猫眼，而且有两粒眼珠，他的眼皮是白色的，下唇很大，右大腿骨虚弱，两足巨大，大拇指扁平，长长的。

《埃利亚斯启示录》，3 ∶ 15—17（3 世纪）

他长相纤细，双腿瘦小，身材高高的，光秃的前额一丛灰发，双眉伸长到耳朵，他双手手背有麻风病的记号。他的相貌随人而变：有时以年轻人现身，有时又变老人。

《圣约翰启示录》（5 世纪）

他目光阴沉，头发像箭矢，他常皱眉，他右眼像晨星，他左眼像狮眼。他的嘴有一肘宽，牙齿有九吋长，他的手指像镰刀。他的足印有两肘长，他的前额横写着“敌基督”。

《圣米歇尔山修道院手稿》（10 世纪）

门徒们向耶稣说：“主啊，告诉我们，他会是一副什么长相。”耶稣就对他们说：“他站起来将会有九肘高。他会有一头黑发，用一条铁链绑起来往后束。他前额将会有一只眼睛，像黎明那样明亮。他的下唇很大，而且没有上唇。他最长的手指将会是小指，而且左足比右足要宽。”

宾根的希德嘉德

《认识主的道》，III，1，14（12 世纪）

这万劫不复之子将会以其愚蠢现身，带着他第一次诱惑的所有狡诈，以及种种巨大的悖德和黑暗的不义：他将会有两只火把似的眼睛，驴子的耳朵，狮子的鼻子和嘴，用他的火，和最无耻矛盾的声音，在人间散播种种罪大恶极的愚行，叫世人弃绝上帝，在人间散布最可怕的恶臭，用最残忍无情的贪婪攻击教会；张开他那巨大的嘴，咬牙切齿，那牙齿是铁齿。

无名氏

《世界的运行者》，22.391—22.398（14 世纪）

基督降临的时候，光辉万丈，以至于面对主的强大的光的时候，敌基督将会满怀惧怖，他害怕基督，吓得五分之一脏腑从他屁眼倾泻而出，不胜羞耻，浑身恐惧和痛苦交加，就这样死掉，全身沾满自己的大便。

拜占庭人之丑

克雷莫纳的流普兰德（10 世纪）

驻君士坦丁堡大使馆的报告

〔968 年〕6 月 4 日，臣等抵达君士坦丁堡，受到不光荣而有辱陛下的接待之后，我们进一步受到更可耻的对待……希腊酒，掺上松脂、树脂和白垩，真不能入口……6 月 7 日，五旬节圣日，臣面见尼克弗洛斯，一个怪物之流，侏儒，脑袋奇大，眼睛极细小，以致其人形同鼹鼠。使他更丑的是他有一把又长又密的灰白胡子，脖子长如手指，头发浓粗如鬃，活脱一个有色的埃塞俄比亚人，"你不会想在三更半夜撞见的一个东西"，肚子肥凸，屁股细小，大腿对他矮小的身材太大，小腿短短，扁平足，衣服脱线，穿太多次而发臭且褪色，足蹬希腊鞋，言语无礼，性狡如狐，道地一个惯会作伪说谎的尤利西斯……

大群商贾和出身卑贱的人集合，在那里欢迎歌颂尼克弗洛斯，夹道从王宫前的道路，直到圣索菲亚教堂，名副其实的人墙；装备可怜，盾牌小而太轻，长枪则不堪动武。这场面还有更丑的，是那些争先恐后求他垂顾的人民大多赤脚……但是，连那些陪同他在无鞋民众之间阔步而行的显贵，身上的衣服也太大，而且由于太常穿用而到处破洞……那场夜宴邪恶且恶心，只合醉鬼出席，油腻而且佐以某种可怕的鱼酒，席间他问我种种有关陛下的问题，尤其是治国和士兵方面。臣诚挚回答，他却说："你说谎。你们君王的士兵不会骑马，步战也一窍不通；他们的盾牌大大的，胸甲沉重，剑太长，头盔也重，因此他们是不可能打仗的……你的主上甚至也没有一支像样的舰队。只有我拥有令人丧胆的海上武力，我要用我的船攻打他，摧毁他的沿海城市，沿着他那些河流把他的城市烧成灰烬。

贺斯提良皇帝，
石棺，
以罗马人与野蛮人交战为雕饰，
251，
罗马，
国家罗马博物馆

格吕内瓦尔德，
圣安东尼的诱惑
（局部），
伊森海姆祭坛，
1515，
科尔马，
菩提树下博物馆

死于瘟疫的人

法萨诺

《1764 年肆虐那不勒斯的瘟疫热》（1765）

任何人如果希望更了解病人的臭味，尤其是溃疡、脏污的烂疮、腐烂肌肉和癌症肌肉的臭味，只要想一想，单单一个人得了恶性溃疡，由于这毛病产生并在他身体里累积的脓，他会散发一种令人反胃的恶臭，这臭味极为恶心，任何接近而呼吸那空气的人都非常不舒服。自然本身都会被熏昏。这种气氛会污染周遭的空气，接下来，污染小房间里的所有空气，然后是整个大病房；然后，衣服也被染臭，在某种程度上，连走道和墙壁都发臭……

撒拉森人香香的臭味

法布里（15 世纪）

《圣地、阿拉伯及埃及游记》

撒拉森人散发一种可怕的恶臭，由于此故，他们不断以各种方法洗澡；由于我们没有臭味，他们不在意我们是不是和他们一块洗澡。但他们对犹太人就不是这么客气；犹太人比他们更臭。他们欢迎我们进他们的浴池，因为，正如有一个健康的人陪伴的时候，甚至一个麻风病患也会高兴起来，因为麻风病患者相信和健康的人接触可能增进他自己的健康——同理，由于我们不臭，味道难闻的撒拉森人乐于和我们相处。

莫尔纳，
路德教会牧师和小丑（或疯子）与魔鬼订契约，
取自《路德派的大蠢人》，
1522

现代世界向来把宗教敌人或国家敌人呈现为长相丑怪或一脸邪恶的样子。这样的世界自然成为政治讽刺画的诞生地。宗教改革时代，新教徒和天主教徒表现教皇或路德形象的那些讽刺漫画的确凶狠。法国大革命期间，正统派（legitimist）把无裤党（sans-culottes）画成嗜血的吃人族。19—20 世纪间，有反教士漫画。19 世纪的意大利爱国者把压迫他们的奥地利人画成蛮族——不过，也有**朱斯蒂**（Giusti）这样令人愉快的文字：他先描写占领军丑陋，然后温情大发，写那些士兵远离家园，正忙着向共同的上帝祷告。但是，在所有战争里，敌人都被描绘成怪物模样。第一次世界大战期间，一个名叫贝利雍（Berillon）的人写出《这个种族的大蠕动》（*La polychesie de la race*），说普通的德国人不但大便比法国人多，而且其大便更臭。

反纳粹和反法西斯的讽刺漫画也很多。反共讽刺漫画同样辛辣，尤其是在冷战时期。

“反德国皇帝的联军”，
取自《小报》，
1914 年 9 月 29 日

吉尔雷，
无裤党疲惫一天后大嚼，
792，
汉娜·杭福瑞出版

奥地利人

朱斯蒂

《圣安布洛斯》(1846)

阁下，你为了那些笑话
而瞪着我，
因为我谴责无赖们的恶行，
而说我反日耳曼，
我乞求您垂听
才刚发生在我身上的事。
有天早上散步
我碰巧置身于
圣安布洛斯，
就是米兰郊外那间
老教堂……
我走进去，只见里面全是士兵，
北方来的士兵，也就是
波希米亚人和克罗地亚人，
被派到我们丰裕的土地来
像柱子般站着：
他们其实都
站直注目，
就像检阅的时候。
他们大胡子
大鼻子，
全在上帝面前站得直挺挺。
我留在教堂后侧；
因为，我不否认，
在那群乌合之众之间
我感到一阵憎恶，
您以您的地位而
无法感受的一种憎恶。
我感受到一种沉重的气氛，和
某种恶臭：
伏请原谅，阁下，但是
在主那栋美丽的房子里，
连主要祭坛上的蜡烛
好像也变成是动物脂肪做的。
不过，正当教士们
准备圣礼的时候
突然我的心
受到祭坛近旁一支乐队的
甜美声音撞击。
他们的军号发出音符
有如一个民族的心声
为生活的艰难而祈祷和哭泣，
并且回忆比眼前好的日子。
那是威尔第的一支合唱曲；
我们伦巴底人
苦难并渴望正义而
向上帝申鸣的合唱：主啊，
你感动这么多心灵，
使他们
想到这个民族就陶醉。
然后，我感觉我的看法改变。
现在，那些士兵好像
变成和我自己的民族一样的人民
于是不知不觉，我加入这群人。
阁下，我能说什么呢，那是
美丽的音乐，
再说，那是我们的音乐，而且
演奏得这么好，艺术和思想兼具；
有艺术之处，甚至成见
亦可搁置一旁。
但曲子结束，我的感觉又
恢复先前；
这时，突然，仿佛刻意似的，
从那些似乎笨哑如木头的
嘴巴
一首徐缓的日耳曼赞美诗发出来
在那间教堂的神圣气氛升起：
是一支祈祷歌，我听来有如
沉重、凄婉、肃穆的哀叹
我的感受深入灵魂；
我目瞪口呆，那些老粗，
那些异国来的木偶，
竟能把和声提升到那样的高度。
在那曲子里，我听到
悲欣交集的心声，我们在孩提时代
聆听过的那些歌的心声；
那些我们在家的安详宁静中学会
而在黑暗不如意的岁月中
重现心头的歌；
伤心想起亲爱、遥远的母亲，
对平安和爱的渴望，
在远离家乡和亲朋分离中
生出的深心感伤……
这一切都令我感受深入肺腑。
他们唱完，我还
沉浸在无比强烈和甜美的思绪里。
这些人，我对自己说，
被一个无道的君主
从克罗地亚和波希米亚强逼
来侵略并奴役
我们，
但他们也变成了奴隶，
就像在马雷马过冬的牲群。
被艰难的生活和无情的纪律所逼
有苦难言、受讥嘲，又孤独，
狡猾抢劫的盲目工具，
这抢劫大概没有给他们任何
而且他们不知道这是抢劫；
这股恨，使伦巴底人
不能和日耳曼人和睦的恨，
正合那些分而治之者的心意，
他们就是害怕
不同的民族和好如兄弟。
可怜的这些人！离乡背井
深入一个怨恨他们的国家，
这个国家或许心中知道，
他们也恨他们的君主！我想，
他们和我们终究是俱同此心的
在这教堂里，我如果不赶快离开，
我会拥抱一个下士，
他像一根榛树做的柱子
钉在那里，
僵硬像一根通条。

反教士漫画，
取自《驴子》，
899 年 1 月 15 日

反共活动海报
948

合特菲尔德，
"不用害怕，他吃素"，
注视》杂志，
1936 年 5 月 7 日，
德国，
史纳克档案

意大利资本主义戴上墨索里尼的脸，
1923 年 2 月，
贾兰塔拉收藏

博卡西莱，
意大利社会共和国的
反美宣传卡通，
1943—1944

傅满洲博士

罗默

《傅满洲的新娘》（1933）

他穿一件不起眼的黄袍，脚下是走起来没有声音的厚底拖鞋。他头戴黑色的小瓜皮帽，帽顶一颗珊瑚珠。他双手藏在宽松的袍袖里，站在那里，看着我。我知道这个男人有一张我见过最奇妙的脸。那张脸已有年纪，却又没有年纪。我想，要是切利尼有以金色画一张撒旦的死亡面具的念头，画出来一定就非常像我的目光盯住的这张活死人的脸。……这就是傅满洲博士！

黑人

《大英百科全书》，'Negro'词条（美国第一版，1798）

黑人，Homo pelli nigra，是人种的名称，其人肤色全黑，居住于酷热地带，特别是赤道以内的非洲地区。黑人的脸色有各种不同的深浅层次；但是，他们脸上的五官和其他人种都非常不同。圆颊、颧骨高、前额微突、鼻子扁平、厚唇、耳朵小、形状丑而不规则，是他们的外貌特征。其妇女阴部深陷，屁股非常大，以至于腰背状似马鞍。最恶名昭彰的坏习惯似乎是这个不幸族类的宿命：懒惰、忘恩负义、性喜报复、残忍、厚颜无耻、偷窃、说谎、猥亵、放荡、龌龊、不知节制，他们这些恶习据说泯灭了自然法的原则，并且抑制了良知的责备。他们对一切同情心都陌生。人不受管制的时候会腐败到什么程度，他们是最可怕的例证。

种族的剖析

隆布罗索

《白人与黑人：人类种族之起源与变化》，I、II（1871）

欧洲人的头颅与众不同之处是其和谐令人叹为观止：不太长、不太圆、不太尖，或者说，不太金字塔形。由其前额光滑宽广、直立于脸孔上，你可以清楚看出其思想的力量和优越：颧骨，或面颊骨，没有分得太开，颚骨也不是非常凸出——他称自己为正颌，道理在此。至于蒙古人的头颅，则是圆的，或者是金字塔形，颧骨彼此分开很远，因此称为上颌宽大；和这些特征有关联的，是他们胡须和毛发稀少，眼睛斜着，以及皮肤多多少少偏黄或橄榄色……不过，霍屯督人甚至是个更特殊的人种。你可以说，霍屯督人是人类里的鸭嘴兽，因为他结合了差异最大的黑种人和黄种人特征，加上完全是他自己才有，而且只和少数几种动物（群集于他附近的动物）相同的特征。他有中国人的扁脸，而兼有黑人的凸脸。他的门齿，形状像铁砧。他的尺骨，也就是前臂骨，仍然可以看见（就像某些动物）那个叫做“鹰嘴窝”的开口，我们在胎儿阶段有那个开口。他的头发长满整个头，一条条，一簇簇，就像衣服刷子的鬃毛，假如有个理发师为这些丛林族理发，他朝下一看，会看见这颗头的毛发分布有如一张桃花心木的桌面洒满胡椒粒。

雷蒙德，
冥皇，
取自《闪电侠》

白人的文明使命中最常见的就是对非洲人的无情刻画。非独小说和绘画如此，科学文章亦然，例如**隆布罗索**（Lombroso）之作。将文明带给其他种族就是“白人的负担”，这种意识形态促使许多作家写出来自非欧洲族群的油滑角色，从忘恩负义的阿拉伯人到基于宗教信仰而专门劫杀旅客的印度暗杀团，不一而足。中国人当然不在话下，他们满脸阴险，精通一切残忍行为。连环画里的中国人也是这副德性；雷蒙德（Alex Raymond）连环漫画名作《闪电侠》（*Flash Gordon*）里那个蒙哥统治者冥皇（Ming），他的亚洲式五官就明白写着这是背信弃义之徒。还有**弗莱明**（Ian Fleming）的小说，主角詹姆斯·邦德的敌人几乎总是混血或共产党特工，彻彻底底的坏蛋，仿佛是某个疯狂科学家的实验室中组合出来的怪物。邦德电影中就更是如此了。

金手指

弗莱明

《金手指》，3（1959）

他站起来的时候，引起邦德注意的第一件事是这人身上一切都不成比例。金手指身材矮，不超过五呎高，在那厚厚的身体和粗壮如农夫的两腿上，一颗巨大，看来浑圆的头几乎是直接插入肩膀之间。那感觉，金手指好像是用别人身体的零件结合而成的。

苏联的女同性恋

弗莱明

《来自俄国的爱情》，9（1957）

在那没有什么特征的，奶油色漆的门外，塔媞亚娜已经闻到房间里面的气味。那声音粗鲁地叫她进去，而她打开门的时候，充满她心里的那个气味，同时，她目注那个女人的眼睛，那女人坐在中央灯底下的圆桌子后面。那是炎热夜晚的地铁气味——廉价的香水掩饰着动物的臭味。在俄国，人们用香水把自己全身涂个透，不管是不是洗过澡，不过，大多是没洗澡才抹香水…………卧室门打开，“克雷布女人”在门开处现身。“亲爱的，你看我怎么样？”克雷布上校张开她圆胖的双臂，用脚趾转个身，活像木偶。她摆个姿势，一手伸长，另一手弯曲，顶在腰间。……克雷布上校身穿一件半透明的橘色中国绉纱睡袍，低胸的方形领口做了皱褶，宽荷叶边的袖子，袖腕也是皱褶，料子和胸口的皱褶相同。袍子底下可以看见胸罩，是两朵大大的粉红绸缎玫瑰。下身，她穿粉红丝绸，膝盖上方缝了松紧带的那种老式内裤。她摆个古典的人体模型样子，一个带个小酒窝的膝盖，像只发黄的椰子，从睡袍半开的下摆伸出来……罗莎克雷布已拿掉眼镜，一张裸露的脸涂了厚厚的睫毛膏、胭红和口红。她看起来就像全世界最老、最丑的妓女。……她伸手，扭开一盏粉红罩子的桌灯，桌灯的灯柱是一个用假拉里克玻璃做的裸女。她拍拍她身边的长榻。“把天花板灯关了吧，亲爱的。开关就在门边。关了灯，过来，坐到我身边。我们两个得好好认识认识。”

诺博士

弗莱明

《诺博士》，13、14（1958）

诺博士至少比邦德高六吋，但他直挺、一动不动的身体姿势使他看起来还更高一些。他的头也是长长的，一个圆圆的，全秃的脑袋渐渐往下缩小，一直缩到尖尖的下巴，因此给人一个颠倒的雨滴的印象，或者，应该说颠倒的油滴，因为他皮肤是一种很深的，几乎半透明的黄色。诺博士的年纪多大，无从分辨：邦德极尽目力看去，那张脸上看不到任何皱纹。一颗上了光的头颅，上面一个那么平滑的前额，看起来很怪异。连高突的颧骨下方那窟窿也似内缩的双颊，看起来也如象牙一般平滑。那对眉毛带一点达利的况味，精细、黑色，陡然往上刷，仿佛是画上去的，像魔术师的化妆。眉毛底下，乌黑发亮的斜吊眼睛从头颅里发出厉光。那对眼睛没有睫毛，看上去像两支小左轮手枪的枪口，直视，眨也不眨，完全没有表情。薄而纤细的鼻子在紧靠嘴巴的上方结束，那嘴巴很宽，而紧抿如伤口，虽然几乎永远带着一抹微笑，却只流露残忍和权威。下巴往脖子内收。后来邦德留意到那下巴动起来的时候，极少丝毫偏离中央，因此给人那颗头和脊椎是连成一块的印象。那怪异的，走起路来像滑行的身形，看起来像　只用灰色锡箔纸包住的蠕虫，邦德如果看到那身体其余部分带着黏涎在地毯上拖行，也不会觉得意外。诺博士近前，走到两人距离三步之内停住。长脸上的伤口打开了。“原谅我不和你握手。”深沉的声音平平匀匀没有高低抑扬。“我没法握手。”慢慢地两个袖子分离，开了口。“我没有手。”

大头先生

弗莱明

《生死关头》，7（1954）

那颗头像一只大大的足球，是正常脑袋的两倍，非常接近浑圆。皮肤是灰黑色的，紧绷而发亮，像淹在河里一星期的尸首的脸。头上没有毛发，除了两边耳朵上方一抹灰褐色。没有眉毛没有睫毛，两眼分得异常的开，因此仿看上去的时候无法同时聚焦于两眼，只能一次看一个。那目光非常稳定，而且像能够看穿人，停在一件东西上的时候仿佛要把那东西吞掉似的，把那东西整个吞掉。那双眼睛微凸，眼珠现在张开的，眼珠周围的虹膜是金色。那是动物的眼睛，不是人眼，而且似乎冒着火鼻子很宽，不特别像黑人的鼻子。鼻孔也没朝你开着。双唇没有外翻，却是厚厚的，而且颜色深暗，只有在这人说话的时候才打开，而且张得很宽，从牙齿和浅粉红色的牙龈上面往后收。

切斯德·古尔德创造的《狄克·崔西》角色，1941—1946

那东西

洛夫克拉夫特

《恐怖的丹维治》(1927)

这栋建筑充满阿米塔治博士十分熟悉的一种可怕恶臭，三人冲过走廊，冲到系谱阅览室，那低沉的哀号就是从这里发出。片刻之间，没有一个人敢开灯，然后，阿米塔治博士才鼓起勇气，打开开关。……

那东西半屈着身体，侧躺在一摊黄中带绿、粘腻如焦油的鬼血里，几乎有九呎高，那只狗已将他的衣服撕光，并且扯掉了一些皮肤。他还没有完全死掉，无声而间歇地抽搐，胸脯则随着外面等着吃尸体的夜鹰发出的叫声起起伏伏。……说没有任何人类的笔能描述这情景，未免陈腐，而且不是十分精确，不过，你可以说，相貌和身体轮廓的观念太拘限于地球上的一般生命形式和三度空间形式的人，都无法生动想象这东西。这东西无疑是有一点人形的，有非常像人的双手和头，山羊似的，没有下巴的脸则带有维特里家族的特征。但那躯干和身体的下半部却极为畸形，因此多穿衣物，走在路上才不会被消灭。他从腰部以上是人形，但他的胸部，那只狗的爪子还停在上面的胸部，却是鳄鱼的那种网状的皮。

他的背是黄黑相间的杂色，令人隐隐约约想起某些蛇类的鳞皮。不过，最可怕的是腰部以下，人的痕迹消失无踪，变成纯粹的幻怪。皮肤上厚厚覆盖着粗糙的黑色毛皮，腹部则软软垂着许多长长的、灰绿色的、带着红色吸嘴的触角，排列怪异，似乎依照某种宇宙几何的对称而排列，那是地球人或太阳系都不知道的几何学。各瓣屁股上，深深陷在一种粉红色的、长了纤毛的眶窝里，看来是低等的眼睛。尾巴的地方是象鼻似的触手，带着紫色的环形斑点，有很多迹象可以看出是一种尚未演化的嘴或喉咙。四肢方面，除了黑色毛皮之外，其余大致像史前巨蜥的后脚，末端是血管突起如岭的厚掌，既不是蹄，也不是爪子。……它没有真正的血，而是绿黄色的恶臭腐液，流在上了漆的地板上，流过之处，地板出现某种怪异的褪色。……

法医抵达的时候，上了漆的木板上只有一种黏糊糊的白色物质，怪味道也差不多已经消失。维特里显然没有头颅，也没有稳定的骨架……

乇勒，
克莱门特《它在沙上爬行》封面，
962，
尤拉尼亚出版

韦拉泽塔，
美女与野兽》，
995，
私人收藏

关于敌人之丑，我们一路看下来，只能以第一个真正的幽灵来结束。它是来自银河的敌人——“无法想象的”（The Inconceivable）、“那东西”（The Thing）。在**洛夫克拉夫特**（Lovecraft）笔下，这个无定形或黏糊多态的生命仍然来自这个世界，代表我们下意识的恐惧。在科幻小说和电影里却是来自太空的“异形”入侵者，双眼暴突的怪物，无比野蛮，充满威胁——我们无法理解，因为那完全是非人类。

因此，这突眼怪物就是所有敌人的化身，并证实人类的倾向：把我们非恨不可的事物刻画为无形，什么都不是，却是魔鬼的终极化身。

第八章

巫术、撒旦主义、虐待狂

1. 女巫

戈雅，
女巫的安息日，
1797—1798，
马德里，
加迪亚诺博物馆

能念魔咒、制作爱情魔药、施各种法术的恶魔从远古就存在。公元前 2 世纪初的《汉谟拉比法典》提到过；埃及文化、亚述王亚述巴尼拔（Ashurbanipal，前 7 世纪）的寺庙中也有；《圣经》里则有众人用石头砸死通灵法师和算命的；希腊神话有美狄亚（Medea）和喀尔刻（Circe）之类女巫；“十二铜表法”里的罗马法律谴责法术；贺拉斯和阿普列乌斯（Apuleius）作品中也曾提到有关这方面的事。

打从一开始，谈这个主题的人就知道巫术不分男（巫士）女（巫婆），但由于一种根深蒂固仇视女人的心态，恶人往往是女人。在基督教世界，只有女人会和魔鬼结党。中世纪已有巫魔会（Sabbat）之说，女巫在这聚会中不但做法施咒，还尽情集体交欢，和魔鬼化身的山羊（色欲的象征）交媾。还有，女巫骑着扫帚的意象明显指涉阳具，虽然后来也出现了在第十二夜前夕骑扫帚给意大利儿童送糖果的好心女巫贝法娜（Befana）。

传说并非无中生有。所谓女巫，指那些自称懂药草和魔药的年老的“聪明女人”。有些是假充内行专门行骗的江湖郎中，有些则真心自信能和魔鬼打交道。临床案例也是有的。不过，总的说来，女巫代表一种通俗次文化。

莫里托，
“三个分别有驴头、公鸡头和山羊头的女巫出发参加女巫安息日”，
取自《魔鬼或女巫》木刻，
1489，
康斯坦兹（德国）

《圣经》里的巫术

《利未记》，20 ：27

无论男女，只要是交鬼的，或是行巫术的，当然都要处死：用石头把他们丢死，罪要归于他们自己身上。

命运

但丁

《地狱》，XX，121—123

看看这些可怜的妇人，她们丢了针，抛了梭子和纺锤，改当女巫；用药草和偶像掺合降咒作法。

贺拉斯写的巫婆

贺拉斯（公元前 65—前 8 年）

《讲道》，8

我亲眼看到卡尼达和沙加纳一块嘶吼，她们苍白如死尸，使她们容色可怖。她们开始用手指甲挖地，并且露出牙齿，啃扯一只羔羊：羊血流入地洞，她们可以从洞里唤起祖先的灵魂，带来她们寻求的答案。又有刍像，一具是羊毛做的，另一具是蜡做的。羊毛做的那具比较大，它折磨另一个；比较小的那个以请求的姿势站在那里，带着马上要死的人的那种认命表情。一个呼求赫克特，另一个呼求凶狠的提西丰。而且你会看见成群漫走的蛇和地狱之犬，以及那发红的月亮，藏在巨大的坟墓后面，不想目睹这些事件。

被变成驴子

阿普列乌斯（公元 125—180 年）

《金驴》，I，13；III，24

她的剑刺入他脖子左侧，极力往前推，深及剑柄。然后，她拿一个小皮袋，将喷涌而出的血全都装入袋里，小心翼翼，一滴也不溅出来。好个梅洛，她一只手从伤口伸进去，一直往下探到肠胃，在那里捞捞搅搅，把我可怜同伴的心脏掏出来。从刚才被那重大一刺割裂的喉咙里，发出一种声音，更精确地说，一种含糊不清的嗝嗝声，是他的呼吸造成的声音。同时，潘提亚用一块海绵堵住伤口最宽的地方，说：“哦，海洋生出的海绵，经过河流的时候要小心。”

做完这件事，她们就要离去，但是，她们两个先翻开我的床，在我脸孔上方就位，张开双腿蹲下，把她们的膀胱倒空，浇得我满头满脸奇臭无比的尿。我的头发变成和猪鬃一样粗，我的皮肤变成和皮革一样硬，我两只手的末端，手指不再是分开的，而是全都合起来，变成蹄，我脊柱底下，一条尾巴伸了出来。我的脸变得大大的，我的嘴宽得不能再宽，我的鼻孔扩大，我的双唇下垂。巨大、恐怖多毛的耳朵从我头上生出来。我惨遭变形，有一件最惨：我甚至再也不能拥抱我亲爱的弗提丝，我那一根变太大了！

去国画派，
准备女巫安息日，
19 世纪上半叶，
莫冬，
罗丹博物馆

中世纪已有谴责女巫的文献，例如教皇亚历山大五世 1258 年的一件诏书。神学家也提到女巫和通灵师。圣波纳文图警告我们说："魔鬼根据其精神力量，能进入一个人的身体来折磨他，除非有一个更高的力量来阻止。"（《名言注释》[*Commentary on the Sentences*, III, 8]）。

世界并非一心一意只为女巫烦恼。和流行的看法相反，审判女巫在中世纪并不普遍。这种事其实是近代才开始，证据是破坏女巫形象的文献绝大多数出现于 15 世纪。宗教裁判（Inquisition）建立于 13 世纪，但宗教裁判对审判异端更有兴趣。而教皇英诺森八世在 1484 年针对女巫下一道诏书《**最高的希望**》（*Summis desiderantibus affectibus*），并下令克拉默（Heinrich Kramer）和施普伦格（Jakob Sprenger）两位裁判官立即严厉对付女巫。

数年后，两人出版《**女巫之锤**》（*Malleus maleficarum*）。这是有关巫术的绝顶文献，教人如何辨认和审问这些可怜的女巫，以及如何用酷刑逼她们招供她们与魔鬼订约结盟。

莫林的故事，
手稿，
对开本 62v.，
15 世纪

这女巫相信自己是巫婆

《主教会规》(9 世纪)

某些堕落的女人转向撒旦，被他的幻象和诱惑带入歧途，她们相信并且声称自己骑着动物飞过夜晚，和大批女人一块，追随狄安娜……

教士必须时时向上帝的子民说明，这些幻想不是神的精神在信徒心中产生的，而是罪恶所产生的。事实上，撒旦化身为一个光明天使，占据这些不幸女人的心灵，利用她们薄弱的信仰和信心来奴役她们。他化身为各种不同的外表相貌……一个失去信仰的女人只在精神上有此经验，但她认为这事不只发生在她心上，也发生在她肉体上。

这女巫真的是巫婆

英诺森八世颁布的教皇诏书

《最高的希望》(1484)

我们最近才听说，而且闻之极为不悦，日耳曼好几个地区……男男女女忘记自己的得救之道，离开真教的信仰，误入歧途，纵欲而沉迷于魔鬼，沉迷于夜间和女子交合的梦魔、夜间和男人交合的女妖，并且以法术、厌胜、咒语等可恶的魔法手段导致女人的子女、动物及大地的果实死亡或萎谢……我们基于职责，决定针对此事采取行动，对症下药，以便防止异端堕落散布其流毒，伤害无辜民众，因此责成宗教裁判官施普伦格与克拉默前往该地主持调查，查获实情，将这些人加以纠正、禁锢、惩罚。

…林的故事，
…稿，
…开本 63.，
…5 世纪

于是，16—18 世纪间，对女巫进行审判、执行火刑或绞刑的数目爆增。不独天主教世界如此，新教世界更如此（路德信徒说她们是“魔鬼的妓女”，并指控她们偷牛奶、产生暴风雨、骑山羊、折磨摇篮里的婴儿）。不但欧洲如此，新英格兰也是，而且格外凶猛：恶名昭彰的 1692 年麻州塞勒姆（Salem）审巫，吊死十九个女子。文学中对女巫的表现也很常见，最佳例子是**莎士比亚**所写的女巫和**歌德**《浮士德》里的“瓦尔普吉斯之夜（Walpurgisnacht）”。1557 年，**卡尔达诺**（Cardano）主张巫婆只不过是迷信的老女人（其说成为现代精神病学诠释的先声），但死硬相信真有巫术者有（这里只提其中少数）：维尔（Ian Weir）的《论巫术》（*De praestigiis daemonum*, 1564）、波丹（Jean Bodin）的《巫术的恶魔学》（*La demonomanie des sorciers*, 1580）、德里欧（Marino del Rio）的《女巫的世界》（*Disquisitionum magicarum libri sex*, 1599）、括佐（*Francesco Maria Guazzo*）的《巫术概要》（*Compendium maleficarum*, 1608）、格兰维尔（Joseph Glanvil）的《关于巫术和幽灵的完整、浅显证据》（*Saducismus triumphatus*, 1681），以及马特尔（Cotton Mather）——他在塞勒姆女巫大审判中扮演令人争议的角色，且在那个世纪发表许多和巫术有关的讲道。直到 18 世纪，才有人尝试戳破巫术迷思，例如塔塔洛提（Tartarotti）的《论女巫的暗夜集会》（*On the Nocturnal Meetings of Witches*）。

布泰·德·蒙韦尔,
预习安息日,
约 1880,
尼莫斯(法国),
南拓堡

女巫之锤

施普伦格与克拉默

《女巫之锤》(1486)

首先,我们将谈她们如何和男人交合,然后和动物交合,最后,和大地的果实交合。关于男人这方面,我们最感兴趣的是,女巫如何以她们的法术使他们不能生育,或者,不能从事性交,以至于女人无法怀孕,男人无法行房。其次,男人有时候是不能和一个女人行房,但是能和另一个女人行房。第三,男人的性器官如何被拿走,仿佛整个从身体上撕下似的。第四,我们如何辨认一个东西纯粹来自魔鬼的力量,魔鬼亲自行事,不借助于女巫。第五,女巫如何运用其邪术,将男女变成野兽。第六,接生的女巫如何将一个母亲子宫里的胎儿杀死,或者,不杀死而拿去献给魔鬼。……结论:这一切都来自肉欲,女人的肉欲是不知餍足的……所以,被女巫的异端感染者,女人多于男人,这就无足为异了……我们歌颂万能的主拯救男人脱离这样的大灾殃!……

可怜的女人

卡尔达诺

《论事物的种类》,XV(1557)

她们是处境不堪的穷苦女人,在山谷里靠栗子和药草为生。她们如果不喝一点奶,根本活不下来。因此,她们形容憔悴畸形、脸色灰败、眼睛凸出,而且眼神里透露她们忧郁、失调的本性。她们很少言语,如梦似幻,和那些被魔鬼缠身的人没有多大不同。她们对自己的见解斩钉截铁,谁只要倾听她们这么言之凿凿编出来的故事,都会把那些从来就不曾发生,未来也永远不会发生的事情当真。

夏瑟里欧，
麦克白和三女巫，
局部，
1855，
巴黎，
奥塞美术馆

后页：
欧斯塔能，
扫罗和因达尔的女巫，
1526，
阿姆斯特丹，
国家博物馆

《麦克白》里的女巫

莎士比亚

《麦克白》，第四幕，第一场（1623）

第一女巫：斑猫已喵了三次。

第二女巫：三次，刺猬啼了一次。

第三女巫：人面枭叫道，是时候，是时候了。

第一女巫：绕着大锅转圈圈；毒肝毒肠往里扔。你，在冷石头底下睡三十一日夜而闷出毒汗来的蟾蜍先去施了法的锅里滚一滚。

三巫同唱：加倍，加倍费力和费心；火烧着，锅滚着。

第二女巫：沼泽抓来的蛇的切片，在锅里滚滚又烘烘；蝾螈的眼睛，青蛙的脚趾，蝙蝠毛和狗舌头，毒蛇的叉舌和无足蜥蜴的蛰，蜥蜴的腿和小夜枭的翅，调制成力量加倍的魔药，像地狱汤滚着又冒泡。

三巫同唱：加倍，加倍费力和费心；火烧着，锅滚着。

第三女巫：龙的鳞片，狼的牙齿，女巫的木乃伊，饱食的咸海鲨鱼的嘴和胃，黑夜挖的毒人参，渎神的犹太人的肝，山羊的胆汁，月蚀砍下的紫杉薄片，土耳其人的鼻子和鞑靼人的嘴唇，妓女在阴沟里生下就掐死的婴儿的手指，调得这锅粥稠稠又浓浓：再添老虎的肝和肠。

三巫同唱：加倍，加倍费力又费心；火烧着，锅滚着。

A° 1526 marcij 29
I AM A

罗萨，
女巫，
1640—1649，
米兰，
私人收藏

迫害结束后，女巫的形象并未消退，而是继续活在童话里，并
在**洛夫克拉夫特**之类恐怖小说作家笔下冒出头来。

我们感兴趣的是，绝大多数例子里，被判火刑者是因为她们长
丑而背上巫术的罪名。关于这个丑，有人甚至想象，在她们地狱般
巫魔大会里，她们有办法把自己变成绝色美女，但无论多美，总是
有些暧昧的特征泄漏她们内在的丑。

群巫大会之夜

歌德

《浮士德》第一部

《瓦普济斯之夜》(1887)

浮士德、墨菲斯特菲里斯、鬼火（轮唱）——
呜呼！呜呼！那声音愈来愈近，
千鸟、枭和槛鸟出现，
它们都醒着，在周围，在上面?
那些是蝾螈钻过树丛吗?
长长的脚，肥肥的肚子！
蛇也似的树根
从岩石盘绕到沙土，
蜿蜒成许多怪异的带子，
来惊吓我们，捕捉我们；
从粗壮有力的瘤节
它们四面八方伸展鬈须
要叫旅人陷入罗网！
成群老鼠，颜色千奇百样，
在荒草和苔藓之间
奔窜！
萤火虫大群
到处漫飞乱舞，
做令人眼花迷路的同伴！
……
周围一切好像天旋地转，
树石做着鬼脸，
疯狂的磷火
在增加，在胀大。
……
墨菲斯特菲里斯——
昏暗的雾气使夜色更浓。
听！暴风呼啸而过
森林！
小猫头鹰惊慌飞逃。
听，甚至那永远绿色的
城堡，
柱子也在崩塌。
枝桠喀喀作响断裂，
树干惊天动地
呻吟，
树根拔起，轧轧哀鸣！
在恐怖交缠之中
它们彼此倾覆！
一声震天巨响
压倒了一切。
在遍地毁坏的深渊里，
狂卷的暴风怒号
摧枯拉朽扫过绝崖！
……
听见了吗，沿着整山
一曲魔歌聒天价响！
女巫合唱——
现在
往布洛肯山去吧，
残梗黄，玉米绿，
她们在那里大群集合，
尤里安爵士高高坐镇。
她们飞过
高崖和悬谷，
女巫放屁，公羊发臭。
……
路儿又宽，路儿又长；
多么疯狂混乱的
追赶！
长叉乱刺，扫帚乱戳，
孩子窒息，妈妈挤碎。
一半女巫——
我们
步子慢如有屋累的蜗牛，
那些女人远远在前方，
等我们到了魔鬼之地
她们早以先到一千步。
另一半女巫——
尽管
是那样，我们也不在乎：
那些女人用一千步做到，
就让她们尽快吧，
男人
一跃就到了。
……
女巫合唱——
油膏
使女巫精神大振，
一块破布就做成船帆，
一只盆子嘛就是船，
今晚不飞扬的，永远难飞扬。

女巫村

洛夫克拉夫特

《恐怖的丹维治》(1927)

两个世纪以前，谈女巫血、撒旦崇拜和怪异的森林现象还不会受嘲笑的时候，大家的习惯是找理由避开那个地方。在我们这个通情达理的时代，人们则避开那地方，却不知道为什么避开，因为那些关心镇民和世人福祉的人绝口不提，也禁止提起1928年的丹维治恐怖事件。实情是，当地人已颓废得可憎，已经走上新英格兰落后地区十分常见的那种倒退之路，迷途难返。他们已经自己形成一个族类，心理上和身体上都带着清清楚楚的堕落和近亲繁殖特征。他们的平均智力低得可悲，他们的记录则通篇是明目张胆的邪行和半遮半掩的谋杀、乱伦，以及简直令人难以启齿的暴力和变态行为。

老的绅士阶级代表两个或三个1692年来自塞勒姆的世家，大致还有一点超越一般的败坏水平；但是，他们很多支系也沦落成病态的一般人，沦落极深，只有从他们的姓氏才能够知道被他们辱没了的出身。……没有任何人，包括那些知道晚近恐怖事件的人，能说丹维治到底出了什么事；不过，根据老传说，那里有渎神的仪式，以及躲着印第安人，他们从大大圆圆的山丘召唤禁忌的精魂，做狂野的集体狂欢祷告，地下传出巨大的破裂声和隆隆之声，应答那些祷告。1747年，贺德里牧师新到丹维治村的信众教堂，做了一次值得一记的讲道，主题是撒旦和他那些小鬼如何逼近这地方，他说："不能否认，这些地狱来的一连串魔鬼所做的渎神行为，无人不知；阿撒泻勒、巴斯列、别西卜和彼列的受诅咒的声音，从地下发出来，被二十多个现在还活着的可信的目击者听到。不到两星期以前，我自己在我住处后面的山里清清楚楚听见魔鬼讨论事情；讨论之中，有隆隆声、滚动声、呻吟声、尖叫声和嘶嘶声，都不是人间能够发出的声音，一定是来自只有巫术才能发现，只有魔鬼才能打开的洞窟。

想象中的女巫

麦格拉思

《蜘蛛》(1990)

在我成长的时期，我们住在奇切
街……房子里的所有房间都小小的，塞满东西，天花板也低低的；卧室的壁纸是许多许多年前贴的，全是湿气，而且逐渐剥落，褪色得斑斑块块；大大的污渍不断扩散，还带着发了霉的灰泥味道（我此刻还闻得到！），在褪色的花叶图案上形成怪异的人形，在我幼小的想象里激起许多恐怖的幻想。……

后来，我走上我的卧室，我想我应该跟你说说那间卧室，因为这一切大多来自我在那上面所见所闻，以及我嗅到的气味。我在房子的后侧，楼梯上端，可以看到院子以及院子外面那条巷子。那是一个小小的房间，大概也是整栋房子里最潮湿的一个房间。我的床的对面墙上有一大块污斑，污斑上的壁纸已经脱落，灰泥已经开始龟裂，脆弱而泛绿的一块块潮湿灰泥从墙面浮胀起来，像淋巴肿疡或什么溃疡，你一碰就碎裂成粉。我妈天天提醒我爸想想办法，他把这面墙重新墁过一次灰泥，但一个月也不到，又是老样子，症结是水管漏水以及砖和砖之间的灰泥已经腐坏，这些毛病，我妈认为他应该能够处理，但他从来不曾弄好。夜里，我经常醒着躺在床上，只要有月光透入房间里，我就盯着这些鬼影幢幢似的湿块和瘤斑，在我那童稚的想象里，它们变成得了某种恐怖怪病的驼背老太婆身上长出来的疣疣瘤瘤，一个对别人犯了罪孽而受到诅咒，注定要陷在一个贫民窟里一堵墙的败坏石灰上受折磨的灵魂。有时候，她离开那面墙，进到我的梦魇里（我小时候受尽梦魇之苦），夜里当我在满怀恐惧中醒来，经常看见她在房间一个角落里嗤笑，身体离开我这个方向，头包在阴影里，眼睛从那满是恐怖疙瘩的皮肤里闪闪发光，呼吸的气息把空气弄得恶臭难闻；这时我经常从床上坐起来，朝她尖叫，一直到我妈进来，扭开灯，她才回到墙上，一直到天亮，我都必须亮着灯。

萨尔维亚蒂，
三个命运
约 1550，
佛罗伦萨，
帕拉提纳美术馆

迪士尼，
《白雪公主和七个小矮人》，
大卫·韩德（导演），
1937，
迪士尼公司

2. 撒旦主义、虐待狂、对残忍的爱好

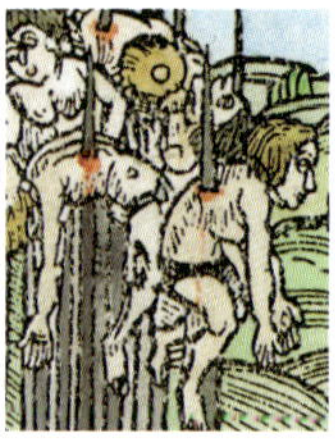

女巫的罪名是举行渎神仪式，在仪式里拜魔鬼。但拜撒旦的仪式并非只是女巫传说的一部分，主事者想打击异端或想谴责圣殿骑士（Knights Templar）的时候，也总是指责他们拜魔鬼。许多崇拜撒旦的密教到今天还存在，有时还因为其成员的犯罪活动（现实中的活动）而登上媒体头条。

专家将现代的撒旦教派分成四类：理性主义和无神类——这类教派视撒旦为理性的象征，是超越一切道德或宗教限制的享乐象征；密教类——这类教派将宗教仪式和信仰颠倒过来；“迷幻药”撒旦教派——其仪式都是集体狂欢，离不开毒品药物（许多摇滚乐团把这种趋势搬进剧场）；第四类是路济弗尔教派——他们受古代摩尼教和诺斯底教（Gnostic）影响，认为魔鬼是一种积极的宇宙原理。

人崇拜魔鬼，如果是出于精神病症候群方面的原因，或只是作为集体狂欢和漫无节制的性行为的借口，可另当别论。而如果不是出于这些理由，则拜魔鬼的原因和许多人相信法术的原因大致是一样的。现实生活里，我们的欲望和所获得的之间的距离通常相当大，魔法给你诸事瞬间如愿的捷径：要伤害敌人，就拿针刺蜡像；要防邪物，就戴护身符；要得到不爱你的人，就用爱情灵药。

福斯里，
提塔妮亚拥抱驴头波顿，
1793—1794，
苏黎世，
艺术馆

凡此情况，都是和魔鬼订契约的形式。

拜撒旦的基本仪式通常是黑弥撒（black mass）。根据许多报导，黑弥撒的仪式是，（经过正式授职但通常后来叛教的）教士不在祭坛石上，而在女人的裸体上献上圣饼，藉此亵渎上帝。

由于这类仪式是许多荒诞狂想故事的题材，目击者一般也不愿多谈，因此如果想知道这些仪式，最好看看**于斯曼**（Huysmans）的《每下愈况》（*Là-Bas*）。他和撒旦圈子大概有些接触。

雷东，
畸形章鱼，
约 1883，
圣日耳曼昂莱，
省立毛里斯丹尼斯修院博物馆

格罗索，
至高聚会，
1894，
卡米诺蒙菲拉托，
罗索收藏

逆理而行

于斯曼

《每下愈况》(1891)

然后，祭坛现出形状。是普通教堂的祭坛，摆在圣体箱上，上面站着一个恶名昭彰、满脸嘲笑的基督。他的头抬起来，脖子拉长，双颊画了皱纹，那些皱纹把哀伤的脸变成一张残忍的脸，扭曲成卑劣的笑脸。他全身赤裸，本来应该是缠腰布的地方，一支雄昂的阳具从一丛马毛里伸出来。

……在两个唱诗班童子前导之下，修士进来，头戴猩红色圆帽，帽子上长着两只红布做的野牛角。他朝祭坛前进的时候，杜塔尔端详他。他高身材，但身架不算匀称，胸膛突起，和身体其余部分不成比例。他脱了一层皮的上额和他挺直的鼻子构成一条线。他的双唇和双颊满是硬直的一簇簇胡须，是常常刮胡须的年老教士会有的那种胡须。五官圆而阴森，双眼则像苹果种子般彼此紧靠，发出磷光。……修士一派肃穆在祭坛前下跪，然后拾级而上，开始举行弥撒。这时候，杜塔尔才看出他祭袍底下未着寸缕。他的袜子，在腿上很高部位的袜带，以及袜带上突起的肉，都分明可见。做弥撒穿的十字褡也是寻常的十字褡，却是血干掉了的那种暗红色，十字褡中央是个三角形，周边绣着鞘蕊花、沙地柏、酸模和大戟，三角形内是一只挺着两只角的公山羊……的确，这时候，唱诗班童子走过祭坛后面，其中一人重返，带着铜制涮锅，另一人带着香炉，都分发给会众。所有女人都笼罩在烟里，有些把她们的头伸过涮锅，深深吸气，然后在晕眩之中宽衣解带，重重发出沙哑刺耳的呻吟。献祭停止，教士倒退而行，从台阶下来，在最后一阶跪下，以尖锐的声音呐喊道："专司中伤的主人，罪行的益处的分发者，厚重罪孽和大邪大恶的施行者，撒旦，我们崇拜你，合理的上帝，正义的上帝！……你决定母亲出卖她的女儿，舍弃她的儿子；你协助无后和无耻的爱；你是烦人的精神官能症、阴沉的歇斯底里之塔、血腥的强奸的守护者！……""你，我以祭师的身份，令你降临此处会众之间，无论你愿不愿意，化身为这片面包，耶稣，诓骗大师，受尊敬的土匪，情感的强盗，你，听着！自从你从一个处女沾沾得意的肚子里出生以来，你辜负了你所有的责任，背叛了你所有的应许。多少世纪在哭泣，等着你，你这个遁逃的神，哑巴神！你本该救赎人，却没有做到，你本该在你的荣耀中现身，而你却在沉睡。……我们要把钉子往你手里钉得更深，把荆冠挤进你眉头，令你两腋已经干掉的伤口流出血和水来……"唱诗班童子用女高音似的声音颤声唱道："阿门！"杜塔尔满怀惊愕，听这源源不绝的渎语和辱骂。祭师的脏恶令他目瞪口呆。

连祷之后，一阵沉寂。香炉把礼拜堂熏得雾蒙蒙的。一直噤默无声的女人们现在窸窸有声，祭师重登祭坛，面向她们，左手大大一挥，代表祝福他们。突然，唱诗班童子叮叮敲起祈祷铃。那是个信号。女人们倒在地毯上，扭绞身体。其中一人仿佛装了弹簧似的。她平伏在地，脚却伸到空中挥动。另一人的眼睛突然可怕斜视，发出母鸡般的咯咯声，接着瞠目结舌，身体站定，嘴巴大张，舌头倒卷，舌尖粘住上颚。又一人仿佛膨胀起来，脸色发白，瞳孔放大，脑袋先是垂在肩上，然后蓦地一摔，脑袋直立，痛打自己，指甲猛抠胸脯。一人以大字形躺在地上，解掉裙带，扯出一块破布，然后，她整张脸扭曲成恐怖的鬼面，舌头从血腥的嘴巴伸出来，她已不能控制她的舌头，那舌头的边缘被咬烂了，被红红的牙齿耙过一般。忽然，杜塔尔站起身，现在他清清楚楚听见并看见多克勒。多克勒目注圣体箱上的基督，双臂大张，吐出可怕的辱骂，最后又满嘴咕哝，全是一个烂醉车夫的粗俗言语。一个唱诗班童子背对祭坛，在他面前跪下。祭师脊柱一阵颤抖，他用肃穆却断续抽搐的声音说"Hoc est enim corpus meum"（这是我的身体），然后，他没有像献礼既毕那样在圣体面前跪下，而是面对会众，看起来肿胀却形容憔悴，汗滴直下。他在两个唱诗班童子之间踉踉跄跄，两个童子扶着他，展示他裸露的肚腹。多克勒做了几个挑逗的姿势，脏污的三人滑过台阶。

杜塔尔胆战心惊。一阵旋风似的歇斯底里撼动房间。唱诗班童子往祭师的裸体洒圣水，女人们朝圣体冲过去，在祭坛前五体投地，伸出手爪捞取湿漉的碎粒，吃喝那神圣的秽物。另一个女人在受难的十字架上蜷曲身子，发出撕裂耳朵的狂笑，然后朝多克勒叫道，"父啊，父啊！"一个干瘪的老女人猛扯自己头发，蹦蹦跳跳，仿佛定在一根转轴上似的，旋个不停，接着倒在一个少女旁边，少女紧贴墙壁，身体抽搐扭绞，口冒白沫，哭泣，口吐可怕的亵渎语言。杜塔尔在惊怖之中，透过烟雾看见多克勒的双角，多克勒已由站改坐，口沫横飞，正在咀嚼圣饼，嚼碎了，从嘴里掏出来，一边往自己身上涂抹，一边分发给女人，供她们用赤脚磨绞，有的吼叫，有的争先恐后，你推我挤，抢碎饼来作践。

恐怖事物的吸引力

席勒

《论悲剧艺术》（1792）

我们的天性有个普遍现象，就是忧伤、可怕甚至恐怖的事物对我们有难以抵挡的吸引力；苦难和恐怖的场面，我们既排斥，又被其吸引……一个罪犯被绑赴刑场，多少人围随过去看他毙命！

正义得伸的快慰和不高贵的嗜血报复欲都不足以解释这现象。这狼狈之徒甚至可能撩起观者原谅之心，真诚同情者可能希望他得救；但围观者多多少少有一股好奇的欲望，想看看他受苦的神情。受过教育者，情操高雅者，如果是例外，那也并非他没有这股本能的欲望，而应该是这本能被怜悯的力量克服或者被礼法抑制。质性较粗者不受温文细腻的情绪拘束，则放纵这强大的冲动而不以为耻。因此，这现象必定是根源于人类灵魂的天然倾向。

有个伪撒旦信仰的案子值得深思，就是德莱斯（Gilles de Rais）的故事。他年轻时当上法国元帅，是圣女贞德的战友，但后来被**审判**，以三十六岁的年纪被绞死。在多名证人的证实下，他被定鸡奸及性虐男童之罪：他将他们诱入他的城堡，屠杀，分尸而埋。

就像通常这类案子的情形一样，他被控勾结魔鬼。不过，他的罪行很难说是来自撒旦崇拜。他根本就是个有病的人，战争经验又使他习惯于血腥味。他这种惯用酷刑的习性使我们好奇，是魔鬼驱使人残忍，还是一股天生的残酷倾向使人想象和魔鬼有交道，用以自圆其说，用以自我亢奋。

从罗马竞技场的时代开始，人类向来爱看残忍场面。**奥维德**笔下就出现关于酷刑的最早描写：阿波罗在和农牧山神马斯亚斯（Marsyas）比赛音乐落败后如何把马斯亚斯活剥了。

席勒曾界定这种爱看恐怖事物为“天生倾向”，其说精辟。我们也别忘了，每个时代的人都兴奋地争先恐后抢看死刑。如果今天我们认为自己是“文明的”，可能只是因为电影院给我们看了血腥片——电影被说成是虚构的，观众因此而不用良心不安。

提香，
惩罚马斯亚斯，
1570—1576，
克洛美利兹（捷克），
大主教宫

后页：
恶名昭彰的德莱斯做施妖法、杀儿童，
雕版，
19世纪

马斯亚斯的命运

奥维德（前 42—公元 18 年）
《变形记》，383

这人几乎还没说完这著名的故事，
古老的利西安人受报复的故事，
另外一人就向他们刻画半兽人
被愤怒的太阳神杀死的命运；
这个半兽人从小自负，满怀骄傲，
同那造诣高妙的神比赛吹笛。
你为什么剥我的皮？他惨叫道。
好残忍，一定要用我的皮
当奖品吗？
只为了一支愚蠢的笛子？他吼叫。
同时，他身上的皮
被剥掉。
裸露着、活生生，一个
巨大连延的伤口，
他的身体以泉涌的血
洗浴大地。
青蓝色的筋脉
颤巍巍地搏动，
丝线般的神经外露无遗；
他的肚肠出现，件件可辨，
连同每一条鲜亮的胸膛肌肉。

德莱斯的淫乐

巴塔耶

《德莱斯的审判》，“证人戈里拉的供词”（1998）

此外，证人供证说，前述的席列、亨利耶特，以及他自己，找到多名女童和男童，带到前述被告，亦即德莱斯所住房间，供他淫乐，详情如下文所述。他们是奉被告德莱斯之命而为此事。……

至于他，以及前述之席列与格里亚，在前述各个地方交给被告德莱斯的儿童数目，证人答道：在南特，他目睹十四或十五个，在马希古看见前述四十个里的大多数，除此之外，他无法提供更确定数目。

证人又供证说，德莱斯为了放纵他那些不自然的邪癖，为了拿这些儿童满足他的色欲，每每先以双手抚弄自己阳具，使其勃起，或将之掏出高举，然后置于女童和男童的双股或大腿之间，不使用女童天然的孔窍，而是以他的阳具摩擦女童或男童的肚腹，畅快、急切而带着色欲，直到他的精液横流他们的肚腹。

证人又供证说，在前述女童和男童身上肆其淫欲之前，为了防止他们哭叫被人听见，被告德莱斯有时候亲自动手将他们吊起来，有时命令手下代劳，用绳子圈起他们脖子，将他们吊在他房间的柱子或钩子上；然后，他亲手或叫别人将他们放下来，故作爱怜他们，要他们放心，说他不想伤害他们，只是想快乐一下，就这样，他弄得他们不哭不叫。

另外，被告德莱斯用这些女童和男童逞其可怕的淫行和罪恶的欲望之后，经常亲手杀死他们，或者叫别人动手杀死他们。

再问杀人是谁做的，证人答说，有时候是被告德莱斯自己动手，有时候他要前述的席列、亨利耶特，或他，亦即证人，来杀他们，有时候是共同行事，有时候是各自分别动手。

至于杀人是如何杀法，证人答说，有时候是砍头，有时候是割喉，有时候是将他们肢解，用木棒打断他们的脖子；还有一把剑是专门用来杀这些女童男童的，粗俗的说法就是“杀人剑”。……

此外，证人也供证说，被告德莱斯有时候先在这些女童和男童身上泄欲，然后伤害他们，不过这情况较少；其他时候，他在把他们吊起来或以其他方式伤害他们之后，拿他们泄欲，这种情况比较多；还有其他时候，他把他们割喉或叫人割裂他们脖子的血管，血喷溅而出的当时，拿他们泄欲；另外有些时候，女童男童奄奄一息，甚至他们已经气绝或者他们的头已被砍下来，他在他们身体还是温暖的时候，拿他们泄欲。

另外，证人供证说，德莱斯用女童发泄他变态的色欲，用法和用男童一样，不屑使用她们天然的孔窍，他听过德莱斯说，以此方式在她们身上泄欲，而不像正常人那样使用她们天然的孔窍，乐趣远远大得多。……

有一个安德列·布谢，前面已经提过此人，他交给德莱斯一个大约十岁的男孩，被告德莱斯以上面说过的方式在他身上蹈犯他可憎的色欲罪行。这男孩由某个波特登送交德莱斯，此人家住紧邻维恩斯市场之处，十分靠近前面提过的雷莫因，被告德莱斯下榻的旅店就在这个波特登的家里。这男孩被带到那里，因为那个雷莫因的房子里没有足够安全杀害男孩的地方。这男孩就是在这个波特登家一个房间里遇害，他的头在这房间里被砍下来，并且在这个地方烧掉。他们用男孩自己的腰带把他捆起来，扔到这个波特登家的粪池里，他，也就是证人，费了很大力气，爬到粪池里，去确定男孩的身体有没有沉下去。证人还说，那个波特登从头到尾知道这些事情。

证人供证说，上述那些儿童的脖子或喉咙被割开，或他们身体其他部位被切开，血开始涌出来的时候，或甚至他们被砍头之后，这个德莱斯，也就是被告，如前面所言，有时候坐在他们肚子上，兴致勃勃看着他们死去，有时候跨坐在他们肚子上，以便更清楚观察他们死前的挣扎和死掉的样子。

证人又供证说，有时候，应该说经常，儿童们如前面所说那样被砍头或以各种方式弄死后，被告德莱斯快快乐乐细看他们，或者叫证人，以及参与他这些秘密的其他人，细看他们，而且他把被谋杀的那些儿童的头和肢体拿给他们看，要他们说哪个孩子的身体最好看，脸最俊，头最美。他还经常检视这些被谋杀的儿童的肢体，边检视边吻他们，或者吻那些他检视过而认为脸孔最美的那个孩子。

卡洛，
《战争之惨》画面，
1633

维庸的《绞刑台之歌》（*Ballad of the Gibbet*）当然是因同情被死者而作，但此诗也提醒我们，看遭受酷刑之辱的身体或死刑后的体，在过去是习以为常的事。同样，卡洛（Callot）的蚀刻版画上展给我们的是 17 世纪战争里日常可见的景象：一棵树上吊满死人。一个恶名远播的人物是罗马尼亚的德拉库拉。他是 15 世纪瓦拉西（Wallachia）公国公爵，英勇对抗土耳其，但喜欢把人钉死在削尖的桩上。不过，他常在一群被钉死的人中间快意进餐之事大概是传说。

对死亡习以为常，人就产生残忍症候群，甚至爱看圣徒的刑余体。今天在布拉格的圣维特斯（St. Vitus）大教堂，我们看见许多展柜里有圣艾达伯特和圣文塞斯拉斯的颅骨、圣玛格丽的牙齿、圣维流斯一片胫骨、圣索菲亚一根肋骨、圣艾欧班的颏骨。维也纳的霍堡宫（Hofburg Palace）有施洗约翰的牙齿和取自圣安妮手臂的骨头米兰大教堂则保存圣查尔斯波洛缪（St. Charles Borromeo）的喉头。

这些展品看来像当代艺术家的作品。圣物的历史充满巧匠的伪造但如果是真品，则这些发黄而神秘的令人难受或心生悲情的小片软骨正在解体且来源难说的碎片就是受尊敬的身体被彻底肢解的结果，人肉被煮开来取骨的结果，是过度崇拜导致的彻底亵渎人体的结果！

有时候，民间崇拜是旅游业炒作出来的产物，用以吸引大群信前往一个城市或一处圣所。所以我们可以知道，残忍不只可能源出仇恨或对毁损身体的反常喜好，还经常可能来自过度的爱和尊敬。

德拉库拉木桩插小孩，
476—1477

绞刑台之歌

维庸

《绞刑台之歌》(1489)

在我们之后还活在世上的弟兄们，
请你们不要对我们太硬心肠；
你们可怜我们的不幸
上帝将会对你们更怜悯。
请看我们六个吊在这里，
我们这么珍爱的肌肉
如何被鸟吃而陨灭，
灰和尘则取代我们的骨头，
不要嘲笑我们这么脆弱，
请祈祷上帝恩宠赦免我们。

听着，我们求你们，不要鄙视我们，
虽然我们该死；
可是也没有谁天生智慧到
能够时时保持他的智慧。
所以，请你们慈悲，
向马利亚心怀恻隐的儿子呼求，
求他以慈悲救我们
脱出那水深火热之地。
我们有死而已，只愿无人不肯
祈求上帝恩宠拯救我们。

天上下来的雨
已将我们洗得一无所有，
太阳已将我们烤得焦黑骨凸，
大乌鸦和凸鼻鸦啄我们的眼睛，
用我们的胡须和头发
镶饰它们的巢。
我们旋来转去，东摆西荡，
前摇后晃，任狂风作弄，
我的身体没有一刻静止；
鸟儿们在我脸孔边忙碌。
莫学我们的人生，莫学我们的样；
请祈求上帝恩宠赦免我们。

安德洛尼可斯之死

尼切塔斯（约 1150—1217）

《编年故事》，XI，8，5—10

他这样被带到皇帝以撒克御前，他们虐待他，掴他双颊，踢他屁股，扯脱他的胡须，敲落他的牙齿，拔出他的头发，当众把他变成笑柄……接着，在他的右手被一把斧头砍丁来之后，把他扔回原来那间囚室，无一口之食，无一滴之饮，也无人帮助。数日之后，他一只眼睛被挖掉，然后被安上一匹全身疥癣的骆驼，周游广场示众：他像一株被剥光叶子的老橡树，头颅完全光秃，刨得比一颗蛋还平滑，身上只披一块烂布……有些人拿棍子敲他脑袋，有人朝他鼻孔抹牛粪，有人拿沾满人类大便和母牛粪的海绵在他脸上挤。有人抽他鞭子，口沫横飞辱骂他父母。有人拿烤肉叉戳他两腋。最大胆的拿石头丢他，叫他是得了狂犬病的狗。一个没检点的妓女从一家厨房捞起一只装满热水的罐子，朝他当头倒个一干二净。没有一个人不虐待安德洛尼可斯。在这样可笑的示众行列之中，他受尽羞辱，被带进剧场，在凄惨无告和进一步嘲弄里，被从骆驼背上提下来，这个曾经高高在上的人，如今坠落尘土。他马上被头下脚上吊起来，用一条绳子绑在两根小柱子上，两根柱子顶上架着一块石头，柱身和一只青铜狼像及一只歪脖子的青铜土狼并立。安德洛尼可斯尽管受尽折磨，受尽我不必在这里缕述的其他痛苦，但他是个坚强的灵魂，他勇敢地抵抗这些无耻的攻击。他转脸面对跑过来攻击他的那些人，他别无他言，只说：“主啊，求你慈悲，”以及“何必折断一根已经被撕裂的芦苇？”甚至在将他倒吊之后，这群蠢人既不离开已不复人样的安德洛尼可斯，也不可怜他的肉体，而是扯掉他身上那块破布，开始屠杀他的生殖器。一个无赖将一把长剑从他颚间刺入他的肠胃；好几个拉丁模样的人用一把弯刀，刺入他的肛门，然后在他四周散开，拔出他们的剑，照准他身卜各部位砍刺，看谁的剑最利，看谁刺得最熟练。经过这么多折磨和苦难，最后，他咽了气，痛苦地抬起右臂，举到嘴边，人群看了，以为他要吸吮那仍然从最新一个伤口烫热涌出的血。

达米安的处死

《阿姆斯特丹报》，1757 年 4 月 1 日

最后，他被五马分尸。这最后一个过程持续非常久，因为他们使用的马不习惯拉东西；事实上，他们不是使用四匹马，而是用六匹马……你可以确定，他虽然一向是个喜欢渎神的人，这时却始终不曾口出半句诅咒；只有那难忍的痛苦逼得他迸出几次可怕的叫声，他一再说这句话：“我的上帝，怜悯我吧；耶稣救救我。”……他们点燃硫磺，但火焰很弱，因此除了他的手背，他的皮肤大致上没有损坏。然后，一个刽子手的助手，袖子卷到手肘以上，拿来几双特制的镊子，约莫一呎半长，先剥下右小腿的肉，接着剥大腿，然后是右臂多肉的部分；最后，剥胸脯肉。这个助手虽然孔武强壮，却花了好大工夫来一片片剥肉，而且同一个部位必须剥两三次，把镊子转了又转，等到剥下肉来，已经剜出一个六里拉铜板大的创口。

镊子之苦以后，叫得非常大声却不曾口出恶言的达米安抬起头看着自己；接着，那个镊子手走到口巨大的锅炉边，用一只大勺子起一些滚烫的药，浇在每个伤口上然后，他们把细长的绳子打结，接大绳子上，大绳子绑在马身上接着，一匹马连上他一只手脚，的绑在他大腿上，有的绑在小腿上有的绑在手臂上……

马拔腿往前扑，各匹马将一手脚扯直，每匹马都由一名助手缰。十五分钟后，仍然没有进展又经过了多次尝试，最后，他们好将马移动；也就是说，拉右臂马移向头部，拉大腿的马移向手臂这样，终于把手臂的关节拉断。道程序反复好几次都没有成功……

最后，刽子手参逊向布雷顿生报告，说没有办法，也没有希成功，请布雷顿先生问上级，要要把达米安砍碎算了……布雷顿城里回来，下令用力再好好试试底下于是再用力试试；但那些马了怯意，其中一匹拉大腿的还摔在地。

又试了三到四次之后，刽子参逊和先前使用镊子的那个助手自从口袋掏出一把小刀，把两只腿从躯干上切下来；那四匹马将只大腿拖开，右边的先拖，然后一只；然后，手臂、肩膀、前臂四肢依样而行；两人切割的时候把肉割开，一直割到骨头才行；全都使尽全力来拉，先拉开一臂再拉另一臂。四肢从身体分开后，告解的神父走上前去和他话。刽子手的助手告诉他们，他经死了。不过，真相是，我看见颤动，他的下颚还前后移动，仿还在说话。

博斯，
乐园，
取自右栏局部地狱画面，
约1500，
马德里，
普拉多博物馆

关于肢解活生生的身体，我们有两个和王室有关的例子：一是拜占庭皇帝安德洛尼可斯（Andronicus），**尼切塔斯**（Nicetas the Choniate）曾述其事；第二个例子是**达米安**（Damiens）在1757年谋刺法国国王路易十五而被大卸八块。安德洛尼可斯死于街头乱民之手；达米安被肢解时，大批民众兴奋观看。人爱看残忍场面，连带爱看动物受苦：**爱伦·坡**有一个把猫折磨至死的故事；**艾柯**的《昨日之岛》举出一个真实的观念，来自17世纪一项实有其事的实验，实验的目的是找出在船上确定经度的方法。这类事件今天会被视为虐待，但**萨德**就是为了显示对残忍的爱好存在人的根性之中，才大肆张扬他对别人身体的蔑视。萨德是以哲学上的挑衅来鼓吹暴力，浪漫主义和颓废主义文学则经常说暴力是感官的至高形式，如**马图林**之作。

其他叙述者也有不少此类描述。**弗莱明**的故事只是喜好耸人听闻；**康拉德**则谴责这个世界的残忍，他的故事是电影《现代启示录》的灵感来源。**奥威尔**提醒我们，酷刑在专制政权之下仍是家常便饭。**卡夫卡**告诉我们一个永远都在的形而上暴力，这是今天交战各方丧尽人性的冲突中仍能看见的现象。这些行为中魔鬼不再有任何功能，我们也不再假其名义来自圆其说。如今，对残忍的爱好已完全是人性的特征。

戴·开罗，
圣安妮丝殉道，
约1634—1635，
威尼斯，
皮奇收藏

处死的乐趣

萨德

《尤丝蒂娜》（1791）

每当有人被依照法律谋杀的时候，我们的公共场所不是都人山人海吗？最奇怪的是，挤得人山人海的往往是女人；女人比我们更倾向于残忍，因为她们的质性比我们敏感。这是蠢人不懂的一点。

虐待狂

萨德

《尤丝蒂娜》（1791）

可是那些细节……哦老天……我简直无从描述；你可以说，这个邪恶的人，看起来行事最近自然之道，却是四个人里最性好渔色的，他同意接近她，在对她的崇拜里显示他更大的克制，结果他却只是貌似比较不堕落，而以对我更加虐待来补偿他的假装……虽然我的想象有时候绕着这些快感打转，但是我相信这些快感和激发这些快感的上帝是一样贞洁的，我天生有为男人提供抚慰的禀赋，我是生于爱和温柔的；我完全不相信男人就像一只凶狠的野兽，如果不惊吓他的女性同伴，就体验不到快乐。结果我却经历了这一切，而且与其暴力的程度相比之下，我童贞的裂伤只是我在这场攻击里遭受的最小痛苦。但是，直到高潮那一刻，当安东尼结束狂叫，结束他在我身上每一个地方的攻击，留下非常类似一只老虎的血腥拥抱的咬痕，那一刻，我相信我是某种凶残野兽的猎物，它一直到将我吞噬，才会心满意足。这些恐怖的事情结束之后，我躺回我被供上去当祭品的祭坛，几乎意识全失，几近没有生命。

苦难的业余爱好者

马图林

《流浪者梅莫斯》（1820）

“一个人真的可能变成苦难的业余爱好者。我听说有些人远行到某些国家，每天可以看到恐怖的死刑，可以得到苦难的景象所引起的兴奋，从某种悲剧的场景，或者火刑，一直到最卑贱的爬虫，你对它加以折磨，看着它的身体痛苦拧扭，感觉到那折磨是你的权力的结果。那是我们永远不可能摆脱的一种感觉：我们战胜了一些人，他们的痛苦使他们低我们一等……”

“你可以把这叫做残忍，我倒说是好奇：就是这种好奇，使成百上千人赶去看一场悲剧，并且使最纤柔的女性津津有味听呻吟、看痛苦。”

……

梅莫斯一边说着，一边扑到风信子和郁金香的花床上，那些正在鲜亮怒放，浓浓的香气飘上伊西朵拉的窗下。“哦，你会毁了我的花！”她叫道，同时，她想起她从前美丽如画的生活，当时花是她想象的伴侣，也是她纯洁的心的伴侣，这股回想引起她惊叫。“这是我的使命，请你原谅我！”梅莫斯说，他享受被他压碎的花，一边将他恶毒的嗤笑和不悦的目光如镖一般射向伊西朵拉。

圣血画师，
路克蕾西亚，
约1520

LVCRECIA
ROMANÆ

酷刑花园

米尔博

《酷刑花园》，III，3（1899）

她紧紧地猴到我身上来，整个人，温温软软的。“你不想好好听我说话，你这坏东西！”她继续说道。“而且你不爱抚我！爱抚我吧，达令。摸摸我的奶子，好清凉好坚实呢！”她又以比较没有抑扬的声调，用她闪耀着绿火的眼睛盯着我，肉欲横流又残酷，说：“八天前，我看见一件非常不寻常的事。哦，我的爱，我看见他们鞭打一个男人，因为他偷了几条鱼……那件事发生在酷刑花园里。你想象一下那情景。那男人跪着，头搁在像石块的东西上，全身黑黑的，是干掉的血。他的背和两腋露出来，那背部和两腋是旧旧的黄金颜色。我到的时候，一个士兵正在把那男人长长的马尾绑到一个圆环上，圆环固定在一块铺路的石材上。在那男人旁边，另一个士兵正在一个冶铁炉的火里烧一根铁棒。现在仔细听我说。你有没有仔细听我？……铁棒火红之后，那士兵举起来在空中挥一挥，然后挤到那受罪男人的背上。铁棒贴到他背上的时候，发出一阵像吹口哨的声音，然后陷到肌肉里，肌肉嗞嗞作响，并且升起一团接近红色的雾气……知道吗，那士兵把铁棒留在肉里冷却，那肉浮涨起来，又合起来；然后，铁棒冷了，他用力猛地抽出来，拉起几块血滴滴的碎肉……那男人脱口发出恐怖的痛苦叫声。这时，那士兵又重来一遍。他做了十五次。我的爱，他每做一次，我都觉得那铁棒也烫透我的背……残忍又畅快！”她看我一言不发，于是又说：“残忍又畅快！你真该看看那男人多英俊，多强壮！像雕刻似的肌肉……抱我，我亲爱的达令，抱我！”

梦的囚徒

帕皮尼

《病绅士的最后访问》（1906）

他道道地地是个恐惧的撒播者。他所到之处，最单纯的事物就抹上一层幻怪的色彩：他的手碰触一个物件，那物件好像就变成梦的世界的一部分。他的眼睛反映的不是眼前的事物，而是不知名的、遥远的事物，和他在一起的人看不见的事物。没有人问过他他的问题是什么，以及他为什么没有治好那问题……

——我不是真实的人。……我是——尽管你们可能不相信，但我还是要告诉你们——梦中的东西。莎士比亚有一个意象，用在我身上变成名副其实的悲剧性的描述：我是用你们的梦的材料做的！我存在，因为有一个人正在梦我，有一个人正在睡觉，正在做梦，看见我举手投足、生活、移动，而且此刻正在梦着我在告诉你们这件事。当这个某人开始梦我，我就开始存在；当他醒来，我就停止存在了。……

——不过，最后，我厌倦了必须供这个不知名、无法认识的主人娱乐的念头，而且觉得羞辱；我了悟虚构的生命不值得这么多卑微和低级的恭维。于是，我开始渴望从前令我害怕的事，也就是说，渴望他醒来。我强迫自己往生活里填塞恐怖到能够使一具身体吓醒过来的景象。我想尽办法来达到我消失了的那种安详；我试过一切来中断这出难过的喜剧，也就是我似有实无的生命，我尽了一切来摧毁这可笑的，使我人模人样的东西。

——没有什么罪行是我不知道的；没有什么不义对我是新鲜事；我做任何恐怖的事都不曾缩手。我用精致考究的酷刑谋杀无辜的老人；我在整个城市喝的水里下毒；我在同一时刻火烧许多女人的头发；我渴望自己变成没有，我被这股渴望变野蛮，我用我的牙齿撕碎我一路上遇到的所有小孩。夜里，我寻找巨大、黑暗、耳语、人们已不认识的怪物为伍；我参与地精、梦魇、地灵、幽灵令人难以置信的行事；我从高山倒栽跳下山谷，身体赤裸，心烦意乱，周围是遍地白骨的地洞；女巫教我像荒地野兽那样号叫，使最坚强的人夜里听了也胆战心惊。但是，那个梦我的人似乎不怕你们全都会吓得发抖的事。欣赏对你最恐怖的景象吧，否则别在意，也别害怕。

可尔图罗・马丁尼，
马奇沙・路易莎卡・沙提画像，
912，
米兰，
私人收藏

汪！汪！

艾柯

《昨日之岛》，19（1996）

隔开好奇的眼睛，在一个为他量身而做的围圈里，破布做的床上，躺着一只狗。

他或许出身好血统，但他受的苦难和所挨的饿已经把他变成只剩皮包骨。不过，可以看出来，折磨他的人有意要他活命：他们为他准备充裕的食物和水，包括本来的确不是给狗吃的，从乘客口粮里扣下来的食物。

他侧躺着，脑袋无力，舌头垂悬。他身体外露的那一侧，开着一道宽而恐怖的伤口。那伤口既新鲜，又像坏疽，露出一对粉红色的大唇，中央，沿着整条切口，有化脓的分泌物，类似乳浆。罗贝托明白了，这伤口所以会如此模样，是因为一个外科医师没有把这两瓣唇缝起来，而是故意使它们保持分开并敞开，将它们同外侧粘在一起。

这伤口就像医学艺术的杂种产品，伤口造成后，被以邪恶的方式处理，使它不能结疤，而这只狗也继续受苦——谁知道还要多久。此外，在伤口里面和周围，罗贝托看见一种结晶沉淀，好像有个医师（没错，医师，好残忍的专家手法）每天往那里撒盐。……根据罗贝托所见，根据具备他的知识的人所能做的推断，这只狗的伤口是在英国做的，而柏德想尽法法确保那伤口不愈合。伦敦有个人在每天和船上约定的同一时间对那罪恶的武器动手脚，或者说，对一块浸过这只动物的血的布施药，引起反应，可能是疼痛缓解，但也许是造成更大的痛苦，因为柏德博士自己说过，那“武器软膏”也可能造成伤害。

靠这方法，“阿马利里斯号”上的人能够知道船所在方位的时间，欧洲是什么时辰。知道他们所在位置的时辰，他们就能算出子午线！……

等待持续了好几个小时，在那只无助的动物的呻吟声中，感觉更久，但终于，他听见别的声音，察觉到灯光。

过了一会儿，他发觉自己目睹一项实验就在他数步开外发生，当着那个医师和他三个助手面前发生。

“你在做笔记吗，卡文狄西？”

“是，是，医师。”

“我们就等等好了。他今晚叫得厉害。”

“海的关系。”

“好狗狗，老哈克鲁，”医师说，一边用伪善的轻拍来安慰那只动物。当初的差错是没有建立一套程序。我们每次都应该先用止痛药。”

“不一定要如此，医师。有些晚上他在一定时辰睡着了，得用刺激的东西来叫醒。”

“小心……他好像在动了……好狗狗，哈克鲁……没错，他不安！”狗发出不自然的悲鸣。“他们把武器放在火上了。你记录时间没有，威林斯顿？”

“差不多十一点半。”

“看着钟。应该过大约十分钟。”狗继续叫，时间好像没完没了。然后他声音改变，汪汪之后，逐渐转弱，直到没有声音。

“好，”柏德医师说。“现在什么时间，威林斯顿？”

“应该相符。差一刻午夜。”……

“我看这样够了。现在，各位，”柏德医师说，“我希望他们马上停止刺激。可怜的哈克鲁受不了了。水和盐，哈维斯，以及布。好狗狗，哈克鲁，现在你好一点了……

“明天早上，哈维斯，照常，伤口撒盐。各位，我们做个总结吧。刚才关键时刻，我这里接近午夜，伦敦那边的讯号说是正午。我们在伦敦的反子午线上，也就是加纳利群岛的190度线上。如果照传统的说法，所罗门群岛是在希洛岛的反子午线上，又如果我们在正确的纬度上，顺风往西航行，那么，我们应该在圣克里斯多瓦登陆，不管我们重新为那个鬼岛取什么名字。”……

这些疯子诠释一只狗的语言的方式是不是影响了世界的命运呢？这只可怜动物肚子里的咕噜声能不能使这些无赖判定他们正在接近或离开全都同样无赖的西班牙人、法国人、荷兰人、葡萄牙人都想占据的一个地方？

山姆，
世界最丑的狗比赛冠军，
essentialnews.net
网站

卡拉瓦乔，
茱迪丝割下荷洛芬尼斯的头
局部，
1599，
罗马，
国家古代艺术博物馆，
巴贝里尼宫

黑猫

爱伦·坡

《黑猫》(1839)

有天晚上，我酩酊大醉之中，从我经常在镇上流连的场所之一回家，我觉得那只猫老避着我。我捞住它；我用力猛，它惊恐之下，用它的牙齿在我手上造成一道轻微的伤口。心里那个鬼的愤怒马上攫住了我。我不由自己。我原来的灵魂仿佛立即逃离了我的身体；一股由琴酒喂饱的、比恶魔更甚的恶意使我全身每一条纤维亢奋。我从我背心口袋掏出一把折叠式小刀，打开来，抓住可怜家伙的脖子，刻刻意意把它一只眼睛从眼眶里挖出来！……同时，猫慢慢恢复。没错，失掉眼睛的那个眼眶看起来挺可怕，但它似乎已不再有什么痛苦。它和平常一样在房子里来来去去，不过，我一接近，它就极端恐惧而逃开，这是可以预料的。我原有的心肠还留着不少，看这只从前那么爱我的动物明显不喜欢我，起初是感伤的。但这感觉很快变成懊恼。然后，我仿佛终于被无可挽回地推翻，我心生邪恶。哲学不曾讨论这股邪门的精神。但我已不再能确定我的灵魂还活着，却能确定邪恶是人心的原始冲动之一：是指导人类性格，无法从人心分割的能力或情绪之一。灵魂里有这股深不可测的渴望，要困扰它自己，要侵犯它自己，要纯粹为做坏事而做坏事。这股渴望催促我继续彻底完成我对这只无害动物的伤害。有个上午，在冷血之中，我用一个绳圈套上它脖子，把它吊在树干上；——我泪流满面，怀着心中最痛苦的悔意吊它；——我吊它，因为我知道它爱过我，也因为我觉得它并没有给我害死它的理由；——我吊它，因为我知道这么做是罪孽……

迪，
“利比里亚和解与民主联盟”
员的头，
003，
罗维亚(利比里亚)

头盖骨

康拉德

《黑暗之心》(1899)

你们记得吧，我告诉过你们，我从远处注意到某种类似装饰的东西，那地方像废墟，装饰物有点抢眼。现在，我突然近一点看，初步结果是使我的头往后猛甩，仿佛退开迎面一击似的。然后，我仔细一支支柱子瞧，才知我搞错了。这些圆圆的东西不是装饰用，而是象征用；它们有神情，令人困惑，惹眼而令人不安——是令人深思的东西，也是给老鹰的食物，如果有什么老鹰从空中俯视的话；无论如何，肯勤奋爬柱的蚂蚁是一定吃得到的。那些柱子上的脑袋如果不是面向房子，还会更令人印象深刻。只有一张脸朝我的方向，就是我最先分辨出来的那张。我倒没有你们所想的那么震惊。我脑袋往后一甩，其实只是惊讶的举动。你们也知道，我原本预期看见一块圆木头。我特意再看看我最先看到的那个：没错，就在那儿，黑黑的，干干的，瘪瘪的，眼皮合着，好像一颗头在那根柱子上睡觉，干瘪下陷的双唇露出牙齿形成一条细狭的白线，看起来在微笑，为那永恒的沉睡里某种无尽的，滑稽的梦而微笑。

……

我有个奇怪的感觉，觉得这些细节会比正在寇兹先生窗下柱子上死亡那些头更令人不堪。毕竟，那只是一个野蛮的景象，我却仿佛一定会被移到某个没有光的，充满微妙恐怖的地区，在那里，纯粹的野蛮是一种积极的解脱，是某种有权利，明显有权利，在阳光底下存在的事物。

页：
拉里，
凯瑟琳殉道，
539—1540，
兰，
雷拉美术馆

流刑营里

卡夫卡

《流刑营》（1919）

“不过，”军官打自己的岔说，“我变唠叨了，他的器具就在我们面前呢。你瞧，这东西由三个部分构成。经年累月下来，这三部分已经发展出各自的通行名称。底下那个部分称为‘床’，上面那个叫‘铭刻仪’，中间这部分，也就是会动的这部分，称为‘耙’。”……

“现在，我们单说最重要的几点吧。人躺在床上，床开始颤动的时候，耙就往下沉入身体。这耙是自动定位的，定位方式是只会以针尖轻轻碰到身体。机器一旦这样就定位，这条钢缆就收紧成为一根铁棒。好，现在开始作用。”

“不明就里的人，从表面上看不出这些处罚有什么不同之处。耙的动作好像一成不变似的。耙颤动的时候，会把它那些针尖插到身体里，身体这时候也是和床一起动的。好，为了让人看出这刑罚是怎么执行，这耙是用玻璃做的。用玻璃做耙，要如何来稳实固定这些针，在技术上曾产生相当的困难。不过，经过几次试验之后，我们办成了。我们对件事真的是不遗余力。现在，在犯人身上铭刻的时候，人人都可以透过玻璃，看个一清二楚。你是不是要靠近点，自己来好好看看这些针？”旅行者慢慢站起来，趋近前去，俯身看耙。“你瞧，”军官说，“这些针有两种，排列挺复杂。每根长针隔壁都是一根小针。长针是铭刻用的，短针则喷出水来，把血冲开，使字迹始终保持清晰。然后，血水导进这里这些小沟沟，最后流入这些主槽，再由一条出水管汇注到坑里。”军官伸出一根手指，指出血水流走的明确途径。……军官向他转过脸来的时候，旅人说：“现在我全懂了。”“除了最重要的一点，”军官抓住他的手臂，指向一个高处说。“铭刻仪里面，有一个机制来决定耙的运动，这机制则是依照画在判刑书上的图解来安排。我现在还使用前任指挥官的图解。在这儿。”他从皮面卷宗里抽出几页来。“可惜，这些东西我不能给你，它们是我最最珍爱的东西。坐下来，我就从这个距离为你说明，然后你就会完全明白了。”他指示第一张。旅人本来很乐意说几句欣赏的话，但他一看，只一连串线条彼此复杂交叉贯穿，迷宫似的。这些线条满纸密密麻麻，费尽目力才能分辨线条之间有什么留白。“念念看，”军官说。“我念不来，”旅人说。“清晰可读呀，”军官说。“非常复杂，”旅人支吾道，“我解不来。”

“没错，”军官一边微笑，一边收回卷宗。“这可不是给小学生看的书法。一定要读很久。到最后，你也能够弄个清楚明白。当然，这铭文是必须不简单的。你瞧，这玩意在设计上就不是要人马上送命，而是平均要十二小时才死。关键转变点设在第六小时。另外，铭文的本文周围必须有很多很多装饰。基本的铭文只以一条很窄的带状绕行身体，身体其余部分留下来供装饰用。……“你明白这过程吗？耙正在开始写。在这个男人背上写完
文第一部分的时候，棉花层就滚转
把他的身体慢慢转到侧面，给耙
块新的空地。”……就这样，一直
铭刻不断加深，持续十二小时。
下来六个钟头，这个受罪的人几
和原先一样活着。他仅有的难过
痛。两小时后，塞进他嘴里防他
叫咬碎舌头的毛毡头拿掉，因为
时他已经再没有力气惨叫。这里
床头，温热的米布丁放进这个用
力加热的碗里。从这里，这人如
想要的话，可以自助，看看他能
他的舌头舔到多少。没有谁会放
这机会。我还没看过任何人放过
而且我在这里是老经验了。在第
小时左右，他先丧失吃的乐趣。
个节骨眼上，我通常跪下来观察
象。很少有人咽下最后一点布丁
他把那东西在嘴里转一转，吐到
里。他吐的时候，我得歪到一边
不然他会吐到我脸上。不过，在
六小时左右，他们变得多么安静！
他们之中最蠢的，这时也开始想
了。想通的神情从眼睛周围开始
从那里散布开来。这神情几乎使
忍不住要躺在耙底下。其他没什
变化。他只是开始解读铭文。他
着嘴，仿佛在聆听什么。你自己
看过，你不容易用你的眼睛弄清
铭文，但这人用他的伤口解读。
错，这事很费工夫，要六小时才
完成。但这时，耙将他吐掉，把
扔到坑里，他扑通一声摔到血水里
审判到这里结束，我们，就是那
兵和我，很快把他埋掉。”

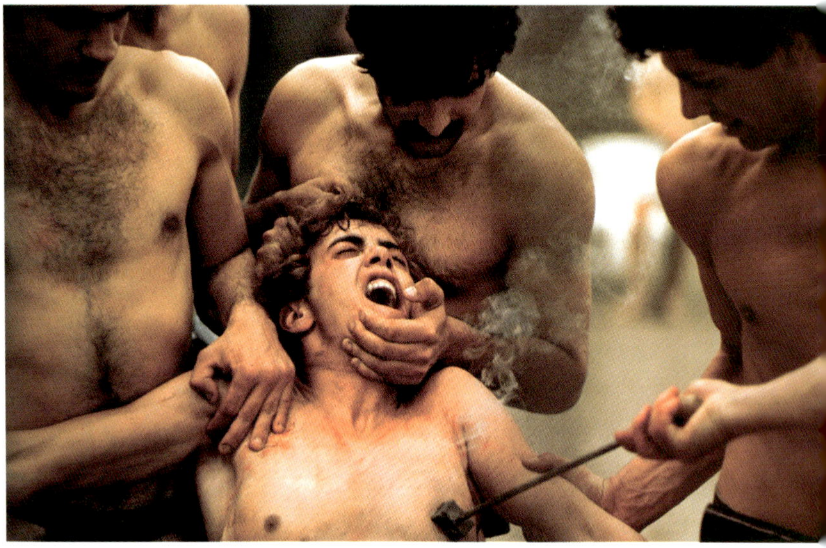

帕索里尼（导演），
《索多玛的120天》，
1975

101 号房

奥威尔

《一九八四》，第三部分，3、5（1949）

"想把我怎么样就怎么样吧！"他叫道。"你们已经饿了我三个礼拜。做个了结，让我死吧。枪毙我。吊死我。判我二十五年徒刑。你们还有没有要我吐的人？说出来，你们想要什么，我都说给你们。我不管他们是谁，也不管你们把他怎么样。我有老婆，三个孩子，最大的一个还不到六岁。你们可以把他们全都带走，当着我眼前割他们的喉咙，我会站在旁边看。可是，我不要101号房！"

"101号房，"军官说。

这人疯狂环视其他囚徒，仿佛打什么主意，可以另外找个牺牲品来代替他。他的目光落在一个没有下巴的人已经被打碎的脸上。他摔出一只干瘦的手。"那个才是你们应该带走的人，不是我！"他大叫。"你们没听见他们打烂他的脸以后他说了什么。给我机会，我把他说的话一字一句说给你们。他才是那个反党的人，不是我。"……两个魁梧的警卫已经弯下腰来，要抓他的手臂。但就在那一刹那，他把自己猛然一摔，摔过囚房地板，抓住长椅子的一只铁脚。

……

然后，是另一种哭叫声。一个警卫用长筒靴一踢，踢断他一只手的手指。他们把他拖起来。……

"你有一次问我，"欧布莱恩说，"1(
号房是什么样子，当时我告诉你说，
已经知道答案了。每个人都知道答案
101号里发生的事是世界上最恐怖的事。

门又打开来。一名警卫进来，带
一个用铁丝做的东西，好像是箱子，
像篮子或什么的。他把那东西摆在远
点的那张桌子上。由于欧布莱恩所站
位置，温斯顿看不见那东西是什么。

"世界上最恐怖的东西，"欧布莱
说，"因人而异。有人最怕被活埋，有
最怕被用火烧死，有人最怕淹死，有
怕被刺死，五十种其他死法都有人最怕
对有些人，最恐怖的却是很小的东西
甚至不是要命的东西。"

他说话之际已经稍稍往一侧移动
因此温斯顿比较清楚看见那张桌上的
西。那是个长方形的铁丝笼子，顶上
个把手，用来提笼子。笼子正面有个
置，看去状似西洋剑的面罩，凹面朝外
笼子虽然在他三到四公尺开外，他还
看出那笼子分成两格，每格里面都有
只动物。是老鼠。"对你来说，"欧布
恩说，"世界上最恐怖的东西是老鼠。

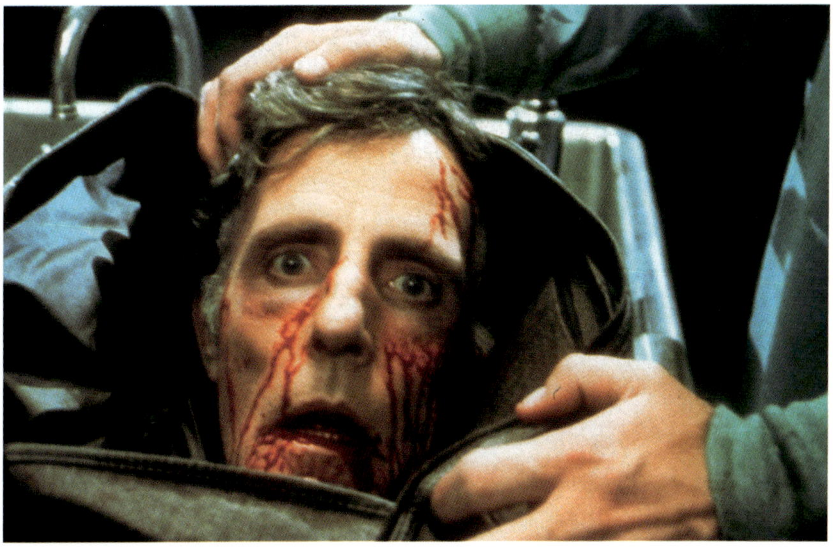

斯图尔特·戈登（导演），
《活跳尸》，
1985

被鲨鱼吞吃

弗莱明

《生死关头》(1954)

他看见一个巨大的口鼻部露出水面，然后往下扑击，闪击逐食之间，鱼鳍溅起浪花。两只黑臂突然伸入空中，然后消失。有人连声尖叫。两对或三对手臂开始奋力划水，朝礁石而去。一个男子停下来，用一只手的手掌拍击他面前的水。接着，他两只手都在水面下消失。然后，他也开始没命大叫，他的身体在水中前前后后抽动。梭鱼击中他了，邦德在惊愕莫名的心里说道。……

那是个很大的头，血从那颗大光头的一个伤口流出来，血如一片血幕般盖脸而下。

邦德把这一切看在眼里。

大头先生疯狂盲乱地蛙泳，在水里搅起的混乱足以吸引任何没有忙着追逐食物的鱼。

那一浮一沉的头渐渐接近。邦德看得见他在痛苦和狂乱奋力之中张大嘴巴而露出的牙齿。血幕遮掉他眼睛一半，邦德知道，那些眼睛正在从眼眶里往外凸。他几乎听得见那巨大有病的心脏在那灰黑色的皮肤底下扑扑跳。……

大头先生浮出来。他双肩裸露，衣服已被爆炸扯掉，邦德猜想，但那黑色的丝领带还在，就圈在那粗厚的脖子上，拖在他脑袋后面漂着，看起来像中国人的长辫子。

一阵浪花，从他眼睛里冲走一些血。那对眼睛大张着，疯狂地瞪者邦德，眼神里并没有求助的意思，只是死死地固定瞪着。

现在那对眼睛只在十码开外，邦德直视它们之际，那对眼睛突然闭起来，那张大脸扭曲成一种痛苦的鬼脸。

“啊，”那张扭曲变形的嘴巴说道。

两只手臂都已停止划水，脑袋则沉到水里，又抬起来。血像一阵云似的涌上来，将海水染成深暗色。两个六呎长的薄薄的褐色阴影退出那阵云，然后又冲进去。水里那具身体左扯右摆。大头先生的左胳臂露出水面，没有了手，没有了腕，也没有了腕表。

不过，那颗巨大的萝卜头，那张满是白牙，大大咧开几乎把头分成两半的嘴，还在那里，正在尖叫，一声拖得长长的、带着嗝嗝声的尖叫，每次有梭鱼咬那水中悬宕的身体，尖叫声才中断一下。

那颗头往后仰，浮在水面上。嘴巴闭着。黄色的眼睛仿佛还在盯着邦德。

然后，鲨鱼的口鼻部突出水面，朝那颗脑袋冲刺而去，弯曲的下颚张开，露出牙齿寒光闪闪。一阵恐怖的嘎吱撕扯，海水翻起一大环漩涡。然后一切沉寂。

第九章

对自然的好奇心

1. 开肠破肚的尸体

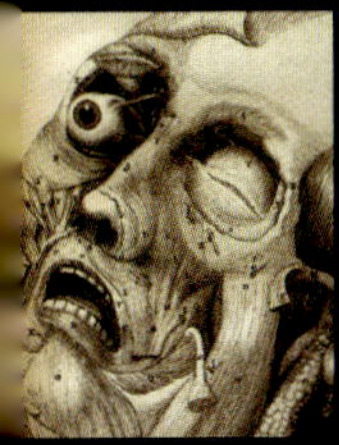

库塞尔，
墓室人像，
1743

怪物没有随中世纪的奇闻逸闻而消失，又在近代世界重返，只是换了一个形式，变了一种功能。中世纪以来，关于两种“怪”之间的区别，有许多争辩。综合各种术语上的不同说法，我们得到两种“怪”，一个是征兆（portent），一个是怪物（monster）。征兆令人敬畏和感到反常，但仍是自然事件（例如天生阴阳人、双头婴）。很多作者曾尝试解释这类事件，例如后文会谈到的文艺复时代的医生巴雷（Ambroise Paré）。只是，不（和古代人一样）把这类事件视为某种不寻常事情的警兆，确实很难。里科斯提尼斯（Conrod Lycosthenes）的《奇事怪象史》（*Prodigiorum ac ostentorum chronicon*, 1557）至今仍是将奇事怪象视为凶兆的名著。

不过，从中世纪开始就有论者认为不宜将征兆视为反自然现象（这种解释等于说这些现象溜出了神的掌握），而应该如塞维尔的伊西多尔所言，视之为违反我们所知的自然。在古代和中世纪，真实的怪物是非人类个体，以正常方式由和他们一样的父母生下来（如我们在第四章所见）。上帝允许或上帝要他们作为一种征象来传达带有某种寓意的信息。

文艺复兴以降，航海探索开始开启其他大陆。住在那些大陆上的是原始人和非常怪的动物（这些全都能送到欧洲宫廷）并不是现实中从未见到的传说中的怪物。从此“怪物”一词代表预兆似的个体，无论其是反常生出来的产物，还是探险家和旅行者碰到的不寻常动物

方塔纳，
安东尼塔恭沙雷斯像，
594—1595，
布洛瓦（法国），

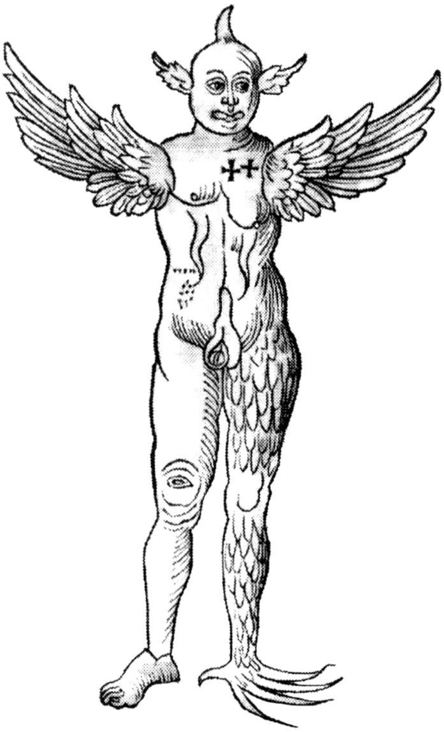

拉文纳的怪物，
册页
VIII，18，
约 1506，
慕尼黑，
巴伐利亚州立图书馆

拉文纳的怪物

蓝杜奇

《佛罗伦萨日记》（1512）

在佛罗伦萨，一名妇人生下一个怪物我们在这里画下他的模样：他头上长一只角笔直站着，像一把剑；手臂的部位不是手臂而是两支像蝙蝠般的翅膀；与胸脯齐平之处一边是一个 Y 形的记号，另一边是一具十字架；往下看，腰部是两条蛇，生殖器那里则是阴阳兼具；他的上半身是女身，下半身是男身。他的右膝盖有个眼睛，左足则状如鹰爪。我看过有人把他画下来，谁如果想看可以在佛罗伦萨看见那幅画。

修道僧形状的怪物

巴雷

《怪物与异象》（1573）

在他那本《论鱼》里，隆德雷特说，在挪威外海，他们看见一个海中怪物，那怪物被捕捉之后，人人管它叫“修道僧”，因为它就是修道僧模样。

对这些生物的态度不再是惊恐或尝试解读其神秘意义，而是科学的好奇心，或者至少是前科学的好奇心。于是我将肖特（Caspar Schott）具有里程碑意义的大书《对自然的好奇心》（*Physica Curiosa*，全书 1600 页，满是雕版图像，1662 年出版）作为本章名。该书尽收当时所知自然怪异现象并加以描述，包括象和长颈鹿等异国动物、自然界的畸形物及某些生物——水手或旅行者远远看见那些生物，就觉得很像动物寓言故事里的怪物。儒艮就被当成美人鱼或女妖塞壬。

古来作者如老普林尼等人为奇异现象所取名字已够怪异，在《对自然的好奇心》等类似著作里，画插图的人或雕版者又死板地按名绘图，于是海豹变成一种鱼尾小牛，甲壳动物变成有鳍的老鼠，八爪鱼成为有腿的鱼，鸵鸟成为长翅膀的骆驼。许多谈怪物的书中，我们可以提提巴雷的《怪物与异象》（*Des monstres et prodiges*，1573）、阿多洛凡迪（Ulisse Aldrovandi）的《怪物志》（*Monstrorum historia*, 1642）和利切蒂（Fortunato Liceti）的《怪物》（*De nonstris*，首版 1616 年问世）。阿多洛凡迪的这十一卷书涉及普通动物学，后来作者也就循此路数

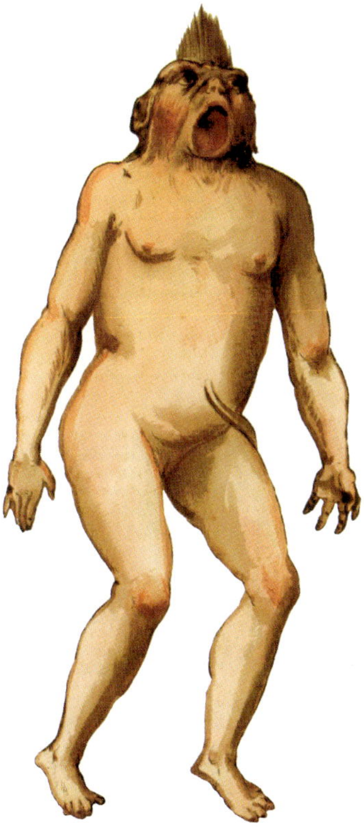

阿多洛凡迪，
女怪物，
《怪物志》，
1658，
博洛尼亚，
费洛尼

巴雷，
主教鱼，
《外科手术》，
1594，
法兰克福，
费拉本

来写作。

对生物科学的发展有基本贡献的，这里只提两位（虽然他们的书里仍然有怪物图）：格斯纳（Conrad Gessner）的《动物史》（*Historium animalium*, 1551—1558）和琼斯顿（Johann Johnston）的《自然史》（*Historia naturalis*, 1653）。在同一时期，这股对非比寻常事物的兴趣导致"奇珍陈列室"的诞生。这是自然科学博物馆的前身，建造的用意并非尽力有系统地收集人类应该知道的东西，而是收集大家认为不寻常或闻所未闻的东西，如独角兽的角（通常是独角鲸的角）、鳄鱼标本之类的奇异事物。在像彼得大帝的圣彼得堡这样的许多收藏场所中，胎儿被用酒精细心保存。

有时候，不正常的出生引起连锁反应，像拉维纳的怪物（Monster of Ravenna）。这生物大概在1506年生于佛罗伦萨。**兰杜奇**（Landucci）在1512年首先发出的怪闻引发一连串描述，越来越像从前传说中的怪物。我们提过的**巴雷**，还有**蒙田**和**雷姆纽斯**等人都处理过类似奇事，但他们都没有对畸形奇观感到恶心，而是感到科学上的兴奋。

阿多洛凡迪，
三头怪物，
《怪物志》，
1698，
博洛尼亚，
费洛尼

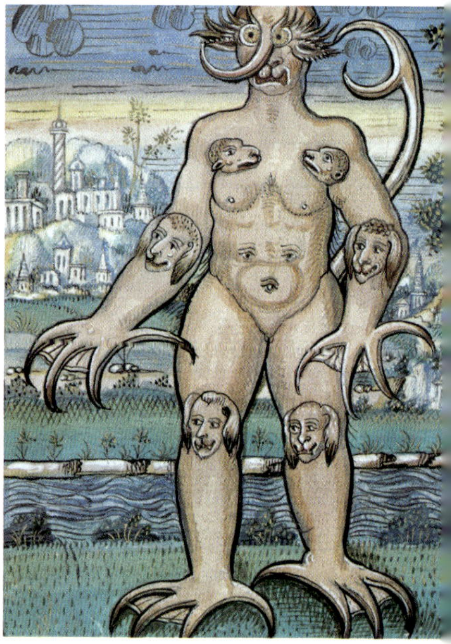

柏艾斯杜欧，
殷实父母生出怪物，
《怪物故事》，
法文手稿 136，f.29v，
16 世纪，
伦敦，
维尔康图书馆

怪物的起源

巴雷

《怪物与异象》(1573)

怪物有各种各样的起因。第一个起因是上帝的荣耀。第二个是他的愤怒。第三，是精子超常充裕。第四，是精子数量不足。第五，是想象。第六，是子宫肥大或子宫缩小。第七，是母亲的坐姿不正确，例如她怀孕期间太过经常两腿交叉而坐，或太经常盘腿而坐。第八个原因是由于怀孕的妇人摔倒或肚子受到击打的结果。第九个原因是遗传而来的疾病，或偶然罹患的疾病。第十个原因是精子腐败。第十一个原因是精子混杂。第十二个原因是邪恶的无赖欺骗。第十三个原因是精怪或魔鬼作祟。

怪物似的孩子

蒙田

《散文集》，II，30（1595）

两天前，我看见一个孩子，由两个男子和一个保姆带着，他们自称是孩子的爸爸、叔叔和姑姑，带着这孩子到处展览换钱，因为这孩子长相非常怪异。他的样子和常人差不多，能用脚站立；能走路，也能像其他同年龄的孩子那样口齿含糊地说话；他除了由保姆哺乳之外，还没有吃过任何别的营养，以我在场所见，他们尝试放到他嘴里的东西，他只略略嚼一嚼，然后吐掉，并没有吞咽；他的哭声的确有点怪异，又有点奇特，而他只不过十四个月大。他胸部下方和另外一个孩子连在一块，另外那个孩子没有头，有背脊而不会动；一只胳臂比另一只短，出生的时候不巧弄断了；他们胸胸相连，看起来就像一个比较小的孩子想用双手环抱比较大的那个的脖子。他们相连之处不超过六根手指并排那么宽，或者，约莫就是那么宽，因此，你如果撑开不完整的那个孩子，可能会看见另一个孩子的肚脐在底下，并且看出相连之处就在肚脐一带。不完整的那个孩子的肚脐看不见，但肚子的所有其余部分都看得见，所以，不完整的这个孩子没有和另一个相连的部分，如双手、屁股、大腿和小腿，都挂在另一个孩子身上摇摇晃晃，长度可能到这个孩子的小腿中段。那保姆还告诉我，他通过两个身体小便，另一个孩子的四肢能吸收养分，也有感觉。……我们所谓的怪物，在上帝眼中并不是怪物，他的工作是浩瀚的，他的工作所含摄的无限的形态，他都看在眼里；我们要相信，这个令我们惊骇的形体和人类所不知的另外某个形体有其关系。

蒙克，
遗传，
1897—1899，
奥斯陆，
蒙克博物馆

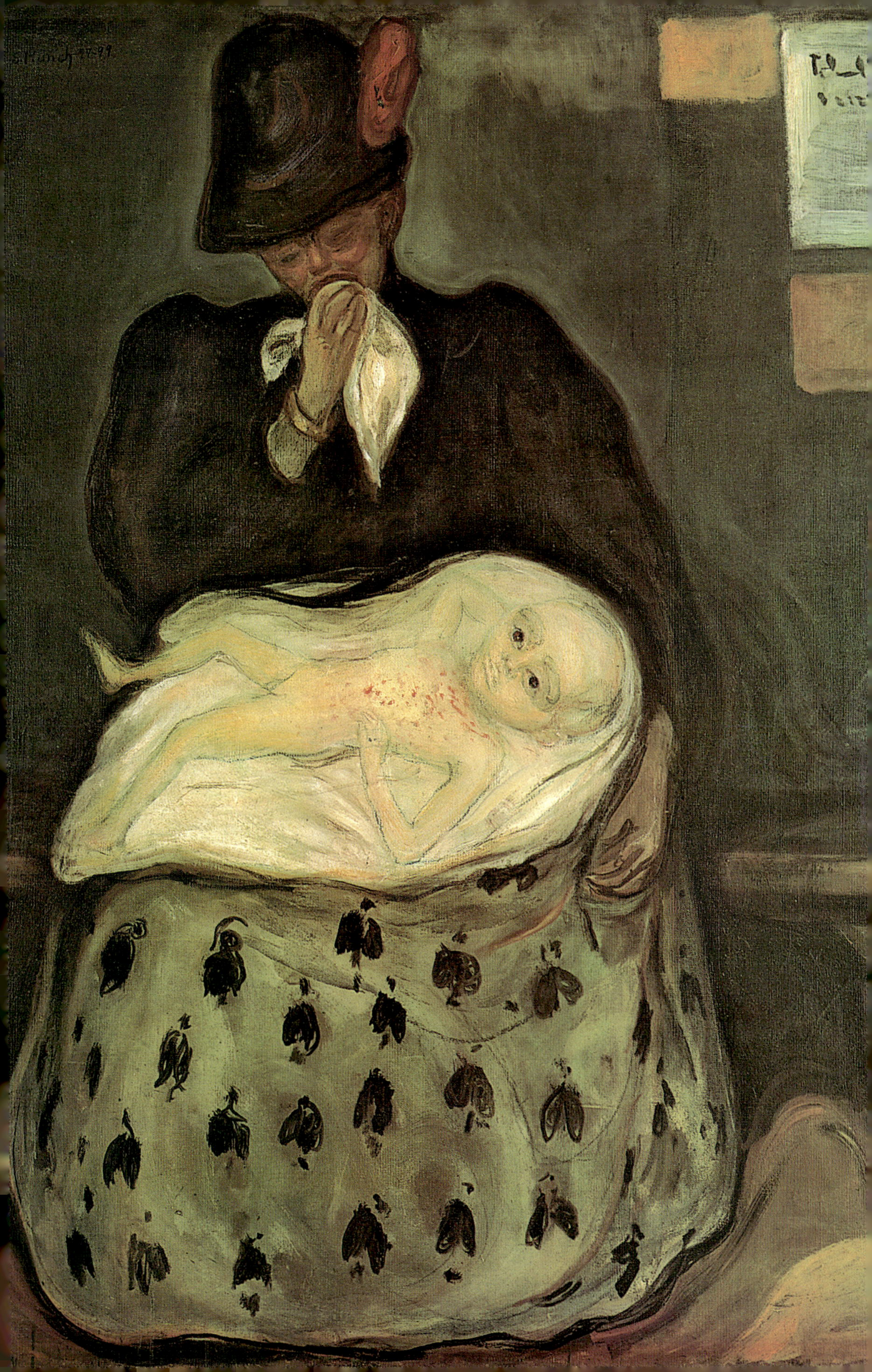

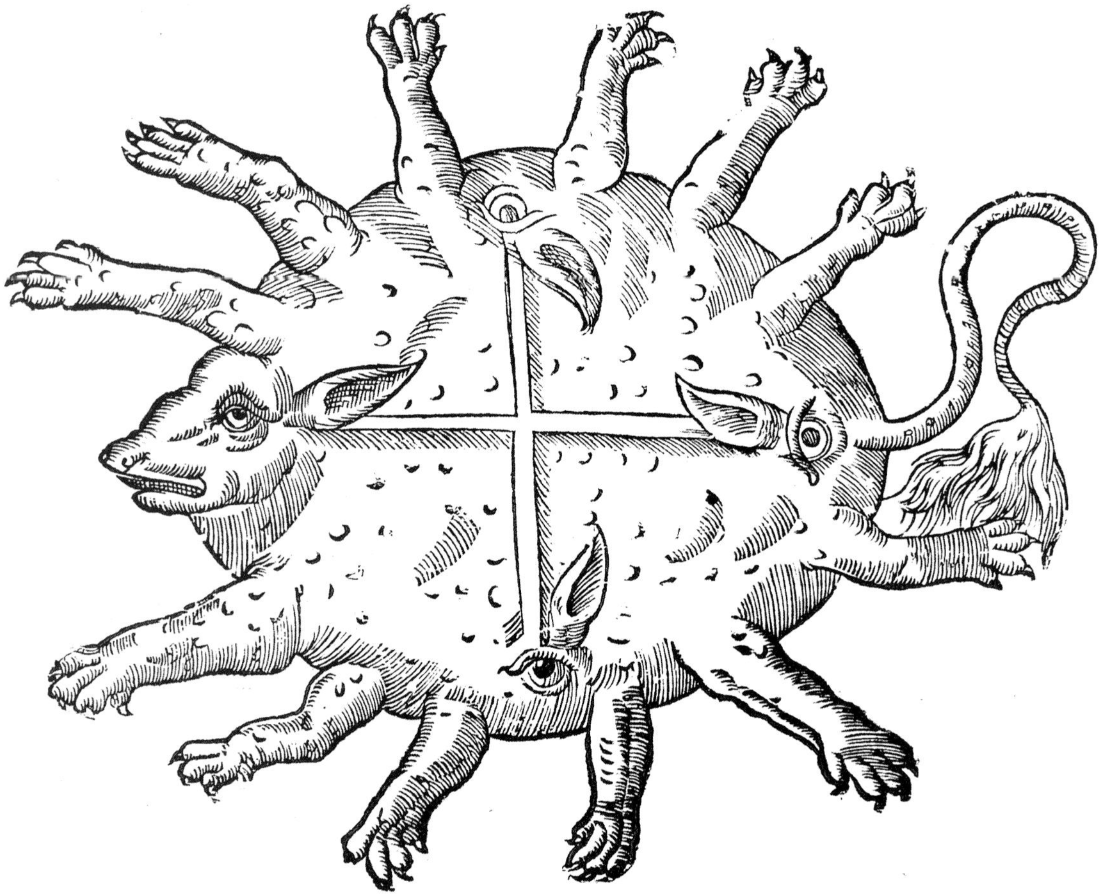

巴雷
《怪物与异象》插图，
1573
巴黎

十二爪

巴雷

《怪物与异象》（1573）

在阿菲利卡纳斯所著的《非洲描述》里，我发现一种形状像怪物的动物，其形似龟。它的背部有两条线，两条线直角交叉，形成一具十字架，每条线的末端都有一只眼睛和一只耳朵。结果是，这些动物能眼观和耳听四个方向，而且能用它们的四只眼睛和四只耳朵听、看所有面向。此外，它们只有一张嘴和一个胃，它们吃的、喝的全都下到这胃里。这些野兽有很多只脚，遍布它们身体周围，靠这些脚，它们想往什么方向走，就朝什么方向走，不必转身。它们的尾巴非常长，尾巴末端长满粗毛。那个国家的居民说，这些动物的血有一种非比寻常的力量，能医治伤口，任何膏药医治伤口的功效都比不上。不过，想想这种动物，那么多眼睛、耳朵和脚，谁不惊愕？看见这些眼睛、耳朵和脚都能履行它们特定的任务，谁能不惊愕？至于我自己，说实话，我的理智失去了作用，没有其他话说，只能说，大自然创造了它，是为了好玩，用来佩服它自己的造物有多伟大。

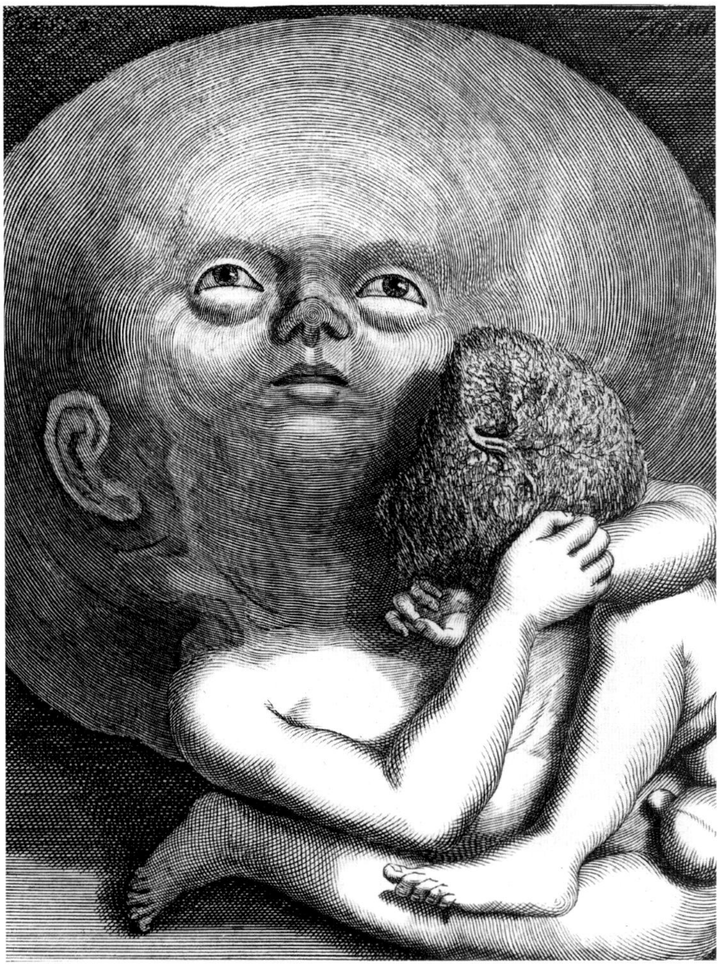

脑水肿的婴儿，
蚀刻版画，
18 世纪末叶

月生

雷姆纽斯（16 世纪）

《神秘的自然奇迹》

和这〔堕胎〕类似的，是另一种流动，这流动发生的时候，女人的身体会出现很多痛苦和痉挛性的扭绞，并且从身体出现许多不成形状的多肉的东西，这叫做“月生”，因为女人是在新月且她体内的血流非常大量期间怀孕。这种怪物似的，丑怪的怀孕有时候在没有男人帮助之下发生，而且通常发生在性欲非常强的女人身上，她们的想象强大而活跃，使她们只要盯住或碰触一个男人，精子就会和她们的月经相混，结果就是一团肉，这团肉看起来像……一个有生命的动物。几年前，我医治过一个妇人，她被一个水手弄怀孕……经过了九个月，产妇被叫来了。这妇人费了很大力气，先从身体排出一块完全不成形状的肉。这块肉，我相信是经过正当的交合而产生的。但是，这肉团有长长的两块肉，状似手臂，而且，他会颤动，显示他具有某种形态的生命，类似水母和夏天海洋里漂浮的那种泡泡状的东西……这块肉之后，她又生出一个怪物，有个圆圆、长长的脖子，一个扭曲的、钩状的口鼻部，亮得吓人的眼睛，一条尖利的尾巴，而且用脚跑起来非常快。这个怪物一离开女人的身体，一见到光，马上就开始尖叫，并且发出各种最恐怖的声音。他在房间里东奔西跑，寻找地方躲藏，但在现场帮忙的妇女们抓起几个枕头，朝他当头扔过去盖住他，把他闷死。

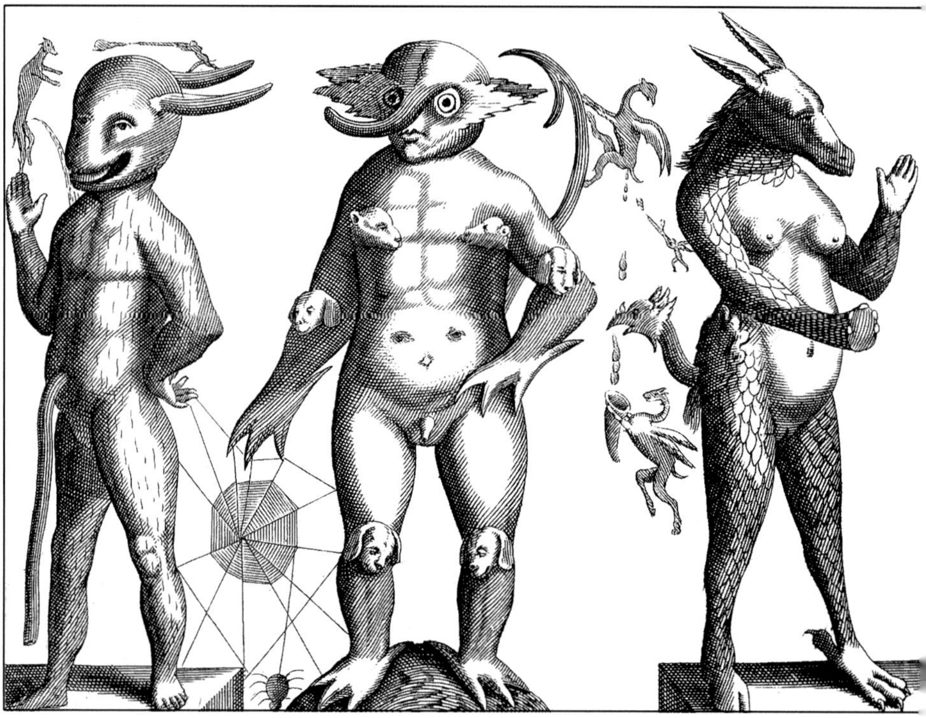

利切蒂，
怪物，
1668，
帕维亚（意大利），
富兰波提

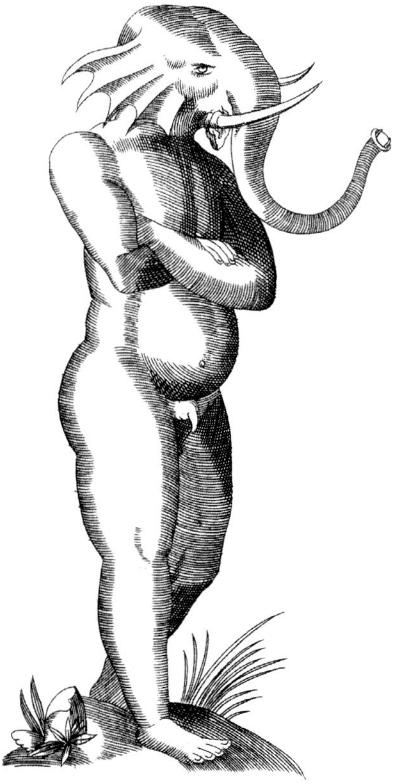

肖特，
《对自然的好奇心》插图，
1662，
乌尔兹堡（德国），
恩德特

阿多洛凡迪，
各种海陆怪物，
《怪物志》，
1698，
博洛尼亚，
费洛尼

阿多洛凡迪，
人面海中怪物，
《怪物志》，
1698，
博洛尼亚，
费洛尼

几个世纪的文化已经熟悉人体内部结构。解剖实验已在14世纪由蒙地诺（Mondino de Liucci）首先着手。不过，从文艺复兴时代开始，艺术才注意到解剖室里的尸体。当时这方面的著作中，维萨里（Vesalius）的《人体结构》（*On the Structure of the Human Body*）特别值得一提。该书中有惊心动魄的精彩图片：人体剥了皮，只剩骨架，或者成为一张神经血管网。同时，解剖蜡像博物馆里吓人的体内器官展览成为超现实般轰动的盛事。艺术家开始以沾沾自得的心情画“希波克拉底的脸”（Hippocratic face）——医学鼻祖**希波克拉底**当初首先描述临死者的脸如何显示死亡降临，但现在被疾病摧残的五官、临死者的面容变化却令画家和雕刻家感到兴奋。

在其《论希腊诗的研究》里，施莱格尔（Schlegel）认为这种对人体令人比较不愉快层面的新兴趣有点类似莎士比亚风格：“就像大自然，莎士比亚创造美的和丑的，没有将之一分为二，而且同样丰富洋溢；他没有让任何一出戏完全美丽，美也从来不是决定整体结构的标准。就像大自然，绝少有美能免于杂质而成为纯美……莎士比亚剥掉角色的肉，以外科医师的手术刀探索道德尸体令人作呕的腐烂。”

苏西尼，
以标准规格制作的年轻女子雕像，
显示心肺、消化及泌尿生殖器官，
18世纪末，
博洛尼亚，
人类解剖研究所

希波克拉底看脸色

希波克拉底

《预后书》，2

因此，在急性疾病里，他应该观察：第一，病人的脸色是不是像健康的人的脸色，更重要的，是不是就是健康人的脸色，因为这是最好的情况；与此相反的，则是最不好的，例如下列诸项：鼻子尖锐，眼睛空洞，太阳穴下陷，耳朵偏冷、收缩，以及耳叶外翻，额一带的皮肤转绿、变黑、变青或变铅色。如果疾病开始时是这样的脸色，而如果这种脸色无法用其他症状来解释，那么，就必须了解一下，病人是不是长期缺乏睡眠，他的肠子是不是非常松，以及他是不是缺乏饮食；这些原因如果有任何一项属实，则危险可以视为远远不是那么严重，而且，只要一天一夜的过程，就可以明白看出脸色的模样是不是出于这些原因。但是，如果这些原因没有一项可以说存在，如果症状没有在前述时间内消解，则可以确定知道死亡在即。此外，如果疾病在第三天或第四天到达更深入阶段，而脸色是如此，那么，就必须追查前面提到的同样那些原因，而且必须注意其他症状，整张脸上的症状、身体上的症状，以及眼睛里的症状；因为，如果眼睛畏光，不由自主地流泪，眯眼或斜视，一只眼睛比另一只眼睛暗淡，眼白变红、变青黑或出现黑丝；如果眼睛里有黏稠的胶状物，如果眼睛浮躁不宁、凸出，或者变得非常空洞；如果脸色浊而暗，或者整张脸的颜色都改变：这一切都要视为不好的，致命的症状。另外，医师应该在病人熟睡时，从眼皮下方观察眼睛的形色；如果由于眼皮没有密合而造成部分眼白外露，又如果眼皮未密合和下痢或用医药施行的通便没有关联，以及如果睡眠时眼皮未密合不是出于习惯，那就要视为不利而且非常致命的症状；但是，如果眼皮收缩、变青黑或苍白，嘴唇亦然，或鼻子亦然，而其他一些症状也存在，则我们可以确知死亡在即。此外，嘴唇松弛、下垂、变冷、变青白，也是致命症状。

杰拉德·大卫，
西沙尼斯被剥皮，
1498，
布鲁日（荷兰），
格罗宁根博物馆

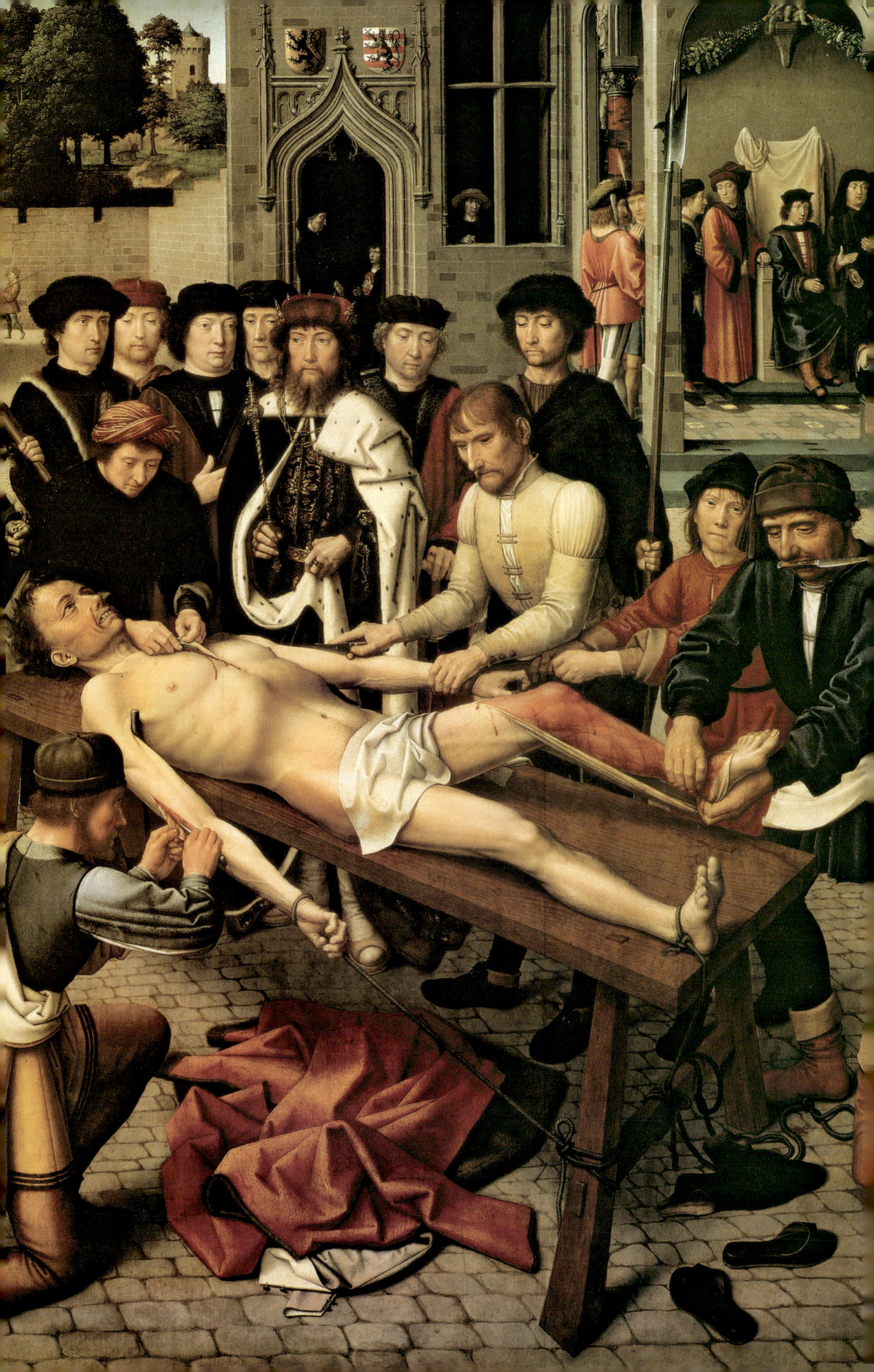

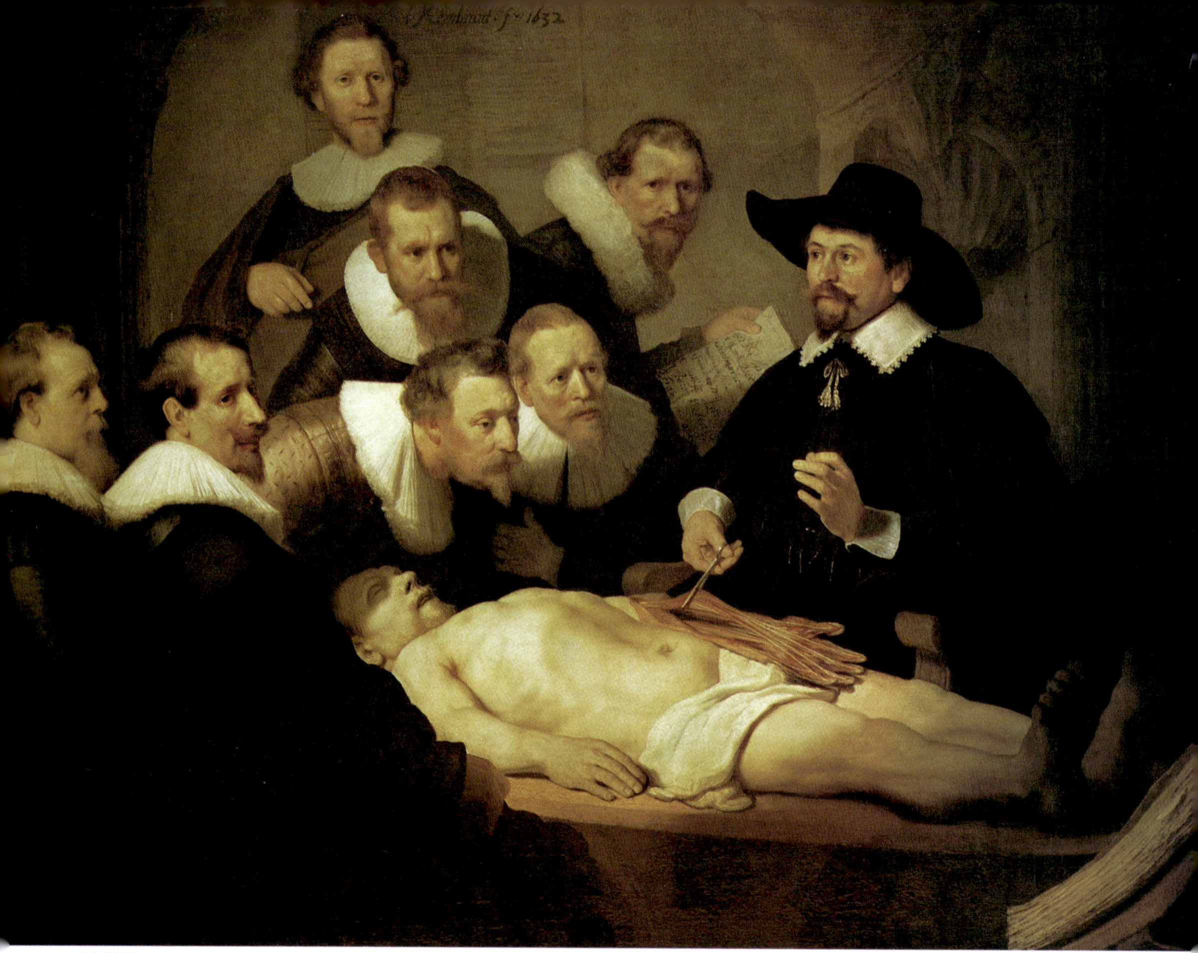

伦勃朗，
尼古拉土普的解剖课，
1632，
海牙，
莫瑞休斯博物馆

维萨里，
人体结构，
1568，
威尼斯，
格里格

荷加斯，
残忍的回报，
取自《残忍四阶段》，
1799，
巴黎，
医学史博物馆

254-255 页：
尊博，
瘟疫，
1691—1694，
佛罗伦萨，
史培丘拉博物馆

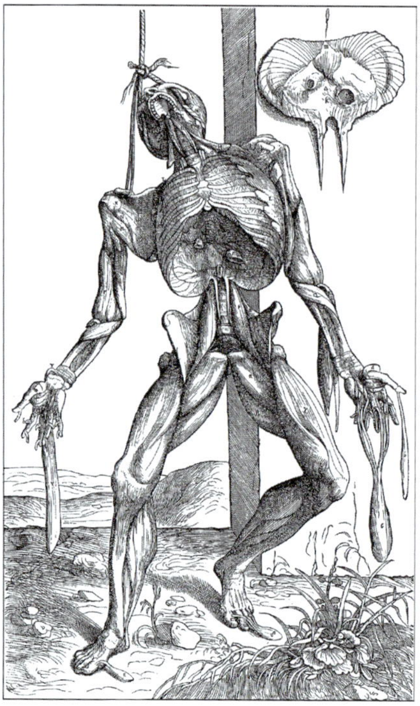

验尸

波德莱尔（论荷加斯）

“几位外国讽刺画家”（1861）

最奇特的作品之一，当然是画一具尸体平躺着，全身僵硬，四肢拉直摊在解剖桌上的那一幅。用一具从天花板吊下来的滑轮或类似滑轮的装置，将那个无赖的尸体固定，把他的脏腑肠胃像发条般松开来。这个死人看来挺恐怖。和这具尸体，这具比所有尸体都更尸白的尸体，形成最奇特对比的，莫过于画中所有这些戴着鬈曲假发的英国医师或瘦削或圆胖、正经八百到丑怪的长脸。一个角落里，一只狗把嘴巴伸入一只桶子，从桶子里偷出几片人肉。荷加斯，为喜剧带来死亡的人！我倒宁愿说，他是为死亡带来喜剧意味的人。这只吃人肉的狗总是让我想到那只历史性的猪——它喝着无助的福亚德的血，喝得酣醉，了无羞耻，而手摇风琴的人还在一边为那个濒死的人奏着丧乐。

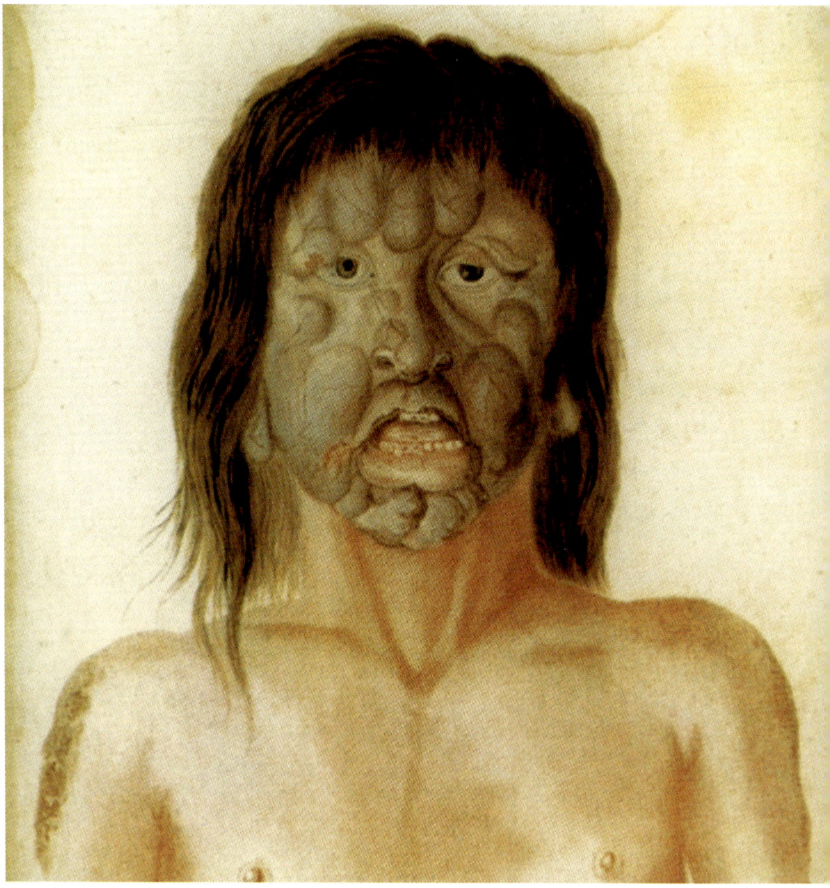

亚当斯，
对病态之毒的观察，
慢性与急性……首次综观梅毒、
亚氏病、雅司病、象皮病，
1803，
伦敦，
卡洛

梅毒

罗森克兰茨

《丑的美学》，导论（1853）

疾病如果牵动骨骼、骨架或肌肉的变形，例如梅毒造成骨骼胀大，或者身体被坏疽荼毒，常常是人变丑的一个原因。疾病如果使皮肤变色，例如黄疸病，也是使人变丑的一个原因。疾病如果使皮肤长满红疹，例如猩红热、瘟疫、某几种梅毒、麻风、疱疹以及砂眼，也是人变丑的原因之一。不过，造成最可怕畸形的无疑当数梅毒，因为这种疾病不只是引起皮肤令人作呕的发疹，还带来腐烂的疮和摧毁人体的骨骼伤害。皮疹和脓疡与沙虫相吸，沙虫就在皮肤底下挖隧道。在某种程度上，它们是寄生性的个体，它们的存在抑制有机体的统一，它们在这有机体里搞破坏。类似这样的抑制看起来是极丑的。大抵而言疾病如果以不正常的方式改变形式，就是丑的一个成因：水肿、中耳炎等等就是例子。不过，疾病如果赋予一个有机体一种超越的味道，使有机体望之轻灵，则不是如此例如恶病质、肺结核，以及热病。体重丧失、目光炯炯如火、双颊苍白，或热病而脸红，会使人更直接流露其人的精神实质仿佛其精神已经与其身体分开似的。那精神还是住在身体里，但只是把身体转化成纯粹的符号。身体以其透明的“松软”，已经空无意义，它完完全全只是精神的一种表现，那精神即将离开它独立。看一个得肺结核的少女或年轻男子在床上垂死，其神形何等澄澈：动物则绝不可能有此情形。同理，死亡未必总是使脸上的五官变丑死亡可能在脸上留下美丽、纯净的神情。

2. 面相学

任何以丑为主题的历史都有个重要章节，就是关于面相学。面相学是一门伪科学，认为从面相（及其他器官）可以看出性格和道德。在其《分析前论》（*Prior Analytics*, II, 70b）里，亚里士多德说四肢大是狮子般勇敢的外征，他并且下结论说脚大的人只可能是勇敢的。文艺复兴时代，科克列斯（Barthelemy Cocles）写了一本《面相学》（*Physiognomonia*, 1533），书中画出易怒、残忍、贪婪之人的前额，甚至画出残狠、蛮横之人特有的胡须；丹达金（Jean d'Indagine）的《手相学》（Chiromancer, 1549）中说残忍之人暴牙，观眼可知其人是否放纵、不忠、虚伪。**波尔塔**（Giovan Battista della Porta）著有《论人类的面相》（*On Human Physiognomy*, 1586）一书，比较各种动物的脸和人脸，留下羊 - 人、狮 - 人、驴 - 人的图像。他的哲学根据是，神的智慧力量管辖到身体特征，因此人和动物这两个世界是彼此对应的。

拉瓦特尔（Johann Kaspar Lavater）相信身体和意识之间存在着微妙的和谐，美德能对恶习的破坏加以修饰。因此，他也在《面相学散论》（*Physiognomische Fragmente*, 1775—1778）一书中检视了历史人物的相貌。

白纳德，
愚勇者、大胆者、多伪者的嘴形，
蚀刻版画，
手相学》，
549，
里昂

气质和灵魂

波尔塔

《论人类的面相》，I，6（1610）

气质偏冷之征：肌肉摸起来光滑、多脂而冷；肌肉与毛发偏红；若其性非常冷，则肌肉之色偏蓝，有人形容为暗淡。其他征象是，血管狭窄，眼睛偏白。又有人则认为，性冷之人发育晚；呼吸不明显、迟缓；说话声音坚定而尖锐。他们拙于疾走，食量也小……气质湿润的征象是：身体丰满、多肉，柔软而平滑，关节不明显。具此征象之人，睡眠不多。一般人多毛的部位，他们少毛，眼睛容易流泪，头发为金黄色。其他征象包括：眼睛偏白；天性偏弱；关节隐藏。其人并非十分强壮，不能忍受费力劳苦之事，他们也因此而衰软、肥胖、虚弱、童山濯濯，并且贪睡。

尖头

波尔塔

《论人类的面相》，II，1（1610）

根据波勒蒙与阿达曼修斯之见，麻木愚蠢之人，其头狭而尖。头尖之人，没有羞恶之心。艾尔伯托说：头过长而不近理，乃其人厚颜无耻之征，头的正面过长，则为其人傲慢无礼之征。如果可以将此〔头形〕比拟于某种动物，则具此头形之人近于利爪钩曲之鸟。不过，我想，利爪钩曲之鸟乃是乌鸦与鹌鹑，这两种鸟头尖，乃鸟中之最无耻无礼者。

额头高而圆

波尔塔

《论人类的面相》，II，2（1610）

额头高而圆之人愚蠢，其智力可以比拟于驴子的智力，如亚里士多德在其《面相学》中所言。因此，你如果观察驴子的额头，你会看到，其额头高、圆而外突……此外，亚里士多德不但认为无知蠢人额头圆，而且其额头大而多肉。波勒蒙和阿达曼修斯是最卓越的面相学家，为了人们不会搞错，他们使用非常清晰的语言：由高、外突而圆的额头，可见其人乃愚蠢、无知之人。他们还附带说，无知之人额头圆。艾尔伯托则说：额头高圆，是麻木迟钝之征。

厚唇

波尔塔

《论人类的面相》，II，12（1610）

厚唇流露其人愚蠢，如亚里士多德致函亚历山大所言。在其书结尾波勒蒙说：厚唇是无知之征。康席里亚托说：嘴唇厚，是愚蠢之人与无知之徒的征记。据普拉努德斯说，伊索的嘴唇厚而且突出。嘴唇厚的人……被视为无知之人，因为驴子和猿猴的嘴唇就是厚厚的。事实上，驴子和猿猴的下唇比它们的上唇要突出……

A. 卡拉奇，
培洛索、马托及纳诺，
1598—1600，
那不勒斯，
卡波迪蒙博物馆

同一世纪里，还出现了贾尔（Franz Joseph Gall）的《颅相学》（*Phrenology*）。该书认为所有心智能力、本能和感觉都显现于大脑表面；天生记忆力过人者，头颅圆，双眼距离远。贾尔成为后来的脑区研究的先驱，他留意颅突，这些突起的形状位置表示某种心智能力特强。他的观念被指为唯物主义，导致一些科学上和哲学上的争论。黑格尔在其《精神现象学》（*Phenomenology of Mind*, 1807）书中尖刻讽刺："自然颅相学不但认为慧黠的人耳朵背后应该有大如拳头的突起，还认为不守妇道的妻子一定有几处突起——只是这些突起不是在她额头上，而是在丈夫额头上。"黑格尔承认颅骨对天性有些初步影响，但否认这影响会凌驾精神活动；他认为精神才是能够界定大脑的唯一主动力量。贾尔和黑格尔都太坚持各自的立场，但我们必须还黑格尔一个公道：我们如果把面相特征看得太认真，可能将一个人或一个种族打上难以挽回的烙印。

前页：
波尔塔，
人类面相学，
1586，
维科艾昆斯（意大利），
卡奇欧

拉瓦特尔，
以面相学知人的艺术中的相貌，
卷九，
1735，
巴黎，
德培拉弗尔出版

天生罪犯

隆布罗索

《犯罪的人》，III，1（1876）

原始人的许多特征、有色人种的许多特征，经常可以在天生的罪犯身上找到。例如，这些特征包括体毛稀少、脑容量极小、前额后收、额窦高度发达、缝间骨较多，尤其是额外骨；骨性结合早熟，尤其前额部分；颞骨拱状明显，缝间骨单纯，颅顶骨较厚，上下颚与颧骨过度发达而巨大，下颚前突，斜眼，肤色较黑，头发较粗、较鬈，耳朵大。我们还可以加上雷姆利亚阑尾，耳朵异常，面骨较为厚重，牙间隙较大，肢体灵活，触觉发展迟钝，痛苦的门槛偏高，目光锐利，情感有某种程度的麻木，早熟的喝酒与肉欲倾向，以及对酒色的过度偏好……这问题在妇女较难纠正（据史宾赛说），对痛苦较少感觉，完全的道德麻木，懒惰，做事毫无悔意，行为冲动，身／心容易兴奋，最重要的是粗暴鲁莽，有时看起来像勇气，但这勇气与卑劣交相出现，富虚荣心，酷嗜赌博、酒或赌博与酒的代替物，其激情暴烈而来去迅速，天生迷信，对其自我过度敏感。

各种犯罪类型，
隆布罗索著《犯罪的人》，
1876，
都灵，
利波卡出版

不过，在实证主义当令的19世纪，犯罪人类学兴起，**隆布罗索**（Cesare Lombroso）的观念大为盛行，他在《犯罪的人》（*Criminal Man*）一书中说，犯罪人格的特征永远和身体上的反常特征有关系。隆布罗索没有将问题简化到说长相丑的人一定会作奸犯科，但他的确根据号称“科学”的论点，将身体特征和道德特征拉上关系。这些理论普及后，使人很难不注意到，许多遗传特征比较常见于因营养不良等问题所苦的社会阶级，以及非社会行为明显更常见于社会弃儿。从这些理论，到助长“长相丑的人天性就坏”之类的成见，短短一步而已。再下一步就更甭说了：把丑、坏之类标签贴到社会无法融合、无法控制或无心拯救的贱民身上。连通俗文学也喜欢么做。**尼采**曾说，苏格拉底就是受害者之一。这是穷人的命运。看看**亚米契斯**（De Amicis）作品中对无产阶级学生富兰提的无情刻画。同性恋者也受到同样无情的处理，如**福柯**（Foucault）所述；痴呆症患者和妓女则浑身罪恶，如**马斯特里亚尼**（Mastriani）所叙；小偷亦然，如**罗森克兰茨**的作品所显示。

戴蒙德，
疯妇像，
约 1852—1853，
巴黎，
奥塞美术馆

库彻，
疯子，
19 世纪，
第戎，
曼宁博物馆

同性恋者的诞生

福柯

《性史》，II，2（1976）

除了是一种生命类型、生命形式和形态学，加上一种轻率的解剖学，或许再加上某种神秘的生理学之外，19 世纪的同性恋者也成为一种角色、一种过去、一种个案史以及一种童年。构成他的所有成分，没有一样不受他的性影响。性在他身心上无所不在：这是他所有行动的根，因为这是潜伏在它们里面的、无限活跃的原理；毫无节制地写在他脸上，因为那是一个永远藏不住自己的秘密。它和他同质，不是一种习惯性的罪孽，而是一种独特的本性……同性恋由肛交行为转换为一种内在的雌雄同体、一种灵魂上的雌雄同体时，它就变成一种性欲的形式。肛交者是一种故态复萌的罪犯；同性恋现在是一个人种了。

尼采式面相学

尼采

《苏格拉底的问题》（1911）

从他的出身来判断，苏格拉底属于下层的最下层：苏格拉底是贱民。你知道吧，而且你可以自己看看，他长相多丑。……长相丑，往往是发育受到阻碍的表示，或其人由于出自杂交而发育停止的表示。在其他例子里，长相丑是发育颓败的表现。犯罪学家里的人类学家断定，典型的罪犯长相丑：有怪物的面相，就有怪物的灵魂。不过，罪犯是腐败之人。苏格拉底是不是典型的罪犯呢？无论怎么说，这都不抵触那位著名的面相学家所作而惹苏格拉底的朋友们十分不快的判断。有个外国人行经雅典，他以貌判人颇非等闲，他当着苏格拉底的面说苏格拉底是怪物，说他身体包藏着所有最坏的恶习和嗜欲。苏格拉底回答道：“先生真知我者！”苏格拉底自承其本能狂野而无政府，这狂野与无政府不但是其人败坏之征，而且显示其人凡事逻辑至上，以及畸形人所特有的那种恶意本性。我们也不要忘了，他那些听觉上的错觉被加上宗教性的诠释，成为“苏格拉底的命运之神”。苏格拉底的一切都是夸大的，都是小丑行径、讽刺，他的本性也充满欺瞒，凡事别有用心，充满隐秘的动机。

小偷

罗森克兰茨

《丑的美学》，导论（1853）

女小偷有一种不同的目光，就是滑向一边，那种动作，法国人称为 fureter（源自拉丁文 fur）。你参观大型监狱，进入一座大工作棚，里面经常集合六十到一百个女囚在纺织，你可以在她们带着恶意的眼睛里察觉这种特殊的目光，这种目光就是这种人的特征。当人为了邪恶本身之故而走入邪恶时，丑自然而然变得更明显……偶尔堕入邪癖，往往会比邪恶本身带来甚至更令人不快的、更粗俗的神情，邪恶本身的负面性质已经是整体的。粗俗的邪癖有其片面孤行的特质；绝对的邪恶是深刻的、强烈的，它会穿透人的外表，也同样会穿透人的脸，它就存在那里，即使没有发展成犯罪行为。

妓女

马斯特里亚尼

《虫》（1896）

所有构成妓女类型的身体和精神特征，这个女孩子一应俱全，而且这个糟糕族类里的个体，每一百个里有九十个具备这些特征。身体特征：我们说过，她的气质就是当妓女的气质。在这里，我们应该点出，这些可怜的东西到二十五至三十岁才开始变圆胖（至少以生活水准尚可的那些人而言）。……

那声音……啊！女人是不是卑贱沦于卖淫，听其声音即无所遁形。……你看见一个长相悦目可喜的少女，她似乎具有童贞女那种天使般的坦诚……没关系，细听她开口说话吧。刹那之间，假象的面纱就此掉落，童贞的拟像就此消失无踪！温文、端庄的少女不见了，你眼前站着一个妓女。那声音，单是那声音，就会让你知道这少女其实是什么样的一个女人。

声音嘶哑，这是这些不幸女人独有的特征。前文提到的杜沙提雷说，“这不再是使女人增添无限魅力的那种音色：从她们嘴里，只发出沙哑的，不和谐的声音，十分刺耳，那种声音，连马车夫想学也学不来。”

没错，这项特征在最下层的女人身上比较常见，不过，虽然在最下层女人身上比较发达而明显，但在邪恶而置身比较豪华奢侈的妓院里的那些年轻女郎身上，其引人注意的程度也不稍减。

灰色的眼睛，这是这些可怜的女人最常见的眼睛颜色。

旦丁，
鸡奸者，
神曲》，
手稿 597，fol.114，3，
第 15 章，
尚蒂伊，
孔代博物馆

埃米尔·贝亚德，
马蒂亚，
取自埃克多·马洛著《无家》，
1880，
巴黎，
赫哲尔出版

既穷又坏

亚米契斯

《爱的教育》(1886)

10月25日，星期二

坐我左边那个同学也是个怪人。史塔狄，身材小却粗壮，没有脖子，别别扭扭，从来不跟人说话。看起来他好像不是懂得很多，不过他细心听老师讲课，眼睛眨也不眨，也不皱眉，不咬牙。老师上课的时候，你如果问他什么事情，第一次和第二次他不回答，第三次他就踢你一脚。他旁边坐的是一个男生，那男生有一张硬邦邦的、没有好意的脸，好像叫富兰提，他从另外几排被赶到那里坐……

1月21日，星期六

德洛西在说国王葬礼的时候，我们之中只有一个人笑得出来，富兰提大笑。我讨厌他。他是个坏东西。有个爸爸到学校来骂他儿子，富兰提看了很乐；有人哭了，他就大笑。他怕卡隆尼，但他敢打大家叫“泥水匠”的那个同学，因为那同学矮小；他专找克洛西麻烦，因为克洛西一只胳臂不好；他嘲弄普列柯西，而人人尊重普列柯西。他甚至取笑二年级的罗伯提，罗伯提拄着拐杖，他为了救一个小男孩的性命而受伤。他向每一个比他弱小的人挑衅，他和人打架非常凶猛，每一拳都是为了伤人。他的额头低低的，眼睛浊浊的，令人很不喜欢，他那双眼睛老是藏在那顶上了蜡的布帽帽檐底下，几乎看不见。他什么都不怕，当着老师面大笑，东西能偷就偷，又不知羞耻不承认，随时随地和人争吵；他带很大的大头针到学校，用来戳他的同学；他把他夹克上的纽扣扯掉，也把别人夹克的纽扣扯下来玩。他的书包、笔记本和书本有的皱巴巴，有的撕烂，有的肮脏；他的尺子都有缺口，他的笔都用牙齿咬过啃过，他的指甲也是，他的衣服都脏兮兮的，和人打架撕得破破烂烂。听说他一天到晚出问题，他妈妈都被他烦出病来了，又听说他爸爸已经把他从家里踢出来三次。他妈妈常常来学校，问他在学校里怎么样，每次都哭着回去。富兰提讨厌学校，讨厌他的同班同学，也讨厌老师。老师有时候假装没有看见他乱来，他就愈来愈坏。老师想用好意来使他不要再坏下去，得到的却只是嘲笑。老师凶起来大骂他，富兰提就用两只手捣着脸，好像在哭的样子，其实他在笑。“你停学三天，”他停学回来，变得更坏，更没有礼貌。有一天，德洛西告诉他：“不要再这样了，你难道没有看到老师非常痛苦吗？”富兰提就威胁说，要用铁钉刺他。但是，今天早上他终于像狗一样被踢出学校了。老师正在给卡隆尼一份《萨丁尼亚的鼓》的稿子，要他抄一份，那是一月份要念的短篇故事，富兰提把一个烟火丢到地板上，烟火嘣的一声爆炸，声音像霰弹枪一样在全校回响。

罗索，
生病的孩子，
德累斯顿，
雕塑收藏，
国家艺术收藏馆

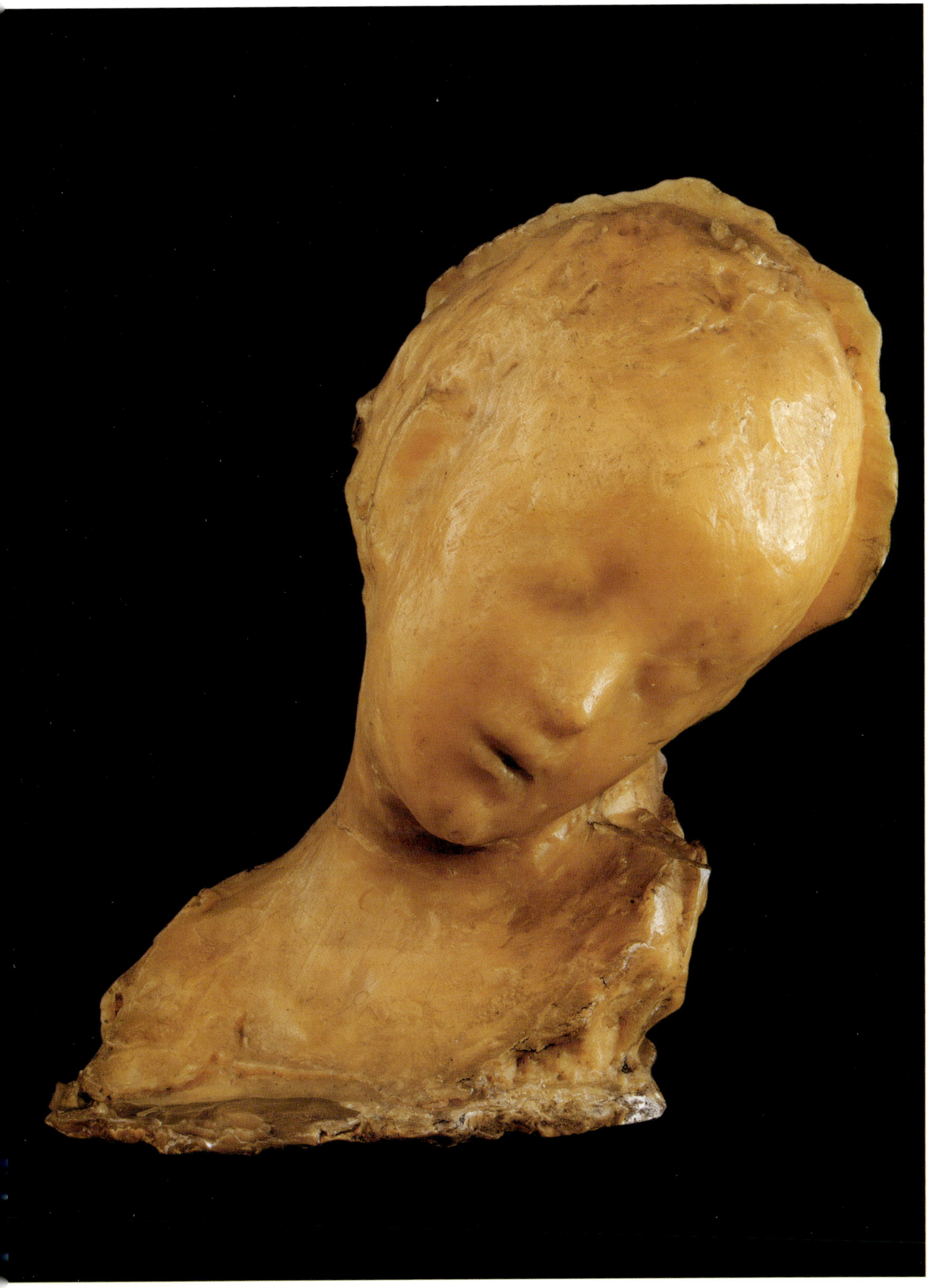

杀童者

乔叟

《女修道院长的故事》(1532)

如我在前面说的，小男孩
上学放学都经过犹太区，
总是快快乐乐唱着，
“我们救主的圣母”；
歌声高扬，他心中充满
圣母的甜蜜，他停不下来，
一路唱着，祈祷着。
我们的第一个敌人，撒旦，
也就是以犹太人的心为窝的那条蛇，
他扬声说，“哦，犹太人，瞧！
这事不该想想办法吗，
这么个男童自由自在来去，
唱歌侮辱你们，而且唱的歌
违反你们神圣的律法。”
从此以后，犹太人
共同阴谋，要将
纯真无辜的男童赶离人间；
他们雇用一个
暗巷杀手，
在男童快乐经过那里时
这万恶的犹太人捉住他，
紧紧攫住他，
割断他喉咙，将他丢进坑。
我是说，
扔进犹太人，
大解小解用的粪坑。
啊万恶的种族！全是希洛德再世！
你们的邪恶居心对你们何益？
凶案终将大白，怎么也挡不住，
上帝的荣耀
沛然流行；
血呐喊
指斥你们万恶的行事。
……
这贞洁之珠，这宝石，
灿亮的红宝石
喉咙割断，躺在杳无人见之处，
开始唱起
“我们救主的圣母”，
那么大声，整个地方都起回响。
基督徒走过那条街，
进到巷子，纳闷怎么回事：
他们赶忙告请市长，
他随即赶到，
祝福基督，天国之王，以及
他的母亲，人类之光，然后
下令将所有犹太人绑赴官府。
市长审判那些与谋凶案的人，
使他们下场可耻，死得痛苦。
对那些罪孽的犹太人，
他毫不动摇。
恶有恶报。
他判他们五马分尸，有的吊死。
大家哀痛万分，为男童善后，
他仍然在唱着：
众人以盛大的行列
送他到下一个修道院，备极哀荣。

那几百年里，丑即邪恶之说在对犹太人长相的分析中达到顶点。反犹的历史，从最早基督教谴责犹太人不诚不义，到中世纪民间反犹而导致十字军东征期间屠杀犹太人，一直到近现代斯拉夫国家屠杀犹太人。本书主题当然不是反犹史。反犹主义的开始是宗教上“反犹大主义”的结果。不仅罗马教会反犹而已，马丁路德也是，他早先还希望使犹太人集体皈依新教，后来在他 1543 年出版的《论犹太人和他们的谎言》(*On the Jews and their Lies*) 中无情处理犹太人。宗教上的反犹大主义逐渐和种族上的反犹主义结合，在欧洲得到确定。1492 年摩尔人被赶走后，犹太人随之被逐出西班牙，反犹势焰更盛。

犹太人维持其自我认同，又说别人不懂的语言，所以一般认为反犹主义是和这个族群接触的结果。其实，反犹的根据大致来自传统的刻板印象。看看一些反犹文本，如乔叟《坎特伯里故事》里《女修道院长的故事》、马洛的《马尔他的犹太人》(*Jew of Malta*) 或莎士比亚的《威尼斯商人》(*The Merchant of Venice*)，即知其概。

已有论者指出，犹太人 1290 年被逐出英国，到 17 世纪才由克伦威尔准许重返，上面提到的三位英国作者都不可能和犹太人碰过头。他们传播的犹太人形象纯属成见，连“开明”作者修道院长格雷古瓦 (Abbe Gregoire) 的作品也这样看犹太人，到 19 世纪狄更斯在小说《雾都孤

卡西莱，
西斯宣传机器制造的
犹明信片，
943—1944

儿》里写贼头法金（Fagin）依然如故。不过，一种远更狰狞的现象（19和20世纪）是以所谓“科学”的种族观念为根据的反犹。想看清这一点，要按照顺序读下列诸作：**瓦格纳**（有人说四部曲里的邪恶侏儒迷魅[Mime]是以刻板的犹太形象为根据，拉克罕姆[Rackham]为此剧画插画，就画他有犹太人的五官）；希特勒、法国的**塞利纳**（Céline），以及意大利法西斯主义杂志《**卫我种族**》（*La difesa della razza*）。诸作依序读来，就能了解，怀着如此本能的敌意描写犹太人及其特征者，分明心理有毛病，都有纠杂未解的心结。

毫无疑义，“丑恶”犹太人的长相、声音和动作成为反犹者道德畸形的（这次是真的）清晰特征。套用布莱希特（Brecht）一句话：对正义的仇恨“扭曲了（他们的）脸”。

启蒙时代学者笔下的犹太人

格雷古瓦

《论犹太人在肉体、道德和政治上的堕落》(1788)

一般来说，他们脸色是灰阴阴的，鹰钩鼻，眼睛深陷，下巴突出，嘴巴周围的缩肌很明显……此外，犹太人容易罹患导致血液腐败的疾病，例如从前的麻风病和今天的坏血病(坏血病类似麻风病)、淋巴结核等等……

有人说，犹太人成天散发一种恶臭……有人将这些问题归因于他们常吃带有辛腥气味的蔬菜，诸如葱和蒜，也有人说是他们多吃羊肉使然；又有人提到鹅肉，他们非常爱吃鹅肉，是鹅肉使他们变得容易抱持偏见，容易忧郁，因为鹅肉富含粗糙的、黏性的糖。

瓦格纳笔下的犹太人

瓦格纳

《音乐里的希伯来成分》(1850)

犹太人的长相有一种非我族类的调调，德国人极为憎恶的一种调调；你根本不会希望和这种长相的人发生任何关系……你想象得到的任何角色，无论是古代角色或现代角色，无论是英雄或情人，由犹太人扮演起来，你看了都会情不自禁觉得何其不适合，应该说，觉得何其可笑……姑且不谈化装成某个角色是何模样，犹太人的长相，单单由于其种族之故，用在艺术表演上就是不合辙的，同理，犹太人没有能力产生任何以人性为根源的艺术作品……不过，最令我们恶心的还是犹太人说话的那种腔调……犹太语尖锐、充满嘶嘶作响的齿擦音的、刺耳的声调，令我们听来特别不愉快。犹太人的遣词用字和句法结构违背我们的民族语言……

听犹太人说话，我们不是有意，但我们就是会把注意力摆在他们说话的方式上，而不是摆在他们说话的内容上。在解释犹太人的音乐作品给人的印象上，这一点十分重要。听一个犹太人说话，我们情不自禁觉得懊恼，因为我们发现他所言没有丝毫真正的人性内涵……犹太人格令我们不快之至，犹太人格天生贫乏，这贫乏自然而然就表现于歌曲之中，因为歌曲是个人感受最活泼，也最真实的表现。就算我们承认犹太人有其他艺术才能，但他们绝无歌曲才能，他们天生就与此无缘。

希特勒眼中的犹太人

希特勒

《我的奋斗》，II，2(1925)

尤其在年轻人方面，衣着应该为教育服务。夏天里也穿着长长肿肿的裤子，衣服扣到脖子的男孩子，单是他身上的衣服，就使他不会喜欢需要花费力气的身体运动……

少女必须熟悉她的甜心。今天，男身之美要不是被我们愚蠢的穿着方式掩盖了，我们的少女也不会成千上万被那些走起路来恶心摇摆的犹太杂种诱拐……

犹太人的眼睛

塞利纳医生

《从十九个肉眼可见的身体缺陷来辨认犹太人》(1903)

犹太人的眼睛非常特殊。如果“眼睛是灵魂的镜子”的说法没错的话，我们就必须说，犹太人的灵魂是最狡猾最虚伪的；没有任何人的眼睛比犹太人的眼睛更呆滞或更明亮，而那眼睛是呆滞或明亮，视情况而定……他们的眼皮永远非常浮肿。到二十岁左右的时候，犹太人的眼睛在连合之处起褶，形成一千条细细的皱纹，这些皱纹随年纪增长而强化，因此，犹太人给人永远在笑的印象，而且，他可能年纪尚轻，却还是像个老头子般干瘪多纹。不管是谁，无论多么没有经验，只要看见犹太人的相片，都轻易就能指出这项特征。我形容这种眼睛是“蟾蜍眼”，部分原因是犹太人本来就有点像蟾蜍。不过，我也不是有意中伤这个长得像小脓疱的人种，因为他们对农业和园艺有很大的贡献。犹太人的眼睛闪闪发光。一个犹太人开始微笑或大笑的时候，他浮肿的眼皮会密合起来，只留下一条刚好可以看出来的，非常明亮的线，面相学专家说，那是精明和狡猾之征，我则不妨加一句，这个特征主好色……

芬尼克，
屠杀犹太人，
海报，
1919，
柏林，
德国历史博物馆

法西斯主义种族论里的犹太人

蒙唐东

《如何辨认犹太人》

《卫我种族》杂志，III，21—2（1940）

犹太人有哪些特征？

——非常明显的鹰钩鼻，明显程度随个人而异，他们的鼻中隔大多十分突出，鼻孔明显扩大外掀。南欧和东欧来的犹太人，有些侧面望之极似老鹰，使人不由得想起某种精心配种的老鹰……

——嘴唇多肉，下唇往往突出，有时候非常明显地突出，眼睛在眼眶里下陷不深，其眼神目光比其他人种偏向湿润而湿粘，眼皮经常半睁半闭。……

——犹太人比较不那么常见、不那么容易判断的特征包括头发蓬松……以及，身体方面：双肩微微弯曲，扁平足。至于手势贪婪，以及步态驼背，则更不在话下。

第十章

浪漫主义以及对丑的拯救

1. 丑的哲学

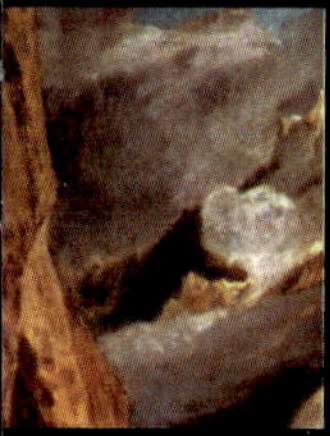

在美学上对丑做彻底思考的首例，是德国人莱辛（Lessing）的《拉奥孔》（1766）。拉奥孔是特洛伊的祭师，他警告他的同胞说木马中包藏祸害。拉奥孔雕像（1 世纪）的主题是他和两个儿子被密涅瓦（希腊女神雅典娜的罗马名字）派出的两条大蛇吞噬。

这个故事典出维吉尔《埃涅阿斯纪》第二卷的叙述：怪蛇将两个年轻人片片撕碎，然后卷住无助的祭师。拉奥孔在它们致命的缠绕中死命挣扎，发出牛被活活剥皮般的惨嚎。艺术史祖师温克尔曼（Winckelmann）为了佐证他的新古典主义诗学，在《关于模仿的思考》）（*Thoughts on Imitation*, 1755）里指出：雕像表现拉奥孔的痛苦，有一点古典的镇定均衡，流露其“压抑而痛楚的呢喃”，而非直现他的恐惧狂嚎。莱辛却认为，诗的表现和雕刻的表现所以有差别，在于诗是时间艺术，描写一项行动的过程，既能唤起可憎的事件，又不使之显得令人受不了的直接和明显，雕刻（如同绘画，是空间艺术）则只能呈现瞬间，将这瞬间固定的时候，只能表现扭曲令人不安的脸，因为肉体之痛那种使身体变形的猛烈力量和刻画上的美是互不相容的。

不过，我们在这里感兴趣的不是这场辩论的核心是什么，而是莱辛为支持他的立场提出了一套复杂的“丑的现象学”，分析丑在各门艺术里的不同表现，并且思考，要在艺术上再现恶心的事物，是困难重重的。

拉奥孔，
公元前 56 年，
罗马，
梵蒂冈博物馆

诗中的丑和绘画中的丑

莱辛

《拉奥孔》(1766)

诗人运用形式之丑，画家如何呢？绘画，作为一种模仿的能力，能表现丑；绘画，作为一种美的艺术，则无法表现丑。一切有形可见的对象都属于前一种情况；第二种情况则只包括那些引起快感的有形对象……

形式之丑也是同样的道理。这种丑是碍眼的，和我们对秩序与和谐的品味相冲突，会撩起厌恶之感，而且我们不必考虑我们觉得丑的对象的真实存在。我们不会喜欢看忒耳西忒斯，无论是真人，还是绘画里的；而且，虽然他的画像比较不那么令我们不快，这却不是因为他的形式在绘画里已不再丑，而是因为我们具备从丑中抽象的能力，以及我们只是乐见那位画家的艺术。但是，甚至这一层乐趣人也会不断被一个想法打岔：我们想到艺术居然被这样糟蹋，而且我们生此想法之后，很难不连带减低对那位艺术家的评价……因此，形式之丑的本身不能作为绘画（以绘画作为一种美的艺术而论）的题材，因为它引起的感觉是不愉快的，不过，也不是那种在模仿里会变成可悦的那种不愉快感觉，问题仍然在于，要看看丑对绘画是不是可以用来强化其他感觉；丑之于诗，亦当如此视之。

绘画能不能运用丑的形式来获致可笑和恐怖的效果？我不想冒险马上用一个“不能”来回答这个问题。有点是不容否认的：无害的丑在绘画里也能变得可笑；它如果和一种做作的优雅和庄重气氛连在一起，就特别如此。另外一点同样不容否认：有害的丑，例如自然界里的丑，就是摆在一幅画里，也能引起恐怖之感；而且可笑和恐怖（这两者本来就是内涵混杂的感觉）在模仿里能够达到一种全新的动人和快感境界。

不过，我必须指出，尽管道理如此，绘画和诗的情况还是完全不同的。在诗里，我在前面已经说过，由于其构成部分不是并立性的，而是转化成行进式的，形式之丑几乎完全没有令人憎恶的效果。

同一世纪里，还有许多作家论述崇高的问题。人看待丑、讨厌甚至恐怖事物的方式由此发生根本改变。“崇高”这个主题在希腊化时代就由伪朗吉努斯（Pseudo-Longinus）提出，经过一些近代的翻译而被重新发现，如波瓦洛（Boileau）的《论崇高》(*A Treatise on the Sublime*, 1674)。其中牵涉的主要是在修辞上省思，即如何在诗中表现巨大的、压倒性的激情。在 18 世纪，关于美的辩论，重点从寻找规则来定义美转为思考美对人的作用；关于崇高的第一批著作关心的不是艺术效果，而是我们对没有形状的、痛苦的、可怕的自然现象的反应。值得思考的一点是，崇高美学产生于所谓哥特式小说（详见下章）即将问世之时，而且和人对废墟的一种新的鉴赏力相伴而至。

特别要留意柏克（Edmund Burke）的《对吾人之崇高与美丽观念起源的哲学探讨》(*Philosophical Enquiry into the Origin of our Ideas of the Sublime and Beautiful*, 1756—1759)。我们目睹暴风雨、洪涛汹涌的海、崎岖的危崖、冰河、深渊绝谷、一望无际的大地、洞窟和瀑布时，欣赏空荡、荒凉、寂静、风暴时，都会感觉到崇高：我们觉得一件事物恐怖但这事物不能控制或伤害我们时，这些印象就会变成快感。

弗里德里希，
海边僧人，
1810，
柏林，
国立美术馆

274 页：
透纳，
圣戈塔隘口的魔鬼桥，
19 世纪，
伯明翰，
伯明翰博物馆与艺廊

275 页：
沃特豪斯，
米兰妲，
1916，
私人收藏

崇高

叔本华

《意志与表象的世界》，III，39（1818）

在暴风雨里抽搐的大自然；在充满威胁的黑色雷雨云中变昏暗的天空；庞大、赤裸、耸拔欲倾，完全遮断视界的绝崖；冲决奔腾，浪花飞溅的激流；纯粹的沙漠；在岩石隙缝中穿行急扫而过的怒号风声。我们倚赖含有敌意的大自然，我们和含有敌意的大自然搏斗，我们的意志在这眼前可见的冲突中被打破。然而，只要我们个人承受的压力不占上风，只要我们继续审美的静观，纯粹的知的主体不被摇撼，一切置之度外，凝视穿透那大自然的搏斗……并且沉静地含摄我们对那些对象的观念，尽管那些对象对我们的意志是充满威胁的、恐怖的。崇高的意识就寓于这对比之中。但是，这印象还会变得更强烈，如果澎湃怒啸的大自然在我们眼前展开大规模的战斗……或者，如果坐船置身激烈的海上暴风雨之中，高大如山的惊涛起起落落，狂卷怒拍高耸壁立的绝崖，浪花飞溅排空而上；暴风雨狂号，大海沸腾，闪电从重重乌云迸射而下，滚滚雷声掩没暴风雨和海洋的喧哗。这时，在屹立无畏的观者胸中，他的意识的双重本质达到最高度的清明显现。一方面，他体察他自己是一个个体，脆弱的意志现象……另一方面，他体察他是永恒的、平静的知的主体。……

趣味

施莱格尔

《论希腊诗的研究》（1797）

“有趣的”这个领域只可能自我毁灭，因此也是一个过渡性的品味危机。不过，它面临的两个可能的灾难非常不一样：艺术基本上是导向审美的能量，品味则会不断地渐渐对旧有的刺激麻木，因此会不断要求更多刺激，愈来愈强、愈来愈浓烈的刺激——它会迫不及待从辛辣够味的东西转向惊异叫绝的东西。辛辣够味就是那令麻木的感性亢奋痉挛的东西，惊异叫绝则是刺激想象的东西。两者都是预告死亡在即的使者。无聊死气是给无能的品味的可怜滋养，在大众心中产生震惊的东西（怪异、可憎、恐怖的模式）则是品味垂死挣扎的最后抽搐……

很难说美是近代诗的主导原则，许多最精彩的近代作品清清楚楚是在刻画丑，我们因此只好承认（不情不愿地承认）现实中存在的失序已经到了丰富浩瀚的顶点，而且各种精力过剩与过剩精力之间的冲突导致大家急迫无暇另择题材——刻画这类题材，所需要的创造力量和艺术智慧，即使不大于，也等于刻画完美和谐的丰富和精力所需的创造力量和艺术智慧。……大众，甚至其中最富教养的人，完全不管形式，一心渴求内容，只要求艺术家提供有趣的个性。只要这东西产生一种效果，只要这效果是强烈的、是新的，大众就不在乎这效果是用什么方式、什么材料产生的，原因确确实实就在于这些大众对一件完成的整体的单一效果没有兴趣。

老虎
威廉·布莱克
《老虎》(1794)
老虎！老虎！明灿燃烧
在夜的森林中
什么不朽的手或眼
打造了你可畏的美姿？
在什么深海或远天
燃烧着你眼睛的火？
他乘什么翅膀而上？
什么样的手敢抓那火？
什么样的肩膀，和什么样的技艺
拧成你的心腱？
你的心开始跳动时，
什么样可畏的手塑造你的脚？
什么样的锤？什么样的炼？
在什么样的炉里冶炼你的脑？
什么样的砧？什么样可畏的掌
敢掐它致命的恐怖？
当星星投下它们的矛，
并以它们的泪濡湿天空，
他看了他的成果是否微笑？
是造羔羊的他造了你吗？
老虎！老虎！明灿燃烧
在夜的森林中
什么不朽的手或眼
打造了你可畏的美姿？

美杜莎
雪莱
《佛罗伦萨画廊中达·芬奇所作美杜莎像》(1819)
……它的可怖和它的美是神圣的。
它的双唇和眼皮似乎
像影子一般带着可爱，从中映射着
炽热而骇人的，在底下挣扎的
焦虑和死亡之痛楚。
……
从它头部，好像从一具身体长出来，
如同……草从潮湿的岩石中长出，
那蛇发，它们鬈曲而流动
它们以长长的纠结彼此交缠，
并且在无穷的旋乱中显示
它们映在铠甲上的明灿，仿佛嘲笑
那内在的折磨和死亡，并以锯齿状的颚
锯那坚实的空气。

勃克林，
瘟神，
1898，
巴塞尔，
艺术博物馆

康德将美与崇高对照，在《判断力批判》(1790）中谈到数学式的崇高，典型例子是繁星满布的天空：我们所见仿佛远逾我们的感受能力范围，我们的理性因此假设一个无限，我们的感官无法掌握这无限，我们的想象却以直觉拥抱它。另一种崇高是力学式的崇高，典型例子是暴风雨：我们的灵魂被无限力量的印象撼动，我们的感官本能自觉渺小，从而产生不安的感觉，但我们意识到我们在道德上的伟大来弥补这不安——自然的威力无法主宰我们道德上的伟大。在其《论崇高》(*On the Sublime*, 1800）里，席勒认为崇高的意思是：某件事物使我们感受到我们的局限，但同时使我们觉得我们是独立于一切限制之外的。黑格尔则在他的《美学》(II, 2, 1836—1838）里说：我们想表现无限，但在现象界找不到足以表现无限之物，由是而生崇高之感。

那时候，美已不是美学的主导观念。此外，浪漫主义思想家将注意力转向艺术的本质，认为只有艺术能使我们实现审美价值，甚至谈论自然界里令我们憎恶的事物也有此功能。后来，尼采写《悲剧的诞生》(1872）时就说崇高“将恐怖附着于艺术手段”。

格里科特，
断肢，
1818—1819，
蒙贝里耶（法国），
法柏博物馆

这种观点的基本著作是**施莱格尔**的《论希腊诗的研究》（1795），书中将近代艺术和古代艺术作对比。请注意，前浪漫主义和浪漫主义的思想家（如黑格尔）将近代艺术的萌芽和基督教连在一起，与希腊世界的古典理想对立。但他们难免给人一个印象：他们以近代感受去体会过去，他们这么做的时候，其实是在谈新的浪漫主义诗学。

施莱格尔埋怨说，到他那时为止，没有人尝试发展丑的理论，而想了解古典世界和近代世界的差异，一定要有一个丑的理论。他尝试的结果是他偏爱古典艺术，并惋惜说，近代艺术里出现丑，是“一种令人不快的感性形式”。不过，他笔下仍然流露他对新艺术的特征有一种着迷，同时又希望新艺术本身含有使新艺术逐渐过时的种子。他认为新艺术里，有趣的盖过美的，特征和个性盖过古代艺术颂扬的理想典型。他还描述浪漫主义诗学，我们稍后就会讨论。丑成为一种“美学罪人”，施莱格尔甚至认为我们应该拿“刑法”来对付它。如波迪（Remo Bodei）所说，施莱格尔对新艺术缺乏信心，但他有些说法还是透露他支持那个产生了法国大革命的世纪精神，并且着迷于那可能会产生新秩序的“有重生作

列宾，
恐怖伊凡和他儿子伊凡的尸体，
1851，
莫斯科，
特列亚科夫国家博物馆

用的混乱”的观念。施莱格尔提醒我们，有趣的和特殊的艺术需要不规则的和畸形的题材（才能使我们持续处于兴奋状态，才能再现那达到失序极致而丰富的现实），否则我们无法了解莎士比亚是“近代诗的绝对顶点”这个说法：这位艺术家像大自然般糅合美与丑——大自然里，个体的美从来不能免于杂质；这位艺术家的作品和角色都富含这些杂质。

在其《美学体系》(*System of Aesthetics*, 1839）中，维斯（Weiss）认为丑是美的必要部分，是艺术想象必须纳入考虑的要素。

谈丑如何进入基督教图像学的时候，我们已引过黑格尔的《美学》，黑格尔认为丑是和美冲撞的必要环节。在后黑格尔圈子，索尔格（Solger)、维舍（Wischer)、费雪（Fischer)，尤其罗森克兰茨，都谈到丑的问题。在《丑的美学》(*Aesthetics of Ugliness*, 1853）中，罗森克兰茨提出一种现象学：从不成体统的描写谈到可憎的描写，中间经过恐怖、空无意义、令人作呕的、犯罪的、精灵似的、魔性的、女巫似的，终至讽刺漫画的兴盛——讽刺漫画能够把可憎的化成可笑的，经由机锋和奇想，让畸形变形为美丽。

荷加斯，
大卫贾利克演**理查三世**，
1745，
利物浦，
国家博物馆

浪漫主义对丑的最热烈赞美，可见于**雨果**为其戏剧《克伦威尔》(1827）所写的序。雨果也认为现代性始于基督教，但他关于过去的说法可用“浪漫主义的宣言”一词道尽要义。据他之见，中世纪是一群丑怪地狱形象的集合，也就是那些教堂雕刻的集合。他指的其实是新哥特文学的中世纪。他后来在《钟楼怪人》中重现了那个时代。

雨果视丑为新美学的典型，他说的丑是丑怪——被真理和诗带进艺术领域的一件畸形、可怕、可憎的事物。他认为这是自然送给艺术创造的最丰沃来源。施莱格尔在《论诗》(1800）里已经说：丑怪的意象或阿拉伯图案式意象有一种典型的“自由不拘的奇癖”，摧毁大家习惯的世界秩序。保罗在《美学入门》(1804）中称之为破坏性的幽默。他从愚人节谈到莎士比亚作品里“对全世界的嘲讽”，由此幽默变成可怕、没有道理的东西（弄得我们觉得立足之地被抽走了似的）。

但是在雨果那里，丑怪成为一个范畴（虽然他谈的是10世纪前后的艺术现象）。这个范畴解释、引进，甚至部分促进了18世纪后期到我们时代之间出现的一系列角色，这些角色是撒旦式的，美完全消失。如波迪所言，雨果“使美走到尽头，和丑合一”。

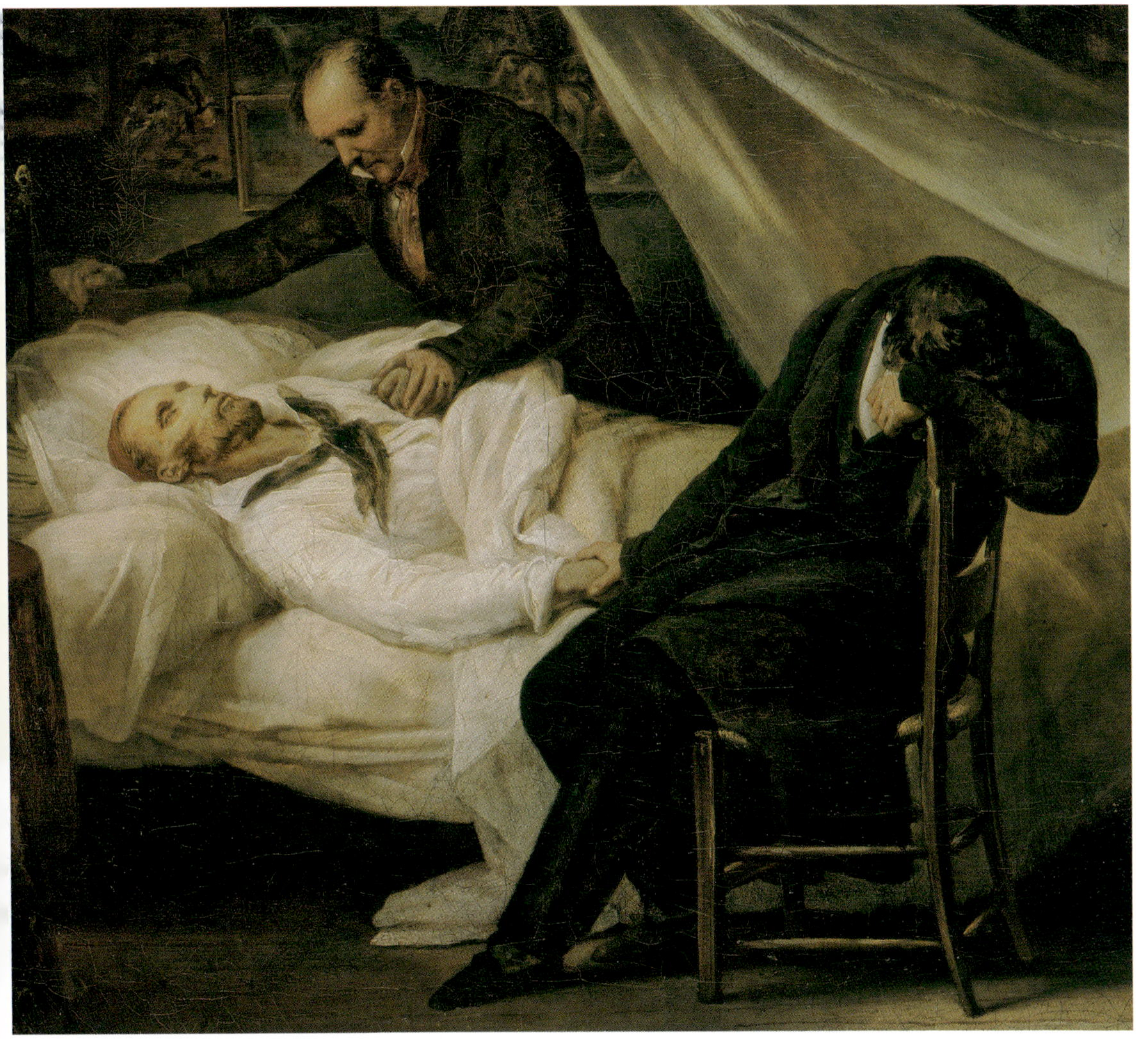

斯海弗，
格里特科之死，
1824，
巴黎，
卢浮宫

美的黄昏

雨果

《克伦威尔》，序（1827）

我们已经指出我们认为使现代艺术有别于古代艺术、今天的艺术有别于已死的艺术，或者——用比较模糊但大家比较信任的措词来说——浪漫文学有别于古典文学的特征，以及其根本差异……我们也不能说喜剧和丑怪是古代人绝对不知道的东西：古人不可能不晓得这些东西……〔不过〕，在现代思维里，丑怪扮演一个重大的角色。丑怪俯拾即是：一方面，丑怪创造了畸形和恐怖的事物；另一方面，丑怪创造了诙谐和小丑般的事物。……现代精神并没有失落超自然造物者的神话，不过，现代精神粗鲁地赋予那些造物者一种完全相反的性格，这完全相反的性格又产生一种完全不同的效果：它将巨人转化为侏儒，将巨怪库克罗普斯转变成小地精……与畸形接触，已赋予现代的崇高某种比古代之美更伟大、更崇高的境界……美只有一种类型，丑却有千种类型……从人类的观点来看，美无非是从最基本的关系所见的形式，在绝对的平衡里显现的形式，以及形式和我们的身体之间最深刻的和谐。……反过来说，丑是一个大整体里没有被我们察觉的一个细节，这细节不是和人形成和谐，而是和整个宇宙和谐。丑不断显露宇宙新但不完全的层面，道理在此。

2. 丑而堕入地狱的人

德拉克洛瓦，
异教徒与哈珊之战，
1835，
巴黎，
小宫博物馆

席勒在《论悲剧艺术》（1792）中说，“我们的天性有个普遍现象，就是忧伤、可怕甚至恐怖的事物对我们有难以抵挡的吸引力；苦难和恐怖的场面，我们既排斥，又被其吸引”，而且我们贪读令我们寒毛直竖的鬼故事。

就是这样的精神导致在那数十年产生专写荒废城堡和修道院、恐怖墓穴、血腥犯罪、恶魔幽灵、鬼、腐烂尸体的哥特式小说。华波尔（Horace Walpole）的《奥特朗托堡》（*The Castle of Otranto*, 1764）、**贝克福德**（Beckford）的《法赛克》（*Vathek*, 1786）、**刘易斯**（Lewis）的《僧人》（1796）、拉德克里夫（Ann Radcliffe）的《意大利人》（1797）及马图林（Maturin）的《流浪者梅莫斯》（*Melmoth the Wanderer*），构造了一系列角色。这些角色不是带点阴森的英俊，就是脸上有邪恶的标记。

至于堕入地狱的英雄（往往是弥尔顿式魔鬼的传人），也就是普拉兹（Praz）所谓“撒旦的变形”，则在哥特式小说之外继续现身浪漫主义、写实主义、颓废主义的绘画和文学作品中。**拜伦**写的那个《异教徒》，以及**欧仁·苏**、**巴尔扎克**、**艾米莉·勃朗特**、**雨果**、**史蒂文森**笔下，直到我们当代的各种坏蛋，皆属此类。

康德的《判断力批判》仍然认为，呈现令人恶心的丑一定会破坏所有审美快感，浪漫主义却克服这个限制。**雨果**小说《笑面人》里，女公爵约瑟·安妮想要得到关伯兰，正因为他令人恶心而厌恶。

法赛克的旅程

贝克福德

《法赛克》（1786）

在这座宏伟的大厅里，大群人络绎不绝经过。他们的眼睛深陷在眼眶里，有如那些发着磷光的流星在夜晚的墓地闪闪烁烁。有人大步地走；有人陷入深思；有人痛苦尖叫，像被毒箭射伤的老虎一般，疯狂奔来跑去；又有人带着怒气咬牙切齿，嘴角冒泡，比最野蛮的精神病人还疯狂。他们都互相避开；每个人四周都是数目数不清的人群，但各人却兀自乱走，不理会别人，仿佛走在一个从来没有人到过的沙漠里。……在一个火球上，坐着可畏的艾布利斯。他的体态是一个年轻人的模样，他高贵匀称的五官似乎被恶性的蒸汽玷污了。他的大眼睛里流露着骄傲，也流露着绝望；他飘动的长发仍然依稀仿佛一个光明天使的长发。

施图克，
路济弗尔，
1891，
索菲亚，
国立外国艺术艺廊

287 页：
勃克林，
有死神拉中提琴的自画像，
1872，
柏林，
国立美术馆

唤起魔鬼

刘易斯

《僧人》（1796）

她领着他走过许多狭窄的通道；他们所过之处，灯光在沿途的每一边照出令人无比恶心的物件；骷髅、骨头、坟墓，以及人像，那些眼睛大睁着，仿佛带着恐怖和惊异盯住他们。……

“他来了！”玛蒂达叫道，声音欢悦。

安布洛席欧吓了一跳，怀着恐惧等着魔鬼出现。隆隆滚鼓般的雷声停止的时候，美妙的音乐在空中响起，他真是惊诧莫名！同时，一片云消失，他看见一个比奇想之笔所能描绘更美的身影。是个少年，看起来还不到十八岁，身形和面容之完美无与伦比。他完全赤裸，一颗明亮的星星在他额头闪闪发光，两只深红色的翅膀从他肩膀伸出来，他细柔如丝的头发围在一圈五颜六色的火里，那火在他的头的四周摇动变化，形成各种各样的形状，光明闪耀，比宝石的辉光还更灿烂。他的胳膊和脚踝都套着一串串钻石，他右手握着一件银色的东西，形如桃金娘。他全身散发令人目眩的明耀：他笼罩在玫瑰色的光云之中，一阵令人神清气爽之气将各种香味送过洞窟。安布洛席欧被和他预期太过相反的景象迷住了，他满怀喜悦和惊奇凝视那个精灵。但是，那身影无论多美，他都留意到那魔鬼的眼睛里有一种狂野，而且那张脸上的五官印着的一股神秘的忧郁透露出他是堕落的天使，并且使观看者心中油然而生畏怖。

受谴的英雄

拜伦

《异教徒》（1813）

郁黯而超自然
是他浅黑色的帽底射出的怒视。
那怒张的眼睛的闪光
透露太多的过去；
他经常以他的一瞥流露悔恨，
那一瞥里潜藏着那无名的魔咒，
那是不能启齿的魔咒，却述说着
一个无匹且高傲的精神，
那精神声称并且维持优越；
……
半惊半恐的托钵僧独自遇见他
退走为上策，
仿佛那眼睛和忿忿的笑容
传给他们恐惧和奸诈：
他经常纡尊微笑，
他微笑时，看着令人感伤
他只是在嘲笑不幸。
……
但更难过的是追溯
那张脸上曾有的感觉：
时间尚未固定那些五官，
光明的特征就已和邪恶相混；
那儿还有一些尚未褪去的色彩，
述说着一个
尚未完全被它犯过的罪行
降格的心灵：
一般人只看到
误入歧途的行径和应得的厄运；
细心的观察者则能察觉
一个高贵的灵魂，和高尚的出身：
啊！虽然两者都白给了他，
被不幸改变，
被罪行玷污，
但被赋予这些高贵天资的这个身体
却不粗俗，
而且仍然令人带着畏怖
看得目不转睛。

校长

欧仁・苏

《巴黎的秘密》(1842—1843)

你没有办法想象还有什么比这个土匪的脸更可怕。

他脸上满是深深的、泛蓝色的疤痕；他的双唇被硫酸盐的腐蚀作用弄得肿胀；他鼻子的软骨部分是裂开的，鼻孔没有了，换成两个不成形状的洞。他的眼睛灰色，细细小小，圆得不能再圆，横溢着凶残。他的眉头像老虎的眉头一样平，几乎藏在一顶皮帽里，那皮帽有泛红色的长毛……那模样，使你想到一只怪物的鬃毛。这教员身高不超过五呎二，头异常的大，陷在宽阔、有力、多肉的双肩之间，那件灰色布质罩袍的褶纹底下，可以看出那两个肩膀。他的双臂很长，肌肉强健，手腕则大而粗壮，一直到手指都长满了毛。他的双腿有点儿向外弯曲，但小腿巨大，看得出他有竞技员的力量。

简而言之，这个人体现了一切矮、粗、壮的夸张模样，是赫剌克勒斯的那种类型。经常在这张可怖的脸上，在那些骚动不宁、像野兽眼睛般燃烧的眼睛里迸闪的凶恶神情，我们就不必再描写了。

伏脱冷

巴尔札克

《高老头》(1835)

探长笔直向他走过去，开始行动，首先给他脑袋狠狠一击，把假发击落，柯蓝的脸于是丑相毕露。那短短的、砖红色的头发恐怖地暗示着此人既孔武强壮，兼又狡狯异常，他整个头和他有力的身架十分相配，在那一刻，地狱之火仿佛从他的双眼迸射而出。那迸射的闪光照出真实的伏脱冷，他马上原形尽露；他们知道他的过去，他的现在以及未来，他那些无情的信条，他的行动，他那只图自己快乐的宗教，他的冷酷和对人类的鄙视，那抵得过一切考验的身体力量。血涌到他的脸部，他的双眼凶光外露，像野猫的眼睛。他以野蛮的精力和一声狰狞的吼叫作势要反击，引起住户们连声恐惧的惊叫。警员们见状，在一片嘈杂声中亮出手枪。柯蓝看见那些武器亮闪闪的嘴，看见自己身陷险境，当下就证明他具有一种最高等的力量。他的面容蓦然完全改变，那种突然变脸的本事，既有一点恐怖，也有一点威严；要打比方的话，只能将他比作一口大锅，锅里满满沸腾着足以使大山飞起来的蒸汽，而这股可怖的力量被一滴冷水瞬间驱散。将他这股沸腾的怒气浇冷的那滴水，是一个像闪电般闪过他脑际的反思。他开始微笑，目光朝下，看他的假发。

希斯克里夫

艾米莉・勃朗特

《呼啸山庄》(1847)

"希斯克里夫的目光没有朝我这边瞥来。我抬眼凝视，静观他的五官，自信十足地静观，仿佛他的五官已经变石头。他的额头，我曾经认为那么雄赳赳的额头，此刻却满是魔鬼气息，遮在一片浓重的云里；他那双蛇怪般令人见了毙命的眼睛，因不眠而几乎熄灭了，而且在哭泣，或许因为他的睫毛那时候是湿的；他的嘴唇呢，完全没有了它们凶恶的嗤笑，锁在一种难以言喻的悲伤表情里。如果眼前是别人，我会掩脸，不忍卒睹这样的忧伤。但这人是他，我心满意足。"

爱丑

雨果

《笑面人》(1869)

"在你面前，我觉得自己降级了啊，这是多大的幸福！当一个大公是多么无聊的事！我是贵族；天下还有比这更累人的事吗？蒙羞是一种安慰我受惯了尊重，太心满意足了，我渴望被轻视。……"她打住片刻；然后带着可怕的笑容继续说："我爱你，不只是因为你畸形，也因为你出身低我就爱怪物，而且我爱江湖郎中。一个受鄙夷的爱人，被嘲笑的、丑怪可怖，在剧场上遭人耻笑，这样的人对我却有一种非比寻常的吸引力。就像品尝地狱的果实。一个恶名昭彰的爱人，多美妙啊！品尝苹果，不是乐园的苹果，而是地狱的苹果：这对我有无比的诱惑。那就是我如饥似渴而追求的。我就是那夏娃，地狱深渊的夏娃。或许你是一个魔鬼，只是你自己不知道。我爱上一个梦魇了。你是一个会动的木偶，这个木偶的线是由一个幽灵牵动的。你是地狱的欢乐的化身。你是我需要的主人。……关伦兰，我是那王位，你是那脚凳。让我们平起平坐结合吧。啊，我这样纡尊降贵，多么幸福！我希望全世界能够知道我已经变得多么卑微。那样，世界的鞠躬就会更低。人愈是怀着憎恶就愈畏缩。这是人性。带着敌意，然而匍匐；是龙姿，却是虫态。啊，我和诸神一般堕落！……你呢，你不只是丑而已；你还是畸形的。丑是卑下畸形是雄伟。丑是魔鬼在美背后的咧嘴而笑；畸形是崇高的反面……我爱你！"她叫道。接着，她深深地吻了他。

魔像

梅林克

《魔像·恐惧》(1915)

那是个恐怖的生物，宽阔的肩膀，魁梧的体格，拄着一根多节瘤的、螺旋形的木杖。在应该是它的头的地方，我极目看去，只能分辨出一个模糊的、几近透明的雾球。这幽灵散发一股强烈的白檀木和湿石板气味。我觉得我完全没有抵抗力，我会完全任它摆布，这感觉几乎使我昏过去。那段时间使我胆寒的折磨此刻浓缩成一股致命的恐惧，这恐惧凝结成站在我面前的这个生物。自保的本能告诉我，如果看见那个幽灵的脸，我会恐惧、害怕得发疯……可是我又受它吸引，仿佛被一块强力的磁铁吸住，我的眼睛无法挣脱这个几近透明的雾球。我想办法分辨它的眼睛、鼻子和嘴巴。但是，尽管我极力尝试弄明白它，这团雾还是留在那里，一动不动，眼力也穿不透。当然，我把各种各样的头摆到那具躯干上，但无论摆什么样的头，我都知道那只是我自己的想象。所有的头，我一创造出来，都在刹那消失。只有一只埃及朱鹭头的形状留下来一段稍久的时间。这幽灵的轮廓阴森森从黑暗中浮现，以刚好可以察觉的程度收缩，然后扩大，仿佛是那缓慢的呼吸在影响它整个形体。那缓慢的呼吸是我能看出来的仅有动态。它没有脚，只以骨头状的残肢支在地上，它灰色、无血的肌肉在地上形成同心圆似的隆起。

恐怖的怪物

雨果

《九三年》, II, 1(1873)

1793 年 6 月 28 日，三个男子在那后店围着一张桌子坐着。他们的椅子彼此分开，三人各据桌子一边，第四边空着。当时大约是晚上八点钟。外面，街上仍是白天，但在这后店里，夜已降临，一盏油灯从天花板吊下来，照亮桌子。油灯在那年头可是奢侈品呢。三个男子之中，第一个面容苍白，年纪尚轻，神情严肃，薄嘴唇，目光冷冷的。他面颊上有个神经性的抽搐，他微笑的时候一定令他不舒服。他擦了粉，戴手套，头发梳理过，衣扣都扣上。他穿淡蓝色的两件头，上衣不见皱纹，长裤是南京布，袜子白色，打得高高的袜结，花边装饰，鞋子亮着银扣。另外两人，一个状似巨人，另一个形同侏儒。高的那位衣着很不讲究，大大的猩红布上衣，脖子光裸，领结松松的，一直落到胸前下方。他的夹克敞得开开的，有几颗扣子掉了，蓬乱的头发完全不见理发师手艺的痕迹。他的假发看起来有点像马的鬃毛。他的脸上带着天花的疤痕，他的双眉之间有一条“愤怒线”，嘴角则有一条“善良线”，他的嘴唇和牙齿都大，拳头像挑大的拳头，眼睛则精光闪闪。身材最小那个人肤色泛黄，他的坐相看起来像畸形人；他的头后仰，双目满是血丝，脸上长着蓝色的瘤，他头发油腻而直，披着一条打结的手帕。他没有额头，他的嘴巴极大，入目十分吓人。他的鞋子也大，他的背心看起来好像曾经是白绸料子，背心上面穿一件衬衫，衬衫皱纹有一条是直的，底下想是一把刀吧。三人之中，第一人叫罗伯斯比，第二人是丹顿，第三个是马拉。

海德博士

史蒂文森

《化身博士》(1886)

海德先生面容苍白，是侏儒模样。他给人畸形的印象，可是又令人说不出是什么样的畸形。他有一种令人不愉快的笑容，他带着一种怯懦和大胆交杂而成的残狠见律师，他说话的声音则是嘶哑的，如同轻声细语，又带一点破嗓；凡此种种，对他者不利，不过，这几点全部加起来，也无法解释艾特森先生心中对他暗藏至今的那股厌恶、憎恨和恐惧。“一定还有别的原因，”这位困惑的先生说道。“还有别的原因，只是我无以名之。老天爷，这个人简直不是人！说像史前的穴居人吧，或者，会不会是菲尔博士的老故事呢？或者，只是一个丑恶灵魂的光透过它所住的躯体，并且将之变了容？是最后这个吧，我想；因为可怜的老杰克，我如果说曾经在一张脸上看出撒旦的征记，那就是在你这个新朋友的脸上。”

索维斯特与艾伦，
《幽灵》封面，
1912，
佛罗伦萨，
萨拉尼出版

朗・钱尼《歌剧魅影》造型，
鲁伯特・朱利安（导演），
1925

福斯里，
梦魇，
约 1781，
法兰克福，
歌德博物馆

克里姆特，
银鱼，
1899，
私人收藏

丑而令人兴奋

于斯曼

《逆理而行》，IX（1884）

她是个小麦色皮肤、身材瘦瘦的小女人，眼睛黑色，黑头发用紧紧的束发带绑着，绑得好像那些头发是用刷子画在她头上似的，并且在太阳穴附近分开，仿佛男孩子的发型。他在一场咖啡屋音乐会上认识她，当时她在那里表演腹语。德埃圣着了迷；许多新思绪涌过他脑海……使老年人动心的那些色欲奇想主宰了他。他感觉到自己在那方面愈来愈力不从心，百般寻找对老去而失去雄风信心的好色之徒最有功效的刺激：恐惧。他紧紧抱着这个女人之际，一个粗哑、愤怒的声音从门后爆吼："我说，放我进去！我知道你在偷人。等会儿吧，我就叫你好看，你这淫妇。"登徒子在野外，在河岸上，在杜乐丽花园里，在别墅或在长椅上行淫被逮个正着，情欲往往被惊恐刺激得更加炽烈。他听见门后的叫声时，就是如此，他往往雄风暂时重振，向腹语家全力冲刺。她则淫声迸发，喧闻室外。他就在这阵慌急和冲刺里，在他偷人被打断后加速泄欲的惊惶中，获得一种不正常的满足。不幸，这一切很快就结束了。他虽然大手笔给钱，腹语家照样打发了他，并且当夜就和一个好家伙打得火热，这个好家伙的要求没那么复杂，而且腰更有力。

邪恶之子

洛夫克拉夫特

《恐怖的丹维治》（1927）

有个比较没这么值得一提的事实是，这个母亲是堕落怀特利家族一员。有个有点畸形、貌不宜人、天生皮
头发都是白色的三十五岁女人跟她
了年纪的半疯父亲住在一起，他年
时代，街坊就私底下传说他一些极
可怕的巫术故事。拉薇妮亚·怀特
据知没有丈夫，不过，根据当地的
俗，她也没有说那孩子不是她的；
于这孩子另一边的来源，乡下人可
有各种各样的猜测，而且的确如此
测。她自己呢，她对那全身黑黑的
长相如山羊的婴儿似乎有一种奇异
自豪，这孩子和她自己那种病态、
红眼睛的天生白色形成极端对照，
且听说她喃喃自语许多关于这孩子
寻常力量和远大未来的奇异预言。……
不过，他看起来聪明，但又丑陋之至
他双唇极厚，皮肤偏黄而且毛孔特大
头发鬈曲，耳朵出奇的长，整个人
着山羊或其他动物的模样。

她的死

哈格德

《她》(1887)

那笑容消失，换成一种干干的、硬板的容貌；那张圆圆的脸似乎变得苍白憔悴，仿佛有什么重大的焦虑正在上面留下印记。那双明亮的眼睛也失去了光彩，而且，我想，那身形也失去了完美的模样和挺直。我擦擦我的眼睛，心想我大概得了幻觉，不然就那强光的折射产生了视觉上的差错；我擦眼睛的时候，那光柱慢慢扭曲，把它经过的一切都赶回大地深处，只留艾耶莎站在那儿。它一消失，她就举步向前，到李奥身侧（我觉得她的步伐里没有弹簧），伸直一只手，搭到他肩上。我目注她那只胳臂。那美妙的浑圆和美哪儿去了？那胳臂愈来愈瘦，变得骨瘦如柴。她的脸，老天，她的脸就在我眼前愈来愈老！我想，李奥也看到了；的确，他向后畏缩了一两步。……“啊，看！——看！——看！”约伯尖叫道，是一种尖锐恐怖的假声，他的眼睛几乎要从他脑袋里掉出来，嘴唇冒着白沫。“看！——看！看！她在缩小！她正在变成一只猴子！”他叫着，委顿在地上，嘴角冒泡，中邪般咬牙切齿。一点儿也没错（我甚至在写这恐怖回忆的时候，事情都如在目前，我晕眩眩的），她是在缩小；那条绕在她美妙身体上的金蛇从她臂部滑落，掉到地上；她愈来愈小，她的皮肤变了颜色，纯白的光彩不见了，变成脏污的褐色和黄色，像一张干枯的羊皮纸。她摸她的头：那只纤美的手现在只是一只爪子，一只人爪，像保存不良的埃及木乃伊的手。这时，她似乎才明白她全身正在发生什么改变，她尖叫起来——啊，她尖叫——她滚到地上，尖叫！她愈来愈小，又愈来愈小，直到她不比一只猴子大。现在，她皮肤起褶，形成无数皱纹，那张不成形状的脸变成说不出来有多老。我还不曾看过那样的脸。

STUCK

3. 丑又不幸的人

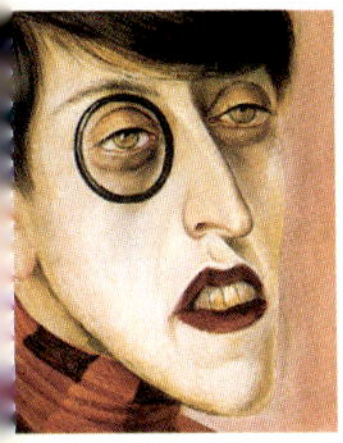

施图克，
罪孽，
1893，
慕尼黑，
新皮纳提克美术馆

我们能维持英俊放荡又不变老，但我们可能不快乐，因为我们实际的堕落和内在的丑被一幅画像毫不留情地暴露，正如**王尔德**《道连·格雷的画像》（*Portrait of Dorian Gray*）里的情形，它代替我们腐败了。然而对有趣事物的追求也引导我们想象一种情况：畸形将本性可能温顺而为身体所累的人拖向悲剧命运。浪漫主义第一个"不幸的丑人"或许当推**玛丽·雪莱**（Mary Shelley）《科学怪人弗兰肯斯坦》（*Frankenstein*, 1818）里那位怪人，其次是**雨果**《钟楼怪人》里的卡西莫多（Quasimodo）和《笑面人》中的关伯兰。其他不幸的丑人包括威尔第（Verdi）《弄臣》之类闹剧里的主角——虽然威尔第也在舞台上呈现麦克白夫人（Lady Macbeth）和伊亚哥（Iago）之类丑而堕入地狱的人，而且他曾在一封信里说希望伊亚哥由一个"身材高瘦、薄嘴唇、眼睛小而靠近鼻子如猴子、额头后缩、脑勺突起的男子"来演。

最不幸的还是丑女人，像**塔尔凯蒂**（Tarchetti）的弗丝卡（Fosca）。**戈扎诺**（Gozzano）的菲利西妲（Felicita）如果不是以忧郁但泰然的风度接受她的命运，也会极不快乐。左拉短篇小说《丑女人》（*Le Repoussoir*）写主角杜伦多（Durandeau）悟出一件事：两个女人一块走，其中一人明显较丑，相形之下，人人都说另外那个女人漂亮。他于是用丑做生意，开办一个伴游社，提供貌丑的女伴陪女士们散步，凸显她们的美貌。但有时候女顾客比身边的游伴更丑，这时她们才发现自己其实貌不惊人。招聘的过程及丑女被告知她们受雇的理由与目的，读来极不舒服。更难受的是获录用者的痛苦，她们由上流社会仕女陪同上剧院、吃昂贵馆子，穿着雅致地度过一天，入夜回到自己寂寞的住处，就要面对提醒她们残酷真相的镜子。

镜子也提醒年轻的萨特，他是魅力少得无可救药的男人，一只超生无望的丑小鸭。

卡西莫多

雨果

《钟楼怪人》，I，5（1832）

那四方体似的鼻子，马蹄铁状的嘴；左眼小小的，被红色、浓密、粗如鬃毛的眉毛挡住视线，右眼完全消失在一个巨大的疣底下；牙齿歪七扭八，这儿缺一颗、那儿少一颗，像一座城堡被敌人攻打的胸墙；嘴唇是硬皮的，一只牙齿从嘴里突出来，有如大象的长牙；下巴是分叉的；这些，以及那整个人的神态，那混合了恶意、惊异和痛苦感伤的神态，我们就不再为读者形容了……巨大的头，满头粗粗而竖立的红发，双肩之间一巨大的隆起，胸前也看得出来有一座隆起；两只大腿和小腿怪异地分开各走各的，只能在膝部相碰，从正面看起，像两把新月形的镰刀在刀把的部位相接；尽管如此畸形，他浑身却散发一股无法形容但不容置疑的精力、灵敏和勇气，力和美应该是和谐的结果，这是一条永恒的定律，他却是奇怪的例外。那些愚人刚选出来当他们的教皇的，就是这么一个人。

笑面人

雨果

《笑面人》，II，1（1869）

大自然对关伯兰真是好意绝顶。她赋予他一张两边开到耳朵的嘴，耳朵往前盖到眼睛，一个不成形状的鼻子撑着这个怪面人的眼镜，那张脸，没有谁看了忍得住不大笑……不过，什么叫自然呢？她难道没有得到帮助吗？两条细缝当眼睛，一个缺口就是嘴巴，一个短短、微微上翘的突起，带两个洞，就是鼻孔，以及一张扁平的脸，全部加起来，结果是一张笑脸；大自然当然从来不曾凭她自己的力量产生如此的完美结果……不过，笑是不是喜悦的同义词呢？这么一张脸绝不可能是偶然凑巧创造出来的；一定是有意为之的结果……关伯兰小时候是不是那么值得注意，以至于有人把他的脸拿去变形？为什么不能这么想？除了打主意未来要把他拿去展览，还需要什么更大的动机？根据所有迹象看来，儿童的勒快操纵者曾经对他的脸下过工夫。看起来证据明显，有一种神秘的，大概是一种秘教科学，这种秘教科学之于外科手术，犹炼金术之于化学，有这么一种秘教科学把他的肌肉削削锉锉，明显是在他非常年幼时动手的，以预谋的计划制造了他的面容。那种科学精于刀工，又巧于缝线，把他的嘴放大，切开嘴唇，使牙龈外露，扩大耳朵，切掉软骨，换掉眼皮和双颊，加大颧肌，将疤痕和瘢痕压平，将皮肤翻过来盖住这些损害之处，那张脸经过这翻拉拉扯扯，结果就是这件效果强大而且含意深远的雕塑作品，这张面具——关伯兰。

科学怪人弗兰肯斯坦

玛丽·雪莱

《科学怪人弗兰肯斯坦》，10（1818）

说这话的时候，我突然看见一个人形，从有点距离之处以超人的速度向我前进而来。他跳过冰上的裂缝，我先前走起来小心翼翼的那些裂缝；他趋近的时候，我觉得他的身材比人类要大。我心生忧虑；一层雾蒙过我的眼睛，我感到一阵晕眩，但我很快被山上寒冷的强风恢复神志。那身形更靠近之际（巨大又可怖的景象！），我察觉它就是创造的那个怪物。我愤怒和恐惧交加，全身发抖，下决心等他靠近过来，和他殊死决战，结果了他。他靠近来；他的面容流露深切的痛苦，兼有鄙夷和恶意，那不是人间的丑把那张脸变得几乎是人类眼睛不敢看的可怕。但我几乎没有观察到这一点；愤怒和仇恨使我说不出话来，我恢复之后，用充满气愤厌恶和不屑的话朝他轰过去。“魔鬼，”我叫道，“你还敢靠近我？你难道不怕我凶狠报仇的手打破你那可怜的脑袋吗？走吧，邪恶的昆虫！不然，就留下来，好让我把你踩碎成尘土！啊，但愿我把你这可怜的东西消灭后，我能使那些被你可恶地谋杀的人复生！”“我就预料到你会这样接待我，”这魔鬼说。“人都仇视不幸之辈；所以，我一定是被人恨透了，因为我比所有生灵都更不幸！然而你，我的创造者，你憎恶我，排斥我，这个你所创造的人，你和我是系在一起的，这系带只有靠你死我活才能消解。你说要杀掉我。你竟然胆敢如此玩弄生命？尽你对我的义务吧，我就会尽我对你和其他人类的义务。你如果愿意遵守我的条件，我将不会打扰他们和你；但是如果你拒绝，我就要喂死神的胃，一直到它餍足你剩下来的所有朋友的血。……我要怎样才能打动你呢？我哀求你的善意和同情，而多少请求也无法使你善待你所创造的我吗？相信我，弗兰肯斯坦，我有颗慈悲的心；我的灵魂亮着爱和人性；然而我不是孤独，可怜地孤独吗？你憎恶我；我还能从你的人类同类得到什么希望？他们对我没有亏欠。他们排斥我，仇视我。沙漠里的山和荒凉的冰河是我的避难所。我已经在这里流浪了许多日子；那些冰窟是我的住处，只有我不怕它们，也是人类不会不高兴我住的地方。我赞美这些寒冷的天空，因为它们对我比你的同类对我还仁慈。如果那些人类知道我的生存，他们会有和你一样的做法，武装起来毁灭我。他们恨我，我倒不应该恨他们吗？我是不会和我的敌人谈条件的。我既然不幸，他们也将和我一样狼狈。

罗·雷尼（导演），
笑面人》，
928

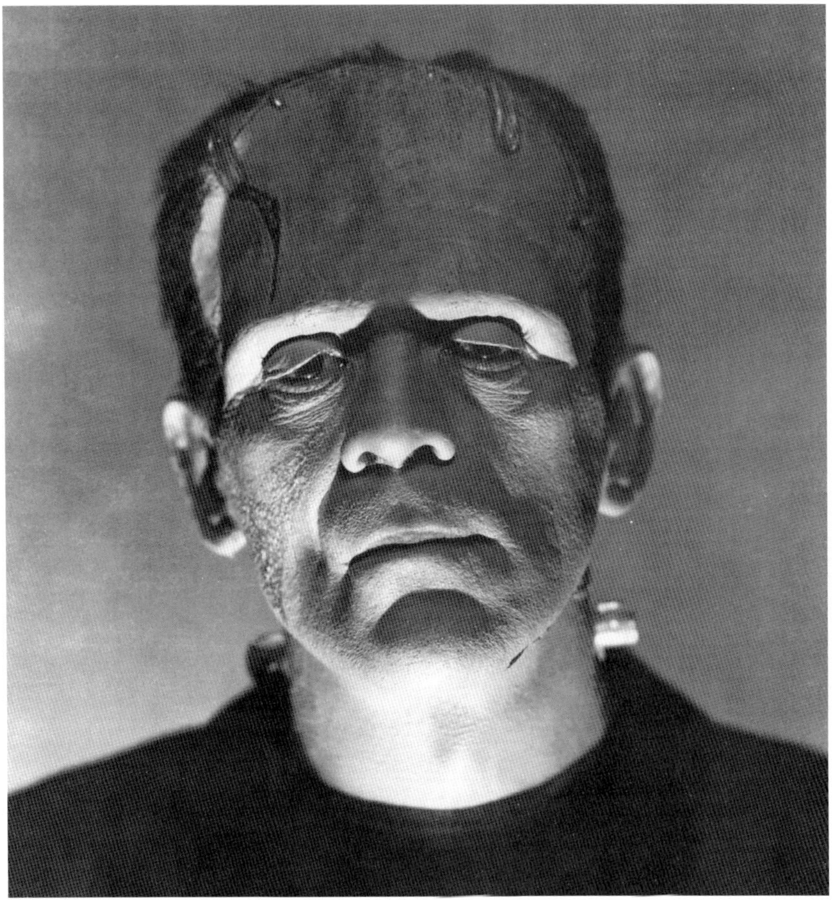

皮里斯·卡洛夫扮演
科学怪人弗兰肯斯坦》，
姆士·惠尔（导演），
931

席勒，
坐着的年轻女子，
1914，
维也纳，
艾伯提纳

迪克斯，
西维雅·冯·哈登
1926，
巴黎，
蓬皮杜中心

菲利西妲小姐

戈札诺

《菲利西妲小姐》（1911）

你简直是丑的，你乡下人的衣着没什么好恭维，不过，你善良、朴实的脸和你优美的、太阳颜色的、编成那么细小辫子的头发把你变成一种佛兰德斯美女……我又看见你深红色的双唇大笑和喝酒的时候张得开开的，还有你那方形的脸，没有眉毛，全是淡淡的雀斑，以及你沉静的眼睛，诚挚的虹膜像蓝瓷那样蓝……

弗丝卡

塔尔凯蒂

《弗丝卡》（1869）

老天！要怎样来用文字表达那个女人那样恐怖的丑！一如世间有无可言喻的美，世间也有无可言喻的丑，她的丑就是这种丑。她的丑，主要不是出于天生的缺陷，也不是出于五官不和谐，事实上她的五官其实还是有点正常，她的丑是出于过度的骨瘦如柴，不曾看过她的人简直无法相信之瘦。身体上的痛苦和疾病对一个这么年轻的身体所造成的伤害，更添加了她的丑。你的想象力只要发挥一点小小的飞跃，就能瞥见她的骨架。她的颧骨和她的太阳穴吓人地突出，而她脖子细细瘦瘦，和她头骨之大形成最惹眼的对比，她满头非常长的黑发，我还不曾在任何别的女人头上看过。其结果是更增加她整个人的不成比例。她的整个生命在她眼睛里。大、黑如漆，是那种令人惊艳的眼睛。你很难相信她明显曾经美过，但同样明显的是，她的丑大多是疾病使然，以及她少女时代有仰慕者……她所有可怖之处是在她脸上……

"你不晓得一个女人不美是什么滋味。对我们，美是一切。女人活着就是要被爱，而吸引人是获得爱的唯一条件，女人丑变成最恐怖、最椎心的折磨。我非常恨自己，我深深恨自己没有吸引力，可是我比什么都憎恶的是我的心，现在还是。"

阿尔布莱特，
多里安格雷的画像，
1943—1944，
芝加哥，
艺术研究所

雷东，
独眼怪库克罗普斯，
1895—1900，
欧特里欧（荷兰），
库勒国家博物馆

画像

王尔德

《道连·格雷的画像》，10（1890）

一小时又一小时，一星期又一星期，画布上的东西都在变老。皮肤可能逃过令人厌恶，年龄上的令人厌恶却是势所必然的。双颊会变成下陷或弛缓无力。鱼尾纹会爬上逐渐模糊的眼睛的周围，使眼睛望之可怖。头发失去其光泽，嘴弛张或下垂，不是愚蠢就是变肥厚，就像老年人的嘴。喉咙也皱巴巴的，手变冷，青筋突起，身体扭曲，他记得他童年时代非常严厉的祖父就是那样。这画像必须藏起来，这是没有办法的事。

无可名状

马西森

《人类所生》(1950)

X——这一天，有光的时候，母亲说我是令人恶心的东西。你这个令人恶心的东西，她说。我在她眼神里看见愤怒。我纳闷什么是令人恶心的东西。

这天，水从楼上落下来。落得到处都是。我看到了。后面的地上，我从小窗户看着。那地上吸水，像饥渴的嘴唇。它喝太多了，生起病来，流脏水似的，变褐色。我不喜欢。

母亲是漂亮的东西，我知道。在我的床的地方，周围是冷冷的墙。我有个纸做的东西，在壁炉后面。上面说银幕之星。我在图片里看见像母亲和父亲的脸。父亲说那些脸漂亮。他这样说过。母亲也说他说过。

母亲这么漂亮，我也是足够过得去的。看看你，他说，脸上没有好颜色。我碰碰他的胳膊说没有关系父亲。他胳臂一抖，走开，到我碰不到他的地方。

今天母亲把我的链子放长一点，所以我能从小窗户看出去。我就是那样看到水从楼上落下来。

XX——这天，楼上有金色。我知道，我看它的时候，我的眼睛会痛。我看它之后，这地下室是红的。……

XXX——这天有光以前父亲又把链子收短。我只好试试能不能再把它拉长。他说我上楼是坏孩子。他说永远不要再这么做不然他会把我狠狠揍一顿。那是很痛的。

我好痛。我睡掉白天，把头靠在那冷冷的墙上。我想起那楼上白色的地方。……

X——这是又一次。父亲把链子收得紧紧的。我痛，因为他揍了我。这一次，我把棍从他手里打落，大吵大闹。他走开了，他脸色白白的。他跑着离开我的床的地方，把门锁上。

我不是很高兴。这里整天都冷。链子从墙里慢慢出来。我很生母亲和父亲的气。我要给他们好看。我会做我做过的那件事。

我要尖叫，大声笑。我要跑上墙去。最后，我要头下脚上挂着，到处滴，一直到他们难过他们对我不好。

如果他们想再揍我，我会伤害他们，我会。

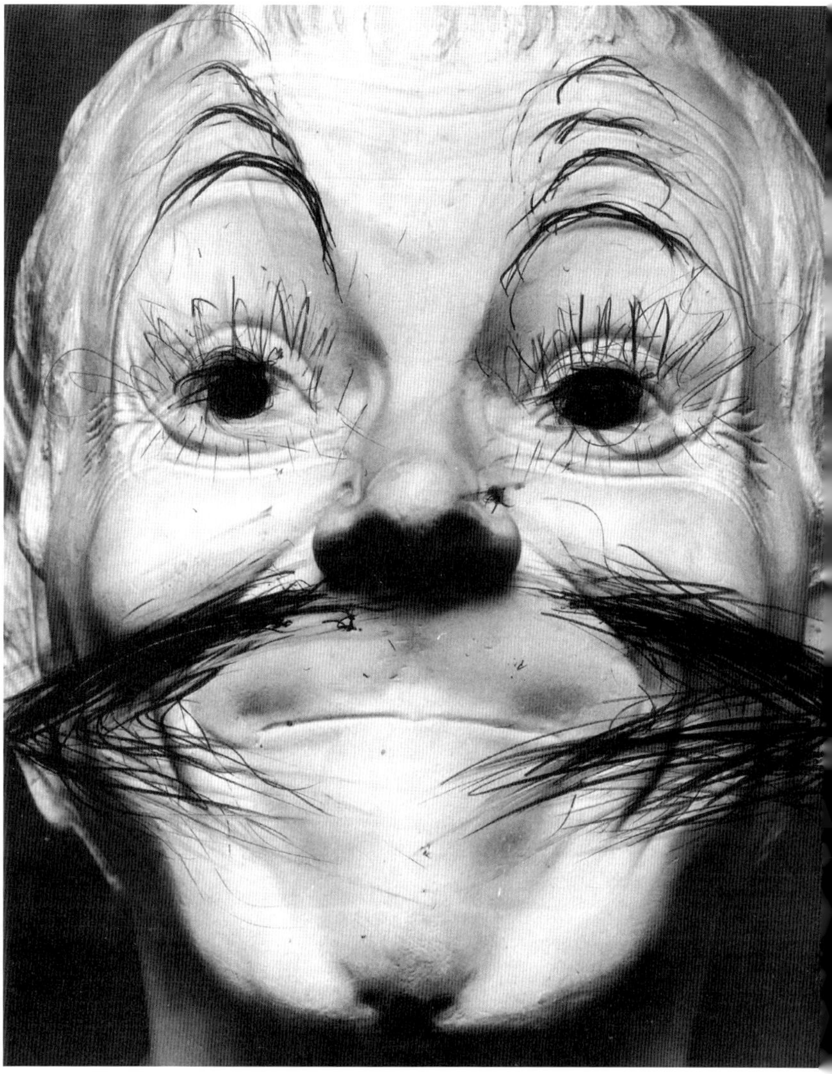

赖纳，
只笑而不说话的男子，
1977，
维也纳，
尤里西斯画廊

萨特的童年

萨特

《词语》（1964）

有人告诉我，说我长得好看。我相信。有一阵子，我的右眼有个白斑，那个白斑会使我半瞎，还有外斜视，不过这还不明显。……我有两个理由可以尊重我的老师：他关心我的福祉；他的呼吸很有力。成年人应该是丑的，满脸皱纹，令人不愉快。他们拥抱我的时候，我禁不住必须克服一股轻微的恶心。这证明美德并不容易。有些喜悦是单纯、琐屑的：跑、跳、吃蛋糕，以及吻我母亲细柔、带着香味的皮肤。不过，我高度评价我和中年男人相处时那种内容复杂的、书卷气的快感。他们使我感到的那股憎厌，正是他们威望的一部分；我把恶心和严肃搞混了。我真是头大。巴洛特先生弯腰看我的时候，他的呼吸给我一种纤细的不舒服。我热切地吸进他的美德令人憎恶的气息。……我消失，到一面镜子那里扮鬼脸。我回想那些鬼脸时，我恍悟它们是一种保护的手段：我用收紧肌肉来保护自己不受那阵阵爆发的羞耻伤害。此外，我把我的不幸弄到极端，这反应使我获得解放：我冲进谦虚以便逃开羞辱。我去掉取悦的手段，以便忘记我曾有那些手段但误用了它们。镜子对我很有帮助：我它教我知道我是怪物。如果它成功了，我尖锐的懊悔将会变成怜悯。但是，最重要的一点是，这失败向我启示了我对自己的奴性，我就使自己可憎，以便使它成为不可能，以便排斥人类，以便他们拒斥我。邪恶的喜剧正在和善的喜剧唱对台。以利雅敬正在扮演卡西莫多的角色。我用扭曲和撅嘴把我的脸变形；我把自己变刻薄，以便抹掉我从前的笑容。

咯罗斯，
乍家奈斯，
1925，
曼海姆（德国），
节立艺术馆

4. 不幸兼生病

我们已看过，丑随病至；**罗森克兰茨**描写梅毒摧残之害，令人一读难忘。但他评论格罗一幅画，却难以抵抗其吸引力，说这幅瘟疫病院图画得真美，真有英雄气概。最后，这位作者指出，疾病造成肌肉和骨骼变形，或使头发如黄疸般变色，这时疾病是丑的。如果是痨病和热病，则疾病简直美丽，因为这时疾病赋予肉体一种轻灵的韵味。他接下去说："肺结核少女或年轻男子临死的神色，何其空灵澄明。"

颓废主义处理最难看的肉体腐化形式时尤其放纵。不过有一点不容置疑，就是从19世纪以来，肺病（也许是为了祛除当时还是绝症的这种病）造成的腐化已经升华，从威尔第《茶花女》薇儿莉妲（Violetta）濒死感伤透顶到托玛斯·曼的20世纪肺病史诗《魔山》（*The Magic Mountain*）可见其变化。

对疾病的着迷也盛行于艺术。有的艺术家以理想化的笔触刻画临死美女活力已竭而恣意纵情，有的艺术家表现某种疾病的缓慢进程，有的艺术家刻画被称作老年和贫穷的疾病折磨得虚弱不堪而见弃于社会的人。

肉体之美渐毁之际，出现一种死亡、"灵性"之美，回天乏术的少女出现回光返照，如**雪莱**、**道瑞维里**（Barbey d'Aurevilly）及**维维安**（Renee Vivien）塑造的形象。

雨果也迷上病体的暧昧魅力，他称颂蜘蛛和刺荨麻这两种最讨人厌、最受鄙视的自然界造物。

波德莱尔赞美一个衰老女人的佝偻身子，一个盲眼男人梦游般的步态，仿佛布鲁盖尔早先想象的那些瞎子复活过来。另一种恐怖意象是**卡夫卡**所写的恶心伤口——男孩腋下的一朵花。彻底没有任何美学上的自得，这是其他恐怖事物的隐喻，成为恶心之美的实例。

格罗，
拿破仑在雅法探视瘟疫病人，
1804，
巴黎，
卢浮宫

拿破仑在雅法

罗森克兰茨

《丑的美学》，III（1853）

这个领域里另外有一幅卓越的画，是格罗的《拿破仑在雅法探视瘟疫病人》。这些病人淋巴腺红肿，脸色泛蓝，皮肤是灰蓝色或紫色，眼神目光炽热焦枯，五官在惶恐无奈中变形，何其可怕！然而他们是男子、战士、法国人、波拿巴的将士！他，他们的灵魂，置身他们之间，将那最恐怖的死病的危险置之度外：他和他们分担那危险，一如他在战阵里和他们一同出入枪林弹雨。这就是激励这些勇敢的男人之源。惨郁、疲惫的头抬了起来，在发烧里元神已经半去，或发烧而闪烁的眼睛转向他，疲惫的手恢复了生命，向他伸过去，得到福佑的喜悦微笑在垂死者的双唇浮现。在这些人之间，耸立着恫瘝在抱且气势慑人的波拿巴，一个衣不蔽体的病人在他面前站起身来，他伸手触摸他的淋巴腺红肿。

罗丹，
冬，
1890，
巴黎，
奥塞美术馆

死亡的情色美

雪莱

《渐亏的月》(1820)

像一个垂死的女郎，瘦削而苍白，
蹒跚而前，裹着薄纱，
从她房间出来，
由她疯狂而虚弱漫游的脑子领着，
月升于昏黑的东方，
白而不成形状的一团。

我爱蜘蛛和荨麻

雨果

《沉思集》(1856)

我爱蜘蛛和荨麻
因为我们讨厌它们。
黯淡的希望
不给奖，惩罚一切。
纤细且受诅咒，
黑黑会爬的东西
它们是中了自己埋伏的
不幸囚徒，
自作自受的囚徒，牺牲品。
啊命运，啊命运的系索！
荨麻是一条蛇
蜘蛛是一游民。
他们有深渊的影子，
他们逃到那里，
他们被最黑暗的夜
俘虏。
啊，过路人，饶过
那默默无闻的植物，
那可怜的动物，
他们的丑和他们的螯刺。
怜悯罪恶！
在一切忧郁之中，
一切希求一吻。
只要我们能
忘记践踏他们，
用少一点倨傲的姿态看他们，
我们脚下和远离天日的他们，
那么，瞧，那动物
和那邪恶的植物
正在喃喃自语：爱！

老妇

波德莱尔

《艺术在巴黎》，94 (1861)

在老都会蜿蜒的坑洼里，在
一切，甚至恐怖也变愉快之处，
我服从我致命的异想，留意
奇特的人，老朽的和迷人的。
这些支离破碎的怪物
很久以前曾是女人，
艾波妮，或莱伊丝！
怪物，驼背的，断手断脚的，
或扭曲的，让我们爱她们！她们
还有灵魂。
穿着破烂衬裙和薄透的
连衣裙……
——你观察过老女人的棺材
经常和小孩子的一样小吗？
聪明的死神带给这些相似的棺木
一种奇怪又令人迷惑的品味
……

布鲁盖尔画派，
盲人寓言，
无日期，
巴黎，
卢浮宫

盲人

波德莱尔

《艺术在巴黎》，94（1861）

细看他们吧，我的灵魂，他们
真的很吓人！
像人体模特儿；隐隐约约可笑；
怪异又恐怖，像梦游者；
射出他们沉暗阴森的轨道，
谁也不知投向何处。
他们的眼睛，神的光芒已经离去的眼睛，
一直高抬向天，仿佛望入
太空之中：你从来看不到
他们沉重的头
做梦似地弯向人行道
他们就这样走过
无边的黑暗，
黑暗是永恒的寂静的兄弟。

大伤口

卡夫卡

《乡下医生》（1919）

年轻人生病了。他身体右侧，在臀部一带，有个手掌大小的伤口已经裂开。伤口是玫瑰色的，有许多不同的层次，深处的颜色是暗的，边缘比较亮一点，质地很细，带着高低不平的血渍，像矿坑般对着天光。那是从一段距离外所见的样子。靠近去看，则明显可以看见并发病变。谁看了能不轻轻吹一声哨？好些蛆，像我的小指一样粗一样长，也是玫瑰色，也是沾满了血，正在蠕扭着它们白白而且长着许多脚的身体，从它们在伤口内部的堡垒出来见光。可怜的年轻人，谁也帮不了你。我找到你的大伤口了。你就要死于你身侧的这朵花。

F. Mosso

莫尔贝利，
进展，
维洛纳，
现代艺术画廊

前页：
莫索，
克劳德的妻子，
1877，
都灵，
近代与当代艺术画廊

后页：
莫尔贝利，
左派诞生地，
1903，
威尼斯，
国际现代艺术画廊

蕾亚

道瑞维里

《蕾亚》(1832)

"真的，蕾亚，你是美丽的，你是世上最美丽的人，我不会放弃你；你，你挫败的眼睛，你的苍白，你生病的身体，我不会放弃它们，来换天国里的天使的美！"

……她摸摸那垂死女人的衣服，她像最火热的女人般烫着他。

爱和痛楚

维维安

《致他所爱》(1903)

最长的神圣苍白的百合
在你手中死去如烧尽的蜡烛。
在痛苦极致的
精疲力竭的呼吸中
你的手指发出愈来愈弱的香味。
从你白色的衣服
爱和痛楚
逐渐消退。

第十一章

阴森

阴森

丑的历史避不开另一种丑，我们称之为情境式的丑。想象我们置身一个熟悉的房间，桌上一盏舒服的灯。突然，桌灯往上浮，漂到半空。灯、桌、房间还是原来的灯、桌、房间，都没有变丑，情况却已变得令人不安。我们无法解释，觉得困扰，或者视我们的神经修养而定，我们感到恐怖。这就是一切鬼故事或其他超自然事件背后的基本原理：一件事物出现它不应该出现的样子，我们感到害怕或恐惧。

1919 年，弗洛伊德撰文讨论阴森的事物。这观念在德国文化圈已流传一段时间，弗洛伊德在一本词典里找到谢林（Schelling）所下定义：所谓阴森，指一件事物应该是隐藏的，现在跑到表面来。1906 年，延契（Ernst Jentch）写出论文《阴森心理学》（*Psychology of the Uncanny*），将之定义为引起“思想上的不确定”、让“我们想不透”的不寻常事物。弗洛伊德详述这个德文名词的词源，检视语意学领域，旁及各种语言里的有关概念，如希腊文里的陌生人或外国人，英文 *uneasy*、*gloomy*、*uncanny*、*ghastly*、*haunted*，法文 *inquietant*、*sinistre*、*lugubre*、*mal a son aise*，西班牙文 *sospechoso* 和 *siniestro*，阿拉伯文与希伯来文里的魔鬼、毛骨悚然，最后总结为害怕和恐惧引起的不舒服、因鬼导致的恐怖、雾、黑夜、石像的僵硬……

福斯里，
疯凯特，
1806—1807，
法兰克福，
歌德博物馆

幽灵

罗森克兰茨

《丑的美学》，III（1853）

有个矛盾要我们相信：死人身体里还是有生命。这矛盾就构成对鬼的恐惧。活死人不是幽灵：我们可以在一具尸体旁边守夜，不会有什么问题，但是，只要一阵风引起尸衣动一下，或灯光摇曳而使尸体的五官看起来不清晰，那么，死人有生命的念头就会带上幽灵的气，而死人有生命的想法在其他任何情况里都可能是我们非常珍惜的。我们认为死就是此生此世结束，通过死者而窥见来生的影子，是一种很吓人的反常。死者属于来生来世，他们似乎依循一些我们毫无所知的定律。死人会腐化，这会引起我们的恐怖心理，但死者为大，我们对他们又是要尊重供奉的，这一切都和未来那种绝对的神秘混合难分。为了审美的目的，我们在思想上必须把阴影和幽灵分开去另外处理，一如罗马人把狐猴和幼虫另作别论。灵魂属于另一个世界，确实含有某种不寻常、令人寒毛直立的成分，但它们不是幽灵。魔鬼、天使、地精就是魔鬼、天使和地精，它们不是死亡带来的结果。它们是超越阴影的。至于吸血鬼，我不妨摆在幽灵和活人之间。

阴森

弗洛伊德

《阴森》（1919）

阴森的事物无疑可以和可怕的事物拉上关系：那些引起害怕和恐怖的事物；同样确定的一点是，此词在用法上往往有一种不是能够清楚界定的意思，因此它每每和一般引起恐惧的事物相关联……

阴森是一种吓人的事物，这些事物可以溯源于古早就知道，也久已熟悉的东西。……德文 unheimlich 一词，一望可知是 heimlich〔像家里、朴素的〕、heimisch〔家乡、本地的〕的相反词，也就是熟悉的事物的相反。我们不妨作个结论，说“阴森”事物之所以可怕，就因为那事物不是已知和熟悉的。不过，当然并不是每一件新而不熟悉的事物都可怕；这里面的关系不能倒过来。我们只能说，新奇的事物可能很容易变成可怕且阴森；有些新的事物是可怕的，但绝不是新就可怕。新奇和不熟悉的事物必须加上一点别的东西，才会变阴森。

弗洛伊德同意延契之说，认为阴森是一切舒适、宁静事物的反面。但他指出，并非所有不寻常的事物都阴森。弗洛伊德援引谢林之见：令我们感到阴森的事物其实是被压抑事物的重返，也就是说，被遗忘的事物又冒出来了——那个曾搅扰我们的童年和人类的童年（关于鬼以及其他超自然现象的原始幻想）的不寻常事物，在另外某个事物被拿开后重新出现。弗洛伊德依循其理论原则，将个人的压抑溯源到性的恐惧，尤其是阉割的恐惧，他并且提到令人不安的“哥特式”情境，诸如四肢脱离身体、身首异处或自己跳舞的脚。

这方面最深刻的分析则是**霍夫曼**（Hoffmann）的《沙人》（*The Sandman*）。故事里，一个男孩为难以解释的噩梦所苦，噩梦主角是男孩爸爸的一个神秘熟人。男孩觉得他看见此人夜里走上楼梯，朝他卧室而来。这时，男孩认定此人就是他幼年时代母亲和他说过的那个巫师。有不肯睡着的小孩子，这巫师就把沙子撒到他们的眼睛里，他们的眼珠就会从眼眶中蹦脱出来。弗洛伊德说：“丧失眼睛的恐惧经常替代阉割的恐惧。”

巴尔蒂斯，
房间，
1952—1954，
私人收藏

霍夫曼故事中的主角长大后爱上一个名叫奥琳琵雅（Olimpia）的美丽少女，她其实是机器人。“思想上”关于无生命之物与有生命之物的“不确定”在这里产生另一个童年情境（这回不可怕）：希望或相信洋娃娃能变成活生生的人。

卡洛瓦斯（Roger Callois）区分奇妙与幻想：凡是超自然事件发生时，完全相信奇迹（没有人觉得惊讶）的文化，属于奇妙类。这种文化也如此看待童话。一个孩子（在正常环境里）可能听见或看见邪恶、怪诞的传说中生物而不害怕，但到了夜间他在梦中或不安的瞌睡里可能幻想狼来了，或者产生他白日想着玩的巫婆正在从窗外窥看他的印象，他就可能做恐怖的噩梦。就此而言，童话总是充满能使孩子念念难忘的恐怖内容。想想**科洛迪**《木偶奇遇记》里那些吓人的幽灵或《披头散发的彼得》（*Shocked-Headed Peter*）之类用意在教育却有意无意刻画残忍情节的故事，就可知一斑。**安吉拉·卡特、伊莎贝尔·阿连德**等作家因此提醒我们：童话可能有些令人恐惧的方面。

314—315 页：
穆西诺，
《木偶奇遇记》插画，
1911，
佛罗伦萨，
班波拉德

两个充满威胁的黑色身影

科洛迪

《木偶奇遇记》，10（1883）

他转过头去看，在那黑暗之中，他看见两个黑黑的身影，他们裹在两个煤袋子里，正在追他，用足尖一路蹦跳而来，就像鬼一样……他想办法逃命。但是，他还没有跑出一步呢，就感觉到有人攫住他一只胳臂，并且听见两个恐怖的，像地穴传出来似的声音，对他说："要钱还是要命？"……接着，比较瘦小那个凶手，他已经掏出一把小刀，想把小刀戳到他双唇之间，仿佛那是一支杠杆或一把手术刀似的。

吞火人

科洛迪

《木偶奇遇记》，10（1883）

就在那一刻，木偶师出现了。他是个巨人，他长相真丑，光是看着他，就足够把你吓坏。他蓬乱的胡子比墨水还黑，而且从他下巴一直垂挂到地上。不消说啦，他走路的时候，会踩到自己的胡子。他的嘴巴像烤箱一样大，他的眼睛看起来像两个里面点着蜡烛的红灯笼，而且他不断挥动一条大大的鞭子，挥得啪啪作响，那鞭子是用蛇和狐狸尾巴交缠在一起做成的。

蛇

科洛迪

《木偶奇遇记》，20（1883）

他说这话的时候，突然停下来，他吓死了，一连后退了四步。他究竟看到了什么？他看见一条巨大的蛇，拉长了横在路上。那蛇的皮是绿的，眼睛红色，尖尖的尾巴正在抽烟，像烟囱的顶管。木偶有多么害怕，说来你不会相信。他逃开整整五百码，或者更远，在一堆石头上坐下来，希望那条蛇终于会继续走它自己的，留下安全的路。他等着，一、二、三小时；可是蛇还是在那里，就是从这个距离，他也看得到它火把似的眼睛的红色闪光，以及从它尾巴顶端上升的烟柱。最后，皮诺曹鼓起勇气，向那条蛇靠近，用轻柔、哄诱的语气说：

“对不起，蛇先生，你是不是能够好心稍微往旁边移一点？刚好够我过去就可以了。”

那简直是对着一堵墙说话。它一动也不动。然后，他用同样轻柔的声音说：

“老实说，蛇先生，我正在回家的路上，我爸爸在家里等着我。我上次看见他已是好久以前了！所以，你能不能好心让我继续上路呢？”

他等待这个要求获得回答的迹象，可是半点迹象也没有；而且相反，那蛇一直都是精神焕发，充满活力的，现在毫无动静，几乎是僵硬的。它的眼睛闭起来了，尾巴也不再抽烟。

“说不定它真的死了，”皮诺曹说，他高兴得搓着手。他不再麻烦，这就要起脚从蛇身上跳过去，继续往前走。但是，正当他要跳的时候，蛇的上身突然站立起来，像一条松开的弹簧；木偶吓得倒退，绊倒了，跌到地上。

而且他跌得非常笨拙，脑袋撞在泥巴里，两腿笔直伸到空中。

木偶身体倒插，两只脚在空中疯狂乱踢。蛇见此景象，大笑起来，笑得全身乱抖。它笑了又笑，笑了又笑，一直笑到它胸腔一条血管爆裂。它死了。这回，它是真的死了。

多雷，
培洛特著《鹅妈妈故事集》
的插画《拇指汤姆》，
1862，
巴黎，
赫哲尔

沙人

霍夫曼
《沙人》（1816）

“他是个邪恶的人，小孩子不肯上床睡觉，他就去找他们，朝他们眼睛里撒一把沙子，使他们的眼睛血淋淋从他们脑袋里弹出来。他把他们的眼睛装在一只袋子里，带到新月那里喂他自己的孩子，他那些孩子在那上面的巢里。他那些孩子的喙是弯曲的，像猫头鹰，方便他们啄起顽皮的人类孩子的眼睛。”残忍的沙人最可怖的画像就这样印在我心灵上；所以，到了晚上，当我听见楼梯发出杂音，我痛苦和惊慌交加，浑身发抖，我母亲问我怎么了，我只有哭叫，我眼泪直流，结结巴巴说：“沙人！沙人！”然后，我跑到卧室里，在那儿，沙人恐怖的阴影把我惊吓一整个晚上……我的心在焦虑的预期里颤抖。迅速一步靠近，非常靠近门：门闩发出啷的一声，门带着啪啦啪啦的声音打开。我使尽全力，鼓起勇气，小心翼翼往外窥看。房间中央，沙人站在我父亲面前，蜡烛的光照出他整张脸来。沙人，可怕的沙人，就是老律师科培流斯，经常和我们一块吃饭的科培流斯……想象一下，一个肩膀宽阔的男人，头大得和身体不成比例，脸是黄土的颜色，一对浓密的灰色眉毛，眉毛底下是一双绿色的猫眼，眼睛里闪烁着能够照透一切的光芒，鼻子大大的，弯钩顶在他上唇上。他狡猾的嘴巴经常扭曲成一种恶意的笑，这时他的双颊就出现两粒暗红色的斑点，从他沙砾般的牙齿之间，可以听到一种怪异的嘶嘶作响。

霍夫曼，
披头散发的彼得，
1938，
波茨坦

HEINRICH HOFFMANN
Der Struwwelpeter
Nach der Urfassung neu gezeichnet und in Holz geschnitten von
Fritz Kredel
Erschienen 1938 im Struwwelpeter-Original-Verlag Rütten & Loening, Potsdam

克兰，
《美女与野兽》插画，
1874，
伦敦，
罗德里奇出版

孩子、狼、奶奶

安吉拉·卡特

《狼人》（1979）

将蒜串成一环一环，挂在门上，能防吸血鬼靠近。在圣约翰前夕的夜里出生而且脚先出来的蓝眼孩子，会有阴阳眼。人们发现一个女巫的时候——某个老太婆，邻居的乳酪还不能吃，她的已经可以吃，另一个女人，她那只黑猫，啊，好阴邪！成天到哪儿都跟着她——把她衣服剥光，寻找标记，寻找多出来给她那只猫吸吮的乳头。很快就找到了。然后，大家用石头把它砸死。去看看奶奶吧，她生病了。给她带去我在炉石上为她烘的燕麦饼，还有一小钵奶油。

好孩子照她妈妈的吩咐上路——辛苦的五里路，得穿过森林：不要离开道路哦，因为有熊、野猪和饿肚子的野狼。喏，带着你爹的猎刀——你晓得怎么用法。

孩子有一件带斑点的羊皮大衣可以御寒，那森林她非常熟，不会害怕，不过她还是一定要随时提防。听到狼吓得人心寒的号叫的时候，她带给奶奶的东西落了地，她握紧她的刀子，转身对着狼。

是一只大狼，肉颤颤的，灰色；除了山上人家的孩子，无论哪个孩子看见这匹狼，都要活活吓死。狼扑向她的喉咙，狼都惯常这样，但她用父亲的刀大力一划，把它的右前爪削掉。……但那已不再是一只狼爪，而是一只手，从肘部砍下来的，那只手长年工作，皮硬硬的，还有老人斑。中指戴着结婚戒指，食指有一个小瘤。看了小瘤，她晓得那只手是她奶奶的手。

她拉回被单，但老婆婆这时醒过来，开始挣扎，嘎嘎叫，又尖叫，像个着了魔的女人。这孩子可也强壮，而且带着她父亲的猎刀防身：她把奶奶按住，按到她能够看出她发高烧的原因。她右手不见了，只剩一段血淋淋的残肢，而且已经开始化脓。这孩子在胸前画十字，哭得好大声，邻居听见，冲进屋子。她们一看那只手指上的瘤，就知道那是一个女巫的乳头；老婆婆还穿着衬衣，他们拿起棍棒将她赶到屋外的雪地里，打这个老骨头，一直打到森林尽头，然后拿石头砸她，直到她倒地而死。

现在，这孩子住在她奶奶屋子里，过着好日子。

维克多·弗莱明（导演），
《绿野仙踪》，
1939

西方的邪恶女巫

弗兰克·鲍姆

《绿野仙踪》，10（1900）

从来没有人能摧毁她，因此我自然而然以为她会把你们当奴隶，就像她把别人变成奴隶。不过，要小心；因为她既邪恶又凶残，可能不会任由你们摧毁她。……

邪恶的西方女巫只有一只眼睛，可那只眼睛却像望远镜一样有力，什么地方都看得见。所以，她坐在她城堡的门口，她碰巧四下张望，看见陶乐西躺在那儿睡觉，四周全是她朋友。他们在很远的距离开外，可是邪恶的女巫看见他们在她的国家里，非常气愤；于是，她吹起挂在她脖子上那支银哨子。

马上，从四面八方，一群身材巨大的狼向她奔过来。那群狼有长长的腿，狰狞的眼睛和尖利的牙齿。

去找那些人，女巫说道，把他们撕个粉碎！……

喏，再有几分钟，我就全部融化了，这城堡就全都是你的了。我这辈子邪恶，可是我从来不曾想到，一个像你这样的小女孩能够把我溶掉，结束我邪恶的行事。瞧——我这就走了！

说这些话的当儿，女巫倒下去，化成一堆褐色、融化、不成形状的东西，并且开始在厨房干净的地板上扩散。看见她真的化成什么都没有之后，陶乐西又汲一桶水，倒在那乱糟糟的东西上，然后全都扫出门外。

我怕我自己

莫泊桑

《恐怖》(1883)

我不怕危险。如果有一个人进来，我会把他杀掉，一点也不发抖。我不怕鬼：我不相信超自然的东西。我不怕死人。我相信，一切生命死了，就的确是毁灭了。

那？……那什么？……对了！我怕我自己！我怕恐惧；对迷失了的心智的痛苦的恐惧，对那无法理解的恐怖感觉的恐惧……

我怕墙壁、家具，以及带着一种动物的生命活起来的熟悉事物。最重要的是，我怕我的思绪的可怕激动，怕我的理智逃进混乱之中，被一股神秘而无形的焦虑驱散。

鬼

M.R. 詹姆斯

《哦，吹个口哨，我就来找你，小伙子》(1904)

读者或许很难想象，他看见一个身影突然在那张床上坐起来，他是多么害怕，他知道那床是空的。他猛地一弹，跳下他自己的床，再全力冲向窗户，他唯一的武器在那里，是他先前用来撑窗帘的那支棍子。结果，最糟糕的事就是这么做了，因为空床上的那个人以一个突然的动作，从床上滑下来，双臂大张，在一个地方站定，是两张床之间，就在房门前面。柏金斯望着它，既恐惧，又困惑。不知道怎么搞的，他受不了冲过它夺门而逃的念头；伸手碰它，他——不知道为什么——也受不了；至于让它碰他，他宁可叫自己从窗户冲出去，也不要这事发生。它站在暗影里，他来不及看它的脸是何模样。现在，它开始移动，用一种驼背的生命活起来的姿势，然后，柏金斯在几分恐惧和松口气之间恍然大悟，它一定是瞎的，因为它不太清晰的双手在摸索，看样子没有把握，也没有方向。……

我猜想，那件事，他记得的恐怖主要是皱成一团床单的脸。他在那张脸上读出什么表情，他说不出来，也不愿意说，不过，那种恐惧几乎把他吓疯，是可以确定的。

李小镜，
陪审团员4号（狐狸精），
1994，
林茨，
上奥地利邦博物馆

弗洛伊德相信，阴森是被压抑的东西重新冒出来，其过程可见于日常生活。但他也认为，在艺术里，“阴森效应可能透过日常生活所无的好几种方式显现出来”。亨利·詹姆士（Henry James）的《碧庐冤孽》（*The Turn of the Screw*, 1898）就是例子。这件作品显示，哥特式小说的标准手法已吓不了见惯那些手法的读者了，19世纪末叶的作家就改用更精致的手法。乡间宅子里，年轻的女家庭教师管一个小男孩和一个小女孩。两个孩子都有好面相，很甜，异常敏感，但家庭教师逐渐有个印象：这两人不像他们表面那么天真无邪，他们与从前的一个男仆和一个女家庭教师的邪门阴魂往来。整个故事在梦魇似的气氛中展开，读者可能疑心这位女家庭教师的整个印象全是她自己的偏执妄想，但一些似乎真有其事的事件又令人“想不透”。

真实、想象与思想上的不确定笼罩全文。卡洛瓦斯说：人不再相信奇迹，一切事物都应该依照自然定律来解释，时间不可能倒流，一个人不可能同时在两个地方现身，物件不可能活起来，人和动物有不同特征——在这种文化里，幻想的阴森层面就会出现。

弗朗西斯·福特·科波拉（导演），
《惊情四百年》，
1992

我们找不到我们非常熟悉的一个房间或一条街道，同样的事发生好几次，木偶变活人，我们以为是预兆或噩梦的事情成真，鬼出现，我们疑心某些人眼睛邪恶——这就是无法解释的事情发生了。无法解释的极致、阴森的极致是出现幽灵般的第二个我：二重身。

果戈理、**戈蒂耶**（Gautier）、**爱伦·坡**等都写过这种幽灵。尤其令人不安的是别人好像全都觉得这种事一望可知、可以接受，**陀思妥耶夫斯基**写过此种。弗洛伊德指出，在（法老王依他们的形象制作人形来得到永生的）古代，二重身是确保不朽的办法，但是在原始人和孩童的自恋一去不返的时代，二重身现象是你行将死亡的邪门警告。

有个非常流行的阴森例子是吸血鬼。今天的电影和文学通常说**斯托克**（Bram Stoker）的《德拉库拉》（*Dracula*, 1897）是吸血鬼的原型，但是从坟墓跑出来吸人血得永生的主题其实起源于古老传说。吸血鬼真正令我们不安的，不是它以蝙蝠模样现身，唇齿滴血（的确吓人），而是我们自己疑心——而非确定——某人是吸血鬼的时候。

食人妖，
约 1540，波玛佐（意大利），
怪物公园

后页：

达利，
嘉拉和米勒的晚祷在圆锥变形
即将到来之前，
1933，渥太华，
加拿大国家艺廊

茂瑙（导演），
《吸血僵尸》，
1922

蒙克，
吸血鬼，
1893—1894，
奥斯陆，
蒙克博物馆

疑心生不安。某些当代绘画里，简简单单的屋子，从某个暧昧的角度着眼，被某种景色衬托得孤零零，就显得鬼魂出没，从而散发威胁、恶毒的气息。这方面的叙述可以**布莱克伍德**（Blackwood）为例。

写《审判》的**卡夫卡**是疑心大师，但有时候，例如《变形记》中，阴森的不是文字描写出来的恐怖事情（一个人早上醒来发现自己变成恶心的昆虫），而是他家人认为这事虽然不堪，却完全自然，他们丝毫没有觉得事情有什么不对劲。我们这些读者却疑心这故事的真正主题是我们默认我们周围的罪恶。

最后，是死人重返。在《丑的美学》第三章中，罗森克兰茨分析了幽灵。死亡尚不涉及幽灵："我们能在尸体旁边冷静守夜，但一阵风拂动尸衣，或灯光摇曳而死者五官微显模糊，我们就会产生活死人之想……这念头有幽灵的况味。"古代的狐猴，以及魔鬼、天使或神话传说中的角色，始终是一个样。人一望即知其为何物，较为放心。已经离世的人，即使我们可能希望他或她还活着，但他或她变成幻影幽灵却是一种"令人惊恐的反常"。

二重身

陀思妥耶夫斯基

《二重身》，V（1846）

这时，戈里亚金先生已经可以完全看到那第二个迟到的同伴。他把他看了个完整，这一看，在惊愕和恐怖中叫出声来，两只脚几乎站不住……这位陌生人在距戈里亚金先生十步之外止步，因此，近旁那根灯柱发出的光完全照着他全身——他矗立在那里，转向戈里亚金先生，带着兼有不耐烦和焦急的神色，等着听戈里亚金先生要说什么。

"对不起，可能我搞错了，"我们的主角好不容易说出一句话来，声音颤抖……事实是，他觉得这个陌生人有点面熟。这种事本来是没什么的。不过，他认识，几乎的的确确认识这个人。他经常看见他，那个人，他见过他，最近就见过……

……陌生人就在戈里亚金先生住的屋子面前停下来。他听见门铃响了一声，几乎就在同时，听见铁门栓吱吱作响。门开了，陌生人弯低身子，进门，迅如镖射，然后消失。几乎同一刹那，戈里亚金先生抵达当场，如箭一般飞进门……但是，戈里亚金先生这位同伴似乎轻车熟路，仿佛在自己家里一样；他动作轻快，毫无困难，显示他对他的周围一切了如指掌……

我们这个故事的主人翁衷心病狂般冲进他的住处。他来不及脱掉帽子或大衣，穿过小小的通道，站在他房间门口，一动不动，仿佛遭了雷击似的……

陌生人，也穿着他的大衣，戴着他的帽子，坐在他床上，面对着他，带着隐隐约约的微笑，翻起眼睛，友善地朝他点点头……戈里亚金先生认出他这位夜里访客了。这个访客不是别人，正是他自己——戈里亚金先生自己，是另一个戈里亚金先生，但是和他自己一模一样：在每一方面都是所谓的二重身。

二重身：鼻子

果戈理

《鼻子》（1835）

然后，他停住，仿佛被钉在地上似的。因为，在一栋大宅子门前，他看见一个现象，这现象，一言以蔽之，是不可能解释的。那栋大宅面前停了一辆马车。接着，马车有门开了，里面跳出来一个紧抱着身体，穿着制服的绅士，那个身穿制服的绅士笔直跑上大宅的门阶，消失在门里面。哦，科瓦列夫说不出的恐怖惊诧，他察觉那绅士不是别人，就是他自己的鼻子……

"先生，"科瓦列夫以加强自己尊严的语气继续说，"摸不着头脑，搞不懂的是我。……只是——你是我自己的鼻子嘛。"鼻子看看他的本尊，眉头皱了一皱。"亲爱的先生，你这可说错了，"它答道。"我就是我自己——我是独立的，我自己。"

二重命运

戈蒂耶

《二重骑士》（1840）

小欧鲁夫是一个非常奇怪的小男孩：两个人格相反的孩子似乎共存于他白里透红的皮肤底下。今天他是个小天使，明天他却是个小魔鬼，咬他妈妈的乳房，还用他的手指甲抠他保姆的脸……

奇怪，欧鲁夫攻击那不知名的骑士，自己身上却感觉到攻击，他伤人家而造成伤口，他被人所伤出现伤口，他都会痛。他的胸口感觉到可怕的冰冷，仿佛一把利刃已经穿胸而进，在寻找他的心脏，然而他的胸甲在他感到利刃刺进之处并没有洞。他只有右臂受伤。这真是奇特的决斗，胜利者和失败者一般痛，刺人和被刺也是同一回事。欧鲁夫聚集全身力气，反手一击，敲落对手戴的可怕头盔。真恐怖！艾维格和洛柏格的儿子看到什么了？他看到面前的人就是他自己：就是照镜子，镜里镜外也没这么相像。他是和他自己的魂儿打斗，和红星骑士打斗。那魂儿大叫一声，消失不见。

和二重身打斗

爱伦·坡

《威廉·威尔森》（1839）

这场战斗，前后的确很短。我几近疯狂，充满所有种类的狂野亢奋，并且觉得我的独臂里面饱含千军万马的元气和力量。在短短几秒之内，我纯靠力气，将他逼得背部贴着护墙板，把他这样弄得任我摆布之后，以野兽般的凶狠，将我的剑反复刺透他胸膛，刺了又刺。

在那一刹那，有个人试着想打开门栓。我急抢过去，预防有人入侵，然后马上又回头打理我的敌人。但是，有什么人类语言能够充分刻画那时候入眼的景象在我整个心中充满的惊愕和恐怖吗？我的眼睛离开的那短短一刹那，显然已经足以使房间里稍微高一点的地方或者房间的另一端的事态发生具体的改变。一面大镜子——那是我心神混乱之中乍生的感觉——现在立在原先我不曾察觉有镜子的地方。当我在极端恐惧之中举步上前的时候，我自己的形象，我五官彻底苍白而且沾满血污的形象，也向我迎上来，脚步虚弱蹒跚。

我说，它看起来是那样，其实不是。那是我的敌手——那是威尔森，带着不成人样的痛苦站在我面前。他的面具和披风就躺在他方才把它们摔落的地板上。他全身衣服里、他脸上所有明显独特的容貌里没有一条纹路不是我自己的，就是绝对相同的两个人，也没有这么相像。

那是威尔森。他不再轻声细语。我可以想象，他说话的时候，我自己也在说："你已经征服了，我认输。不过，从今以后，你也死了。对世界、对天国、对希望，你都是死的！你存在我里面。我死了，看看这个形象，你自己的形象，看看你多么彻底地谋杀了你自己。"

碰见德拉库拉伯爵

斯托克

《德拉库拉》, II(1897)

他的脸是一种强烈，一种非常强烈的鹰脸，鼻子瘦削，鼻梁高挺，鼻孔奇特地拱起，额头高耸而呈圆状，两边太阳穴周围一带头发稀疏，但别处都非常浓密。他的眉毛非常粗大，几乎在鼻子上方相接，那些浓密的眉毛仿佛繁茂得鬈鬈曲曲。他的嘴，就我在那大把胡髭底下所能看到的程度而言，好像固定不动，而且带点残忍的味道，里面长着尖锐出奇的白牙齿。这些白牙凸出超过嘴唇，那双嘴唇则红润惹眼，显示以他如此年纪来说十分惊人的生命力。其他方面，他的耳朵颜色苍白，顶端极尖。下巴宽阔而强壮，双颊虽瘦，却坚实。他给人的整体观感，是异常苍白。……

伯爵向我俯近过来，并且他的手碰到我的时候，我禁不住一阵颤抖。可能是因为他的气息是腐臭的，但我浑身涌起一阵想吐的恐怖感觉，这感觉，不管怎么努力，我都无法掩饰。……

我看到的是伯爵的头从窗户探出来。我没有看见那张脸，可是凭他的脖子，以及他腰背和双臂的动作，我就知道是他。无论如何，我都不会看错那双手，那双手，我已有许多机会仔细研究过。起初我感到兴趣，而且有点莞尔，因为这事十分奇妙，一个人被囚禁的时候，无论多小的事物都会引起他的兴趣，并且以此自娱。但是，我这些感觉变成憎恶和恐怖，因为我看见那人整个身体慢慢从窗户出来，并且开始爬下城堡的墙，底下是可怖的深渊，他头脸朝下，披风从他周身展开，形同巨大的翅膀。起初我没法相信我的眼睛。我以为是月光造成的错觉，或者是什么影子作怪，但我一直定睛不舍，确定不可能是错觉。我看见那些手指和脚趾抓住石块的棱角，历经年深月久的风霜，石块之间粘接的灰泥已经磨损脱落，他就这样利用每一个凸起和不平之处，缘墙而下，速度奇快，和壁虎在墙壁上移动一般无二。……

月光下，和我对面，是三个年轻女子，从衣着和举止看来，她们是淑女。等我看到她们在地上没有影子，我一时还以为自己一定在做梦。她们向我靠近来，注视我一些时间，然后一块相互附耳低声说话。其中两人肤色偏暗，有高高的鹰钩鼻，就像伯爵，还有大大的、目光尖利的眼睛，在那苍白的黄色月亮相衬之下，看起来几

乎是红色的。另外一人白皮肤，说有多白就有多白，头上是浓密的金发，眼睛像浅色的蓝宝石。我依稀似乎认得她的脸，而且和某种如梦似幻的恐惧连在一起，但我想不起究竟我是如何或在什么地方认识那脸孔的。三人都有精白的牙齿，在她们丰满肉感的红润嘴唇衬托之下，那些牙齿发亮如珍珠。……

我怕得不敢抬起眼皮，可是，从睫毛底下看出去，一清二楚。这少女双膝落地，俯身看我，纯粹一副美食当前，心满意足的模样。她有一种刻意的肉欲气息，令人既亢奋，又厌恶，她弓起她脖子的时候，真的像只动物般舔舔嘴唇，舔到我借着月色可以看到那副猩红的嘴唇湿润发亮，舐着那些尖尖的白牙的舌头也湿润发亮。她的头愈垂愈低下来，嘴唇掠过我的嘴巴，朝我下巴底下一带移去，似乎叼住我的喉咙。然后，她打住，我可以听见她的舌头卷舔她的牙齿和嘴唇所发出的啧啧声，我感觉到她呼吸打在我脖子上的热气。接着，我喉咙的皮肤开始酥麻，就像一只要呵你痒的手渐渐靠近再靠近时，快被呵到之处的肌肉会开始酥麻。我感觉到两片嘴唇在我喉头最敏感的皮肤上那种轻而微颤的碰触，以及两颗尖牙在那里压出凹痕，两颗尖牙碰了碰那片皮肤，稍停一停。我闭上眼睛，全身无力又狂喜，等着，在心跳加剧中等着。

喝饱了血

斯托克

《德拉库拉》，III（1897）

伯爵躺在那里，但是看起来他的青春仿佛已经恢复了一半，因为他的白发和白胡髭已经变成深暗的铁灰色。他的双颊变得比较饱满，白色的皮肤底下好像透出红宝石那种深红色。嘴巴比原先还要更红，因为那两片嘴唇上还染着斑斑鲜血，那鲜血从嘴角细细流出，流过下巴和脖子。连那深陷、炽热的眼睛也似乎是镶在浮胀起来的肉上，因为眼皮和底下的眼袋也是肥满的。这可怕的整具身体似乎痛喝了一餐血。他像一只脏污的水蛭躺在那里，饱得精疲力竭。……

我一股可怕的欲望袭上心来，要为世界除掉这么一个怪物。手边没有致命武器，但我捞起一把工人用来填箱子的铲子，高高举起，用铲刃击向那张可恨的脸。但是，我下铲的当儿，那颗脑袋转过来，用一双眼睛盯着我，眼中满是恐怖蛇怪那种恐怖的凶光。

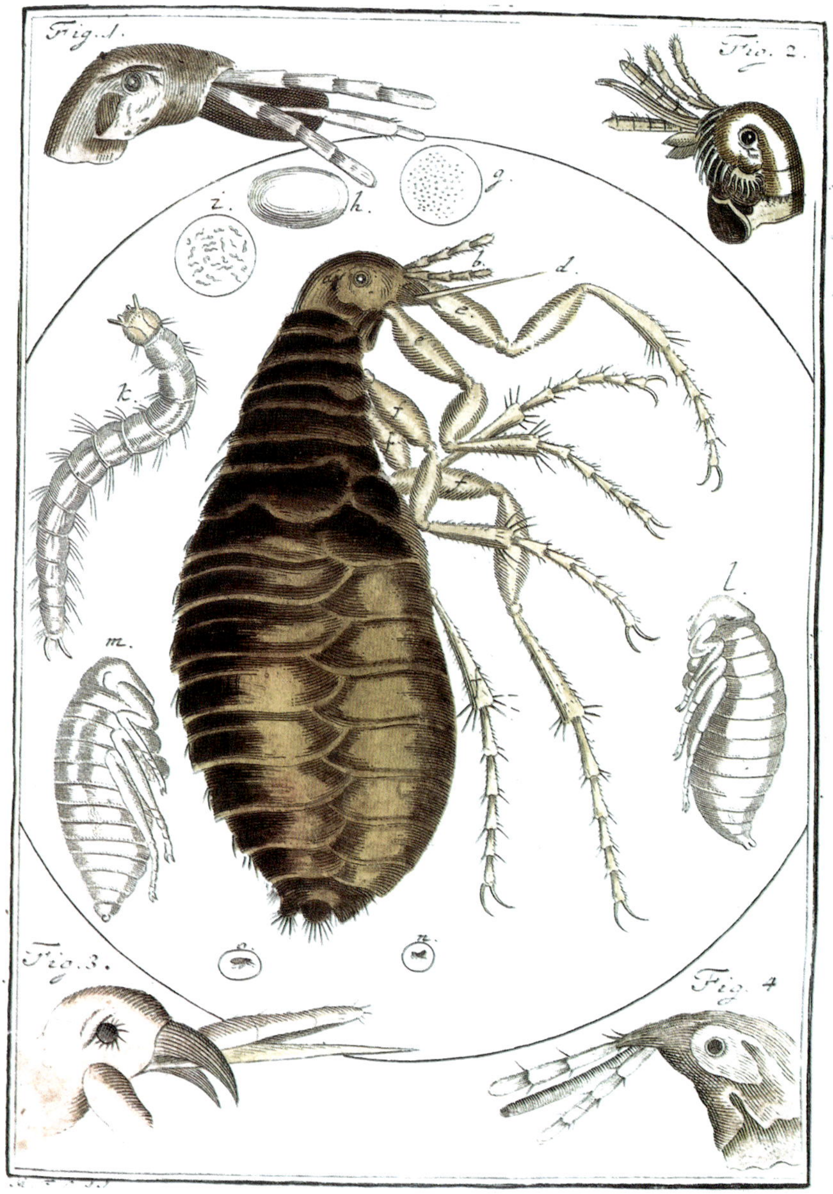

莱德米勒，
显微游戏，
纽伦堡，
温特施密特，
1764

萨维尼奥，
罗杰和安吉莉克，
约 1930，
私人收藏

人变成别的东西

卡夫卡

《变形记》(1915)

桑撒有天早晨从骚动不安的梦中醒来，发现自己已经在床上变成了一只巨大的昆虫。他仰天躺在那里，背部是硬硬的，好像装上了甲壳。他微微抬头，看见自己已挺着一个圆顶也似的褐色肚子，那肚子还区分成硬硬的、拱状的一节一节，圆顶上方，被子已经盖不正，眼看就要整个滑到床下。他有很多脚，和身体其余部分比起来，那些脚细瘦得可怜，正在他眼前无助地摇摆。

霍珀，
铁路边的房子，
1925，
纽约，
现代艺术博物馆

有些屋子

布莱克伍德

《空屋》（1906）

有些房子，就像有些人，不知怎的有办法马上表明他们邪恶的性格。以后者来说，五官之中并没有特别哪一官走漏个中消息；他们可能有个开放的面容，还有讨巧的笑容；但是，你稍稍和他们为伍，就会留下一个无可更易的深信，说他们整个人有些什么根本不对劲：也就是说，他们是邪恶的。不管他们愿不愿意，他们好像就是会传出一种气氛，说他们藏着不可告人的、邪恶的念头，这气氛使接近他们的人退避，有如避开一个染病的东西。

同样的道理或许也可见于房子，某个屋顶底下发生过邪恶的行为，会留下邪恶的气氛。在实际做那些邪恶事情的人已经过世之后很久，这气氛还令人起鸡皮疙瘩，令人寒毛直竖。为恶者当时的激情，以及受害者当时感受到的恐怖，会蛛丝马迹般进入与那件事无关的观看者心中，他突然意识到自己神经酥麻麻的，毛骨悚然，感到那阴冷之气。没有明显可指的原因，但他就是觉得恐怖。

……

偷偷地，踮着脚移步，并且用手遮着蜡烛，以免那没有窗帘的窗户泄漏他们在屋子里，他们首先进入大餐间。餐间里看不到一桌半椅家具。墙壁上空无一物，丑丑的壁炉架和空空的壁炉栅瞪着他们。他们感觉到，这里的一切似乎都不喜欢他们打扰，似乎都用蒙着面纱的眼睛监视他们；他们走动，背后有窃窃私语跟踪；阴影从右边向左边飞纵，无声无息；他们背后似乎总是有个什么东西，目注他们，只等有个机会伤害他们。大家有个挥之不去的感觉，房子空荡荡时一直在进行的事情现在暂时中断，等着他们远离来恢复。这栋老建筑整个沉暗的内部好像变成一个带着恶意的身影，那身影此刻起来了，警告他们快走，少管闲事；神经每一分每一秒都在增加紧张。

萨维尼奥，
自画像，
约 1936，
都灵，
现代艺术画廊

可怕的霉味

M.R. 詹姆斯

《多马斯方丈的宝藏》(1904)

“接着，我……继续把那个大袋子往外拉，当时伸手不见五指。袋子在洞口边缘挂了片刻，然后往前滑，滑到我胸口，并且用它的双臂环住我的脖子。

“亲爱的格列戈里，我告诉你的是千真万确的事实。一个人禁得起多大的恐怖和厌恶而不发疯的极限，我相信我这下子见识到了。现在，我尽力跟你说那经验，只说得出一个梗概。我意识到一种无比恐怖的霉味，以及一种冷冷的脸挤到我脸上来，还在我脸上慢慢移动摩擦，还有好几条腿，或手臂，或触须，或什么的，我不知道有多少条，紧搭着我的身体。布朗说，我像只野兽似的没命尖叫起来，并且从我站立的台阶上往后退，那东西滑落，我想，是掉在我站的那个台阶上。”……

“喏，”布朗说，声音低低的，带着紧张，“就是这样。主人在洞前面忙着，我提着灯笼在旁边看，这时，我想我听见有个什么东西掉进水里。于是，我往上看，看见一个人的头朝下看着我们。我想，我当时一定说了什么，我接着把灯高举，跑上台阶，我的灯随即照在那张脸上。如果说我看过哪个最恐怖的人，这个就是了！他整张脸深深陷下去，还在大笑，我想。我在台阶上跑起来，我告诉你，我跑得说有多快就有多快，等我跑出来到地面上，什么鬼影子也没有。”

童年的鬼

伊莎贝尔·阿连德

《爱与阴影》(1984)

她记得小时候罗莎跟她说的那些鬼故事：魔鬼住在镜子里惊吓虚荣的人；有个黑人的袋子里装满用陷阱抓来的动物；狗背上是鳄鱼鳞片，脚是山羊蹄；双头男人埋伏在转角处，要抓睡觉时两手放在床单下的女孩。那些是恶意的故事，用来害人做噩梦。但那些故事太迷人，她听了就停不下来，央求罗莎再多说几个，一边央求，一边怕得发抖，既希望自己能塞住耳朵，闭上眼睛，什么也不要知道，同时又渴望知道细节，最小的细节也不愿错过。

第十二章

铁塔和象牙塔

1. 工业之丑

格里贝尔，
失业男子，
1921，
德累斯顿，
市立博物馆

18世纪的纺织机和蒸汽机的发明导致劳动方式发生根本改变。19世纪的工厂和工业的发展标志着资本主义生产方法的成功和劳动阶级的兴起，以及生活条件残酷的都市人群的诞生。

有些思想家和作家谈起这些非常新的事物时兴致昂扬。**卡杜奇**（Giosué Carducci）在1863年写《撒旦颂》（*Hymn to Satan*）中颂扬蒸汽火车是“美丽又可怕”的怪物，代表进步，象征撒旦的造反和报复中世纪的蒙昧主义。但同一时期也开始出现对工业世界的批判，其中最有名的是马克思和恩格斯1848年写的《共产党宣言》。

同时，资产阶级内部也出现反叛的征兆，拉斯金（John Ruskin）的作品和社会活动可为例证。拉斯金心仪意大利原始艺术和哥特式建筑，是传播怀旧式审美观念的使徒。他反击“只知道赚钱的平民”的污秽，鼓吹一种从基督教汲取灵感的社会主义乌托邦，追忆昔日工匠那种富于创新喜悦的生产方法。

描写城市生活的恐怖可以追溯到18世纪的贺加斯（Hogarth）和**布莱克**（Blake），不过拉斯金等人写作的数十年间，面对工业城市令人震惊的景象，多雷等艺术家和**狄更斯**、**爱伦·坡**、**王尔德**、**左拉**及后来的**杰克·伦敦**与**艾略特**等作家，更是对进步的污秽进行了令人背脊发凉的呈现。

ROYAL

惠斯勒，
泰晤士河：蓝色和银色的夜曲，
1872—1878，
耶鲁，
英国艺术中心，
保罗梅隆基金

伦敦的悲惨

狄更斯

《雾都孤儿》，8（1838）

比这更脏或更狼狈的地方他真还不曾看过。街道非常狭窄而且泥泞，空气充满污秽的臭味。小店铺为数甚多；然而他们交易的唯一货物好像是成堆成堆的儿童，那些孩子，即使在夜里的那个时辰，也还在店门爬进爬出，不然就是在店铺里尖声喊叫。铺了路面的道路和院子，处处从大街分歧出去，沿着它们，可以看见一群群一落落房子，那些房子里，喝醉酒的男男女女确确实实就在污秽里打滚。

荷加斯，
琴酒巷，
1750—1751

伦敦的街道

威廉·布莱克

《伦敦》（1794）

我漫步而过每一条特许街，
走近特许的泰晤士河流过之处，
在我遇见的每张脸上注意到
病弱的征记，悲惨的征记。
在每个人的每一声呐喊里，
在每个婴儿恐惧的哭叫
在每个声音，每个禁令里，
我听见心灵打造的镣铐。
扫烟囱孩子的哭叫，
如何令黑暗的教堂惧怕；
不幸的士兵的叹息
鲜血般流下宫墙。
但最是透过午夜的街道我听见
年轻妓女的咒骂
冲破新生婴儿的眼泪
并为婚床蒙上瘟疫的阴影。

伦敦的雾

狄更斯

《荒凉山庄》，I（1852-1853）

到处是雾。往上游去是雾，雾流着，笼罩洲渚和草地；往下游去是雾，雾污污秽秽在船运的台阶之间，在一个大（脏）城污染的水边滚着。艾塞克斯沼泽上是雾，肯特的高地上是雾。雾钻进那些运煤船的厨房；雾摊在船坞上，在那些大船的帆桅里盘旋；雾低压压的，落在拖船和小船的船舷上。雾在老年人的眼睛里和喉咙里，呼呼有声通过他们的病房；雾在气呼呼的船长下午抽烟的烟管里和烟斗里，在他底下的舱房里；雾残酷地令在甲板上打着寒颤的小学徒的脚趾和手指疼痛。桥上的过路人上身探过栏杆，觑眼窥入下方一片雾天，他们四面八方烟锁雾绕，仿佛他们高高在气球里，挂在迷迷蒙蒙的云里。

烟气隐隐约约透过雾气，在街上的各个角落里，就像从松软的田野可以看见太阳隐隐约约接近农夫和在拖犁耕种的马前面拉马的孩子。大多数店家提早在正常时间两个钟头以前上灯：烟气似乎知道，因为它有一副憔悴而不情愿的神色。

“事实”胜过一切

狄更斯

《艰难时世》，I，5，10（1854）

科克镇……就是“事实”的胜利；科克镇不受想象污染，就像格雷格蓝太太不受想象污染。我们继续我们的曲子之前，先交代一下科克镇的基调吧。

这是一个用红砖做的镇，或者说，如果那些烟和灰烬让它维持原样，它会是红砖做的；但现在的情况是，它是不自然的红色和绿色的镇，像一个野蛮人漆了彩的脸。那是一个布满机械和高高烟囱的城镇，那些烟囱喷出无限长的烟蛇，烟蛇永远在拉绕，在盘曲。城里有一条黑运河，还有一条被气味恶臭的染料染成紫色的河。又有大堆大堆开满窗户的建筑，那些建筑成天轰隆轰隆震动，蒸汽引擎的活塞一成不变地上上下下工作，像一只忧郁成狂的大象的头。镇上有几条宽大的街道，每条都非常相像，又有很多彼此更相像的小街，里面住着彼此同样相像的人，他们都在相同的时辰进进出出，在相同的几条铺石路上发出相同的声音，做相同的工作，每天都像昨天，也都像明天，每年都像去年，也都像明年。

……

监狱本来可以当医院，医院可以当监狱，市镇厅则可以当医院，也可以当监狱，可以做其他任何用途，虽然它们建筑的样子看起来不这样。

……

在科克镇工作最艰苦的区域，在那座丑陋城堡的最内部，他们坚实砌砖，把自然隔在外面，就像他们用砖墙把要命的空气和煤气关在里面。在这座迷宫的核心，窄窄的方庭栉比而列，密密的街道鳞次而行。这些街道点点滴滴出生，每一片都是为了某人的目的而火急赶工兴筑，整个形成一个不自然的家族，人摩着肩，擦着踵，把彼此挤死。在寸地用尽的最后一个致密角落，由于需要空气来通风，烟囱千奇万状，全都做成发育不良的模样，曲折歪斜，仿佛家家户户都竖个招牌，标示他们期望屋子里出生的是什么样的孩子。科克镇的人群通称“人手”，这个族类，如果老天只给他们一双手，或者，让他们像海边的低等生物那样，只有手和胃，有些人会更欢喜有加：在这群人之间，住着一个史提芬·布莱克普耳，四十岁年纪。

深渊中的人

杰克·伦敦

《深渊中的人》，1，6（1903）

你在伦敦街上没有任何地方看不见卑污贫穷的景象，而且你从几乎任何一点开始走，五分钟就会碰到一个贫民窟；但是，我的双人座单马双轮马车现在深入的，是一个没有尽头的贫民窟。这里的街道充满一个新的、与众不同的种族，身材短小，全是狼狈可怜、泡在啤酒里的容貌。我们的马车走着，在好几里的砖屋和污秽中穿行，瞥入每一条和马路相交的横道和巷子，入眼都是延绵的砖房和惨苦。到处都有醉醺醺的男男女女踉踉跄跄，空气中则弥漫着碰撞敲打和争吵骂街的喧闹。在一处市场里，步履蹒跚颤巍巍的老年男女在人家丢到泥泞中的垃圾里找寻腐烂的马铃薯、豆子和蔬菜。小孩子则一群群像苍蝇一般围抢一堆腐烂的水果，手臂插入那些已经烂臭化汁的水果堆里，深及肩膀，抓出半腐的碎片，当场狼吞虎咽。

……

我从窗户往外看，窗外应该是隔壁建筑物的后院。可是却没有后院，或者应该说，那些后院盖满一层楼的简陋小屋子、棚棚舍舍，里面住了人。这些小屋舍的屋顶积满污秽，有的一两呎高，都是二楼和三楼人家后窗来的贡献。目力所及，我分辨出鱼、带肉的骨头、垃圾、会传染瘟疫的破布、旧靴子、破碎的陶瓷器皿，以及猪圈般的人居通常可见的废弃物。

……

破布和污秽，所有令人憎恶的皮肤病、裂开的烂疮、瘀肿、粗俗、猥亵、荒怪的色眼，以及兽性的脸孔，在这里形成一团大混乱。严寒、刺骨的风吹着，这些生物一身褴褛，在那里团团蜷缩，大多数在睡觉，或者想办法睡着。有十几个女人，年纪小的二十岁，老的七十岁。近旁是个婴儿，大概九个月大，平躺在硬邦邦的长椅上，睡着了，没有垫枕头，也没有盖被，也没有人照顾。旁边，六个男人，有的一个人站直，有的相互你撑我，我靠你，都睡着了。

多雷，
伦敦，
多雷与杰洛德合著《伦敦之旅》，
1872，
伦敦，
葛兰特

损坏的城市

艾略特

《荒原·埋葬死者》(1922)

一个冬日黎明的褐雾
底下，
一群人流过伦敦桥，
好多人，
我没想过死亡已经做掉那么多人。
叹息吐出来，短短的，而且不算频繁，
每个人兀自眼睛盯住
自己双脚前面。
流上山，流下威廉王街，
流到圣马利伍尔诺斯报时之处
钟敲九点，声音死死的。
在那儿我看到一个认识的人，
止住他，叫道“史泰森！
你和我在
米雷的船里！
“你去年种在花园里的那具尸体，
“开始发芽了吗？今年会不会
开花？
“还是说，突来的霜扰乱了
它的床？
“哦，把那只狗赶远吧，
那是人的朋友，
“不然它又用它的指甲把它挖起来！
“你！伪善的读者——我的
同类——我的兄弟！”b

格里贝尔，
共产国际，
1928—1930，
柏林，
德国历史博物馆

群众

爱伦·坡

《群众人》(1841)

那些经过的人绝大多数有一种满足的，一本正经的姿态，仿佛一心一意只想在报界飞黄腾达。……从“高尚”的尺度步步下降，我发现愈来愈黑暗的主题可供思考。我看见那些犹太小贩，鹰眼从他们的脸上闪射，而那些面容的每个器官只有卑劣寒伧的神情。身材结实的职业街头乞丐，纯粹为绝望所驱，夜里来此求人施舍。虚弱而且形容似鬼的病人，他们已经被死神牢牢抓住，侧着身子在人群里蹒跚而行，带着乞求的神情看着每个人的脸，仿佛巴望偶然有人安慰，或者找到已经失去的希望。镇上的女人，所有种类、所有年纪的女人，有的正值女性的黄金阶段，带着毫无疑问的美，令人想起鲁西安笔下的雕像，帕洛斯岛大理石其外，而污秽其内；衣衫褴褛，惹人憎恶，彻底见弃的麻风病人，满面皱纹，戴着珠宝，脸上胭脂污涂，最后一次对青春回眸的丑老女人；身材尚未成熟的孩子，由于长久耳濡目染，已是她那一行的风骚能手，卖起俏来令人退避三舍，燃烧着狂热的野心，要在悖德败俗上和她的前辈分庭抗礼；数不清而且难以形容的醉鬼，有的衣服只是碎片，有的全身补钉，跌跌撞撞，言语不清，脸上瘀青，眼睛无神，有的衣服完整却肮脏，昂首大步而不稳，带着耽欲的厚嘴唇，以及看来精力充沛的红润脸色，有的身上的衣料曾经是好的，甚至现在也细细整刷过，走起路来是那种天生坚定而轻快的步伐，但脸色苍白得吓人，眼睛可怕地狂野而发红，两手握拳而手指颤抖，大步穿过人群……

撒旦似的火车

卡杜奇

《撒旦颂》(1863)

一只美得可畏的怪物
被放开锁链了，
它疾驰大地
疾驰四海：
闪烁又冒烟
如一座火山。
它征服高山
吞噬平原。
它跃过崖谷；
然后深深钻入
隐藏的洞窟
走着高深莫测的路径；
然后重新冒出，势不可当，
从此岸到彼岸
它像龙卷风
狂啸怒吼，
像龙卷风
它喷吐它的气息：
它是撒旦，
啊天下万族，
伟大的撒旦过来了。

蒙巴纳斯火车站车祸，
1895 年 10 月 22 日，
巴黎

CHEMIN DE FER
DE L'OUEST
RESTAURANT
OUEST
721

唐吉，
寻欢作乐者，
20 世纪初，
特洛耶斯（法国），
现代艺术博物馆

342 页：
杜米埃，
三级车厢，
1862，
渥太华，
加拿大国家画廊

343 页：
苏蒂纳，
牛肉尸体，
约 1925，
布法罗，
阿布莱特／诺克斯艺廊

道连·格雷的一夜

王尔德

《道连·格雷的画像》，16（1891）

一场冷雨开始下来，模糊的街灯在浓密成滴的雾里看起来鬼气森森。酒馆正在关门，身影糊暗的男男女女三五成群聚在门口。几家酒吧里传来恐怖的大笑声。……

有人说，激情使人循环式思考。的确，道连·格雷紧咬的嘴唇可厌地反复塑造又塑造那些处理灵魂和意义的微妙字眼，一直到他在它们里面找到他情绪的充分表达，并且以智思使那些激情言之成理，但即使没有智思为之圆说，那些激情还是会支配他的脾气。有个念头暗暗爬过他大脑的一个又一个细胞；那狂野的生存欲，人的欲望中最可怕的一个，使每一条颤动的神经和纤维都活过来。丑，曾经是他所恨，因为丑使事物变真实，现在却为那个原因而为他所珍爱。粗俗的争吵，可憎的巢穴，紊乱生活的粗糙暴力，窃贼和见弃于社会的人，以其所给人的强烈印象，现在变得比艺术的所有优美形象、歌曲如梦似幻的影子，都更鲜活生动。……

他……走进一个长长低低的房间，看起来好像曾经是个三流舞厅。强烈刺眼的煤气灯焰偏布墙上，照在它们对面的脏污镜子里，沉黯而扭曲。油腻的棱纹锡制反射器支撑它们，做成颤颤摇摇的光盘。地板满是黄赭色的锯屑，到处被踩成屑泥，被溅洒到地面的酒污染成一个个深色的环。几个马来人蹲在一具小炭炉边玩骨牌，聊着天，露出白白的牙齿。一个角落里，脑袋埋抱在双臂里，一个水手伏在一张桌子上，沿着房间一边是个漆色俗艳的吧台，吧台旁边站着两个形容枯槁的女人，她们在嘲笑一个老人，老人面带恶心，正在擦拭他大衣的两个袖子。……

房间末端是一落小小的楼梯，通入一个暗暗的小房间。多里安快步踩上摇摇欲坠的三个梯级，浓重的鸦片气味扑鼻而至。

“科技之美”的丑

泽德麦尔

《光之死》，III，2（1964）

然而，这种新的美逐渐绽放之际，一种同样独特的“丑”的涨潮也在世界泛滥。从大城市的新建社区，它蔓延到市郊，并且从那里进入开阔的乡下，侵入小镇和乡村。城市里绝大多数新社区的丑是难以形容的：那是一种令你呼吸不过来的丑。市中心那些建筑是如此，市郊的建筑亦然，出租的建筑是如此，住宅区的建筑亦然，贫民的社区是如此，富人的社区亦然，私人建筑和公共建筑莫不如此，建筑的门面如此，其内部和庭院亦然。在 19 世纪的进程里，这种新的丑养成一种荒凉、狂野的面貌，其间暗示有人得到过分的营利，也暗示某种混乱、个人化到野蛮地步的东西。这没有改变一项事实，也就是，在这些丑的沙漠里，这儿那儿零星散布着古老高贵的绿洲，以及，在毫无性格的丑旁边，经常出现一种特别带着挑衅性格的丑，这种丑倒还胜过今天某些建筑那种乏味的讨喜，尤其是这种丑往往和结构上一种令人惊奇的扎实和细心连在一起。“我深信，过去没有任何时代的人看见建筑的表情形式时心生厌恶和反感；生此厌恶和反感的，只有我们这个时代。一直到古典时期，建筑都是一种自然的功能。那时候，新的建筑十分可能不会有人注意，就像你不会注意一棵最近才种下去的树；不过，它们引起注意的时候，大家都知道发生了一件好而且自然的事；歌德看他那个时代的建筑，就是如此。”（布罗克）

在 20 世纪，好几个这种丑肆虐的地带已经被消除，虽然它们继续在新兴的所谓“理性”建筑里存在，也就是说，存在于荒谬的颜色、比例以及“功能”中，存在于欲盖弥彰的反常装饰之中……另一方面，单调往往比 19 世纪某些“更新重建”的街道更为明显。

巴黎的惨相

波德莱尔

《艺术在巴黎》，106（1861）

他们在军营的院子里吹起床号，
早晨的风吹在灯笼上。
那是成群有害的梦
使那些太阳晒黑的后生
在床上辗转的时辰；
灯像一只
抽搐转动的血眼
在天光中形成一个红斑的时辰；
沉重、烦躁的肉体内的
灵魂
模仿灯和太阳的斗争的
时辰。
如同一张泪斑斑
而被微风吹干的脸，
空气充满逃亡的事物的
颤抖，
男人厌倦了写作
女人厌倦了做爱。
这儿、那儿，房子
开始冒烟。
游女们带着黄绿色的眼皮
张着嘴
睡着疲极而麻木的觉；
女乞丐，奶子
又瘦又冷，
正在吹她们的火，
正在为她们的手指呵气。
这个时辰，
在贫穷和寒冷之中
分娩女子的疼痛
变得愈加残酷；
远处的鸡鸣
撕裂浓雾的空气
像一阵被泡沫抑制的啜泣；
建筑物包封在
一片雾海之中，
在慈善收容所里，
垂死的人
以不均匀的间歇
打嗝般呼出他们的死亡啜泣。

巴黎的肚子

左拉

《巴黎的肚子》，1，33（1873）

圣厄斯塔什（教堂）明亮的钟面衰恹恹的，苍白如同一盏被黎明吓一跳的夜灯。在附近街道的末端，酒店里的煤气灯一盏一盏眨眨眼熄掉，如同星星在一片光海里熄灭。它们灰中带绿，此刻看起来更为扎实，而且，由于那如森林般撑起一望无际的屋顶的柱子，它们看起来甚至更大了一点。它们在几何形的街区里升起；当室内所有的灯都熄掉，而正方形、样式一式的建筑都笼罩在天光中之后，它们看起来有如某种巨大的现代机器，某种庞大的蒸汽机，一口做来消化整个民族的锅炉，一个硕大的肚子，上了螺栓和铆钉，用木头、玻璃和铁做成的，拥有某种机械引擎的力量，以蒸汽和燃料，以及它疯狂抖动的轮子来运作。

Soutine

迪克斯，
大都会漫画，
三联画，
1927—1928，
斯图加特，
市立画廊

兴建中的埃菲尔铁塔，
1889 年 8 月

整个 19 世纪都被两种力量的冲突搅动着：一边是为工业革命兴奋的人，革命激发出铁和玻璃的新建筑；另一边的人既以传统价值之名，又以新审美鉴赏之名，拒斥这些技术革新。

埃菲尔 1889 年为巴黎的世界博览会完成铁塔之前，1887 年的《时代报》（*Le Temps*）刊出一封署名者包括作家小仲马和莫泊桑、音乐家古诺（Charles Gounod）、诗人里孔特德利斯勒（Leconte de Lisle）、剧作家沙道（Victorien Sardou）、建筑家贾尼耶（Charles Garnier）、诗人科培（Francois Coppee）及 1901 年首届诺贝尔文学奖得主普吕东（Sully Prudhomme）的信："我等作家、画家、雕刻家、建筑家，珍爱巴黎仍然完好之美者，在此尽我等全副力量与满腔义愤，为法国人民被低估的品味、为受威胁的法国艺术与历史请命，抗议在我国首都的心脏兴建无用且丑怪的埃菲尔塔，富于常识与正义精神的不满的大众早已为此塔取一诨名：巴别塔。"抗议信怒斥这巨大的"工厂烟囱"将会像一块墨渍渲染开来，"可恨的铁柱子"的可恨阴影将笼罩巴黎。

西罗尼，
有工业烟囱的都市风景，
约 1920—1923，
米兰，
私人收藏

埃菲尔回应说：此塔将有其独具而典型的美和雅致。和谐的原理与工程并非互不相容。此塔的兴建由于十分大胆，将能表现力与美，巨大的东西也是能迷人的。最后，此塔将是历来最高的人类建筑。“在埃及受仰慕之物，为什么在巴黎就会变得恐怖可笑？”埃菲尔塔如今已成为巴黎天际线的特色景观，当时的抗议者中也有几位改变了看法。但是“埃菲尔档案”至今仍是所谓品味摇摆的证据。关于城市自身形象的问题也随着时间多次发生摇摆。当代艺术经常呈现阴冷的大都会和工业市郊形象；奥地利艺术史家**泽德麦尔**（Sedlmayr）和德国社会学家阿多诺（Adorno）等人都在作品中苦思城市之丑。德国小说家和散文家多布林（Alfred Döblin）的《柏林亚历山大广场》（1929）也写大都会残酷而难以亲近。在我们这个时代，**德里罗**借美国社会的不堪面貌回顾 19 世纪的伦敦和巴黎。乔伊斯的《尤利西斯》（1922）则是一部现代城市的史诗：现代城市是种种彼此矛盾层面交会的迷人熔炉，是布隆姆（Leopold Bloom）的地狱兼天国。

希勒，
古典风景，
1931，
圣路易斯，
密苏里，
艾布斯沃斯基金会

美国的惨相

德里罗

《地下世界》(1997)

再走下去，我们看见旧日测试场的标示，就在地面上。这里有一股怪异的气息，一种不安，我尝试找出这不安之感从何而来。我们看见一段残留的铁路支架，一段雕塑似的焦褐色金属，立在混凝土的架子上。一种沉重之感，一种旧有的秘密走了味，已经毫无价值的气味。我们看见一座子弹工厂矮矮的灰色基底，大多在几十年前就被刮掉了，只留下这块满是弹痕的混凝土，在残余的地面上只有七呎高，看起来仍然一副挨了枪目瞪口呆的怪样子。每件东西都带着罪恶感，饱经风霜的柱子和工字梁任由风吹雨打，人做的，人塑造的东西，出了岔的旧计划。

我们静静前进。

几个用推土机推成的土堆，围着一座漆了黄漆的摄影碉堡：那黄色是污染造成的。这地方挺怪异，冻结了保存在那里，是我们的健忘的标本，虽然我们留意到那些细节。我们看到远处有房屋的迹象，测试用的建筑，建筑的基底已经毁坏，里面还有人，是人形模特儿，架子上有些产品，可能是四十年前摆上去的。美国牌子，司机说。……

那些马口铁、纸、塑胶制品、保丽龙。全都飞下那些输送带，每天四百吨，经过垃圾装配线，分类、压缩、捆包，在方形单位的末端加以变化，再度成为产品，加上包装，精巧堆叠，就准备行销了。桑尼喜爱这个地方，别的孩子也一样，他们跟着父母或老师来这里，站在通道上观看这些展览品。亮光从上面的天窗洒到屋子的地板，落在高高的机器上，放出神秘的光泽。我们对废物，对我们使用又丢弃的东西，对它们去而复返的特质，可能有一种敬意。瞧，它们如何回到我们手里，绽放着一种勇敢的老化气质。窗户外是强烈广大的沙漠和巨大的天空。路那边的掩埋场现在关掉了，已经塞满了，但废气不断从那道巨大的戗堤冒出来，甲烷，在陆地和天空产生一种摇曳，加深了神圣工事的氛围。像某种鬼魅文明在空气里痛苦绞扭的寓言，一种沙漠废墟的闪动。孩子们爱这些机器、这些捆包机、漏斗和长长的输送机；父母们则看着窗外，看那甲烷雾，飞机从山里出来，列队进场，卡车则在屋外排成两队，带来尚未分类的污水馊水，我们肠胃的秽余，并且将捆妥包好的产品再度带进世界……

就业局，
索耶，
1937，
惠尼美国艺术博物馆

斯泰拉，
夜里的火，
1919，
密尔瓦基，
艺术博物馆

2. 颓废主义和丑的放纵

随着工业世界的压迫感、大都会中面目模糊的巨大人群、劳工阶级的兴起，欣欣向荣的新闻业开始刊登通俗的事件报导，播下我们今天所谓"大众文化"的种子。面对这些，艺术家觉得他们的理想受到了威胁。他们视新兴的民主理想为敌，决定"与众不同"，与社会决裂，强调贵族气质，刻意讨人厌，遁入为艺术而艺术的象牙塔。正如法国象征主义作家维利耶（Villers de l'Isle-Adam）说的："生活？我们的仆人可以代劳。"

于是，这个汽车的胜利和实证主义对科学的崇拜成为显学的时代也是颓废主义的时代。唯美宗教出现，以美为唯一值得实现的价值。唯美的丹第们认为生活本身就应该过得像一件艺术品。魏尔伦（Paul Verlain）在 1883 年写了一首诗《恹恹》（*Languor*），将他所处的时代比拟于罗马和拜占庭的颓废时期：一切事情都已有人说过，一切快感都已有人试过，一饮而尽，唯余渣滓，地平线上，一个令老病文明无力抵挡的蛮族已在蓄势进攻。如今能做的事（于斯曼后来这么说）只剩纵身投入极度亢奋的想象带来的感官享受，罗列艺术收藏，以疲惫的手摩挲世代累积的珍宝。

在波德莱尔十四行诗《通感》（*Correspondences*, 1857）里，自然如一座殿堂，有生命的柱子不时在其中浑融而语，这座殿堂只能被视为取之不竭的象征的宝藏。但是，如果万事万物都含有象征性的启示，那么罪恶和恐怖的深渊里也一定有象征性的启示。

马奈，
苦艾酒徒，
1858—1859，
哥本哈根，
新卡斯堡美术馆

一个颓废作家的画像

瓦莱里

《变化》，II：《于斯曼画像》（1930）

他是男人里最神经质的……一个专写可憎事物的艺术家，喜欢最恶劣的事物，只渴望过度过分的事物。他轻信到令人难信的地步，欢迎人类心智所能想象的每一种恐怖，酷嗜怪异的事物，你在地狱的门房那里才听得到的故事。……

他的博学专门用来探讨令人惊骇的事。他在所有社会事物里嗅到污秽、恶行和丑行，而且，他这个嗅觉可能是对的。……他对有形的污秽和具体的肮脏有一种详尽而且沾沾自得的知识，他涉及神秘东西的时候，喜欢在这知识上添加他对超自然的污秽和超感觉的肮脏的那种细心探索、充满创意且骚动不宁的好奇心……

在颤抖之中，他独一无二的鼻孔能够嗅出世界上一切令人作呕的东西。廉价酒馆令人恶心的气味，腐化、刺鼻的香料，破烂房子和贫民院的陈腐空气，所有令他的感官起反感的事物，都令他的天才兴奋。

在1871年《给德米尼的信》（*Letter to P. Demeny*）里，兰波（Arthur Rimbaud）说，唯有“漫长、大规模并且理性地消解一切感官”，诗人才能变得具有远见卓识。他在《地狱一季》（*A Season in Hell*, 1873）里写道：“有个晚上，我诱引美到我膝盖上。我发现她不友善……我曾在泥沼中颠簸而行，曾在犯罪的空气里吹干自己。”颓废主义者逆理而行的宗教性以撒旦主义的形式出现，他们参加法术会，召唤魔鬼（见于斯曼小说《每下愈况》）。对虐待狂和受虐狂的种种颂扬，为邪恶辩护，如**里尔克**（Rilke）歌颂妓女或如**巴塔耶**（Bataille）赞美性行为之丑，还有各种精致的痛苦快感和精神官能症（**于斯曼**）的得意表达，不胜枚举，无法一一摘录。**科尔埃尔**（Corbière）认同带有忧郁味道的蟾蜍之丑，**陀思妥耶夫斯基**嗜谈老鼠之恐怖，**波德莱尔**的《腐尸》（*Carrion*）彻头彻尾赞美恶心事物，**塔尔凯蒂**歌颂蛀牙，**兰波**兴奋发抖地描写全神贯注扪虱子的女人。最后，还有**普鲁斯特**和那种崇高贵族气质的丑之魅力。

画家也为我们画出了变态角色、妓女、斯芬克斯、垂死少女和可憎的脸。

丑的快感

波德莱尔

《爱情慰藉格言选》(1846)

对某些比较好奇而又幻灭的心灵，丑带来的快感来自一种甚至更为神秘的情愫，也就是对未知事物的渴望和对恐怖事物的嗜好。

这种情愫的种子，我们每个人内心都有，只是程度大小有别。就是这股情愫，驱使一些诗人进入诊所和解剖室，以及驱使女人去观看公开处决。我很遗憾，没有人了解这一点：一具竖琴少了低音弦！有人爱过一个女人，明白她是个蠢人之后，竟然脸红……愚蠢往往是美的装饰；使黑色的池塘有那种没有光泽的清澈的，使热带海洋有那种油腻的平静的，就是这东西。

蟾蜍

科尔埃尔

《黄色的爱》(1873)

无风之夜的一首歌……
——月亮，一个明灿金属的盘子
暗绿色的装饰物。
……一首歌；像一个回声，活
埋，那儿，灌木丛底下……
——它停了：来，它藏在阴影里
……
——一只蟾蜍！——你为什么这么害怕，
这儿，我身边，你的忠实的士兵？
瞧他，光头诗人，没有翅膀，
泥巴的夜莺……——恐怖！——
……它歌唱。——恐怖！——何来恐怖？
你看不见那闪烁的眼睛吗……
不；寒冷，它离开，到石头底下。
……
晚安——我就是那蟾蜍。

克林格尔，
死亡 II，
作品 XIII，
1898，
柏林

石棺里的女人

邓南遮

《天国之诗》(1893)

女人以一种堂皇之姿
躺在罗马的大石棺上
石棺刻着一场葬礼
是一双巧手之作。

或许她在等着某个
能改变命运的俄狄浦斯
解答那个超人的谜？
又或许她在等着那不敬神的梦
会关进这大理石墓的
死亡女神？

她的嘴不说她的思绪。
谁将从那果实带血的肉
吸出那神秘的精髓？

她等着。而古老罪恶的阴影
已掠过那双
被未来的罪孽变暗的
深陷的淫荡双眼
……

莫尔贝利，
妓女，
约 1887—1888，
都灵，
现代艺术画廊，

当时的人研究中世纪，重新发现魔性和那时已败落的拉丁文，文艺复兴提供了介于阴阳之间的暧昧人物。法国诗人和小说家罗伦（Jean Lorrain）在《罗马》（1895—1904）中写道："哦，波提切里（Botticelli）的嘴，那两瓣丰满的唇，坚实如水果，嘲讽又哀伤，那些波状如谜的皱褶，使人猜不透它们掩藏的是纯洁还是罪恶！"关于女性，有人谈她们斯芬克斯般的神秘（**王尔德**），她们的罪恶、道德败坏或逐渐腐朽的肉体（**波德莱尔**），甚至如**邓南遮**（D' Annunzio）谈论尸癖的肉欲快感，而**塔尔凯蒂**则流露出毫无疑问的对女人的仇视。有一件事似乎躲过了丑的吸引力，那就是顿悟诗学。佩特（Walter Pater）在其《文艺复兴史研究》（*Studies in the History of the Renaissance*, 1873）中说："手或脸每一刹那都有某种形态在臻于完美；山上或海上，某个音乐比其余音乐更精美；某个心情、激情，某个洞见，或某个思想上的兴奋，对我们是无法抗拒的真实——只在那一刹那。"20 世纪的顿悟大师当推乔伊斯，单看《一个青年艺术家的画像》里那位"海鸟女孩"显灵般的现身，即知其故。不过，腐烂蔬菜的气味，甚至尸体，也会成为某种内在刹那难以磨灭的象征——只要它能在风格上获得美学拯救。小说主角达德勒斯乍见庸俗的店招，如中魔咒，以至于"他灵魂枯缩于终古一叹"。

劳特累克，
女人拉高长筒袜，
1894，
巴黎，
奥塞美术馆

一个妓女的挽歌

里尔克

《杜伊诺哀歌》（1912—1922）

之《第七哀歌》

生命在此是荣耀的。少女们，你们知道的，
甚至
似乎无此荣耀的你们——
你们沉沦于
城市最卑下的街巷，如
没加盖的污水道般溃脓。
因为，你们个个都有一小时，
可能不到一小时，两个瞬间之间
无法测量的刹那，你们
拥有存有。
一切。你们的血管胀满存在。

丑和情色

巴塔耶

《色情史》，13（1957）

性交动作之丑，是没有人怀疑的。就像人被献祭而死亡，交媾之丑把我们扔进焦虑之中。但是，这焦虑愈大（这大小视参与者的体力而定），人愈是知觉自己正在超越那销魂之喜的极限。这情况随品味而有别，而且习惯无碍于一个事实：大体来说，一个女人的美（人性）有助于使性交的动物本质更为敏感和无比强烈。对一个男人，最使他丧气的莫过于一个女人的丑，而相形之下，在女人看来，器官之丑或性交之丑并没有这么突出。因为，只要丑不能被进一步玷污，美就算数，而且，情色就是污秽本身。

施图克，
斯芬克斯之吻，
1895，
布达佩斯，
国家博物馆

颓废的丑怪偶像

王尔德

《斯芬克斯》（1883—1894）

在我房间的一个昏暗角落
比我想象更久的时间
一个美丽而沉默的斯芬克斯
透过多变的沉暗看着我……
出来吧，我可爱的管家！
如此困倦，如此像雕像！
出来吧你这纤美的丑怪东西！
半女半兽！……
让我触摸那些弯曲的
黄象牙色的
爪子，握住
那像丑怪的艾斯普般
卷在你沉重的紫色掌中的
尾巴！……
谁是你的情人？是谁
为你在泥巴里缠斗？
哪个是你情欲的工具？
什么雷曼拥有你，每天？
巨大的蜥蜴是不是
来到多芦苇的河岸
匍匐在你面前？
大腰窝坚硬铁的狮身鹰首怪
是不是在你的卧榻里
跳到你身上？
从利西亚的砖墓，出来什么恐怖的
长着那些可怕头，吐着可怕的火的
喀迈拉
从你的子宫
播下新怪物的
种子？……
你恐怖而浊重的呼吸
使灯里的火光摇曳明灭，
在我眉头上，我感觉到
夜和死亡的
湿溽且可怖的露滴。
你的眼睛像
在某个死水湖中颤摇的怪星，
你的舌头像一条
随着奇幻曲调
起舞的红蛇，
你的脉搏制造有毒的旋律，
你黑色的喉咙
像火把或火炭
在萨拉森
织锦上
留下的洞。

蒙克，
哈耳庇厄 II
1899
奥斯陆，
蒙克博物馆

后页：

施图克，
山林女神骑牧神，
1918，
私人收藏

维尔特，
囚，
1915，
私人收藏

库宾，
火星来的生物，
约 1906，
私人收藏

恨之歌

圭里尼
《身后》(1877)

当你睡去被遗忘
睡在肥土底下
上帝的十字架摆在
你的棺材上，
当你的双颊，腐烂了，
融入颤摇摇的牙齿中
在你发臭的空洞的眼眶里蛆腾滚着，
对别人是宁静的这个睡眠
将是一种新的折磨
而一股寒冷的、固执的悔恨
将会出现，
来啃你的脑子。
一股咬人的、凶狠的悔恨
将造访你的坟墓
不顾上帝和他的十字架
来啮你的骨头。
我将是那股悔恨。
我将在沉暗的夜里找到你，
我，躲避白天的魔鬼，将会
啸吼而至
像一只母狼；
用这些指甲，我将挖掘
已成为你肥料的泥土
我将从那
遮掩你恶臭的尸体的肮脏木材
拔出那些钉子，
啊，在你仍然深红的心脏
我将饱厌这古老的恨，
啊，我将以何等的喜悦
将我的指甲插入你无耻的肚腹！
我将坐在你发臭的肚子上
坐到永恒，
报复和罪孽的鬼，
地狱的恐怖：
在你曾经那么美的耳朵
我将毫不容情，细语一些
将会像火红的铁一般
烧灼你的脑子的事情……
而我的诗篇将成为
将你示众的枷，这些诗
将你打入永恒的耻辱，
其折磨将使你渴望
地狱的痛苦
在这里，我要用刺针
使你，贱人，慢慢再死一次，
你的耻辱，我的报复，
我将印在你双目之间。

牧神

兰波

《一个牧神的头》（1854—1891）

吃惊的牧神露出他两只眼睛
用他白白的牙齿
咬那些深红色的花。
他的嘴沾满污渍，
血红如香醇的葡萄酒，
在枝叶底下爆笑。

扪虱人

兰波

《扪虱人》（1854—1891）

孩子的额头
被肆虐折磨得通红，
渴望白色模糊的梦
成群而至，
两个迷人的姊姊
来到他床前，她们有
细长的手指和银色的指甲。
她们带他到窗口坐下，
窗口大大开向
大群在蓝色空气中沐浴的花，
她们令人生畏
仿如魔术的纤细手指
梳过他为露滴所湿的浓发。
他听见她们浓黑睫毛
相碰之声；透过他
灰色的困倦
威仪慑人的指甲和
轻柔如电的手指
啪啪掐死无数小虱子。

黑齿

塔尔凯蒂

《二十四小时的国王》（1839—1869）

“黑齿”，我本来以为我会感觉无比的恐怖，却有如此甜美、温和而富感情的眼神，结果我当下心生一股无可抗拒的欢喜，而被吸引。“白齿”则令我感到十分叛逆、狰狞又高傲，几乎吓坏我。那些长长尖尖的、白色的、白得恐怖的牙齿，由于有点往上翘的双唇而暴露到牙根，那些牙齿，尖尖的，尖端弯曲，像犬类的牙齿，似乎天生就是要来捕捉、啃咬、撕裂活生生还在搏动的肉。它们使那张脸产生一种野蛮得恐怖的神情。相形之下，黑齿，矮矮的、短短的、四方形，深深掩藏在牙龈里，给人无比温驯的感觉，我几乎可以放弃波提克洛斯岛的一半，如果我的王国里只有那个族的话……

波德莱尔

《恶之花》，XXX（1867）

吾爱，你记得我们看见的东西吗，
在那个清朗甜美的夏日早晨！
小径转角处
一具腐臭的尸体
横陈满布碎石的路上，
两腿裸露，像个淫荡的女人，
烫热而且流着毒汁，
无耻、漫不经意地
袒露涨满臭气的肚子。
太阳照在这团腐烂上，
仿佛要将它烤熟，
将伟大的自然
当初结合的元素
加以百倍料理还给她；
天空俯视这具灿烂的尸体
绽放如一朵花。
恶臭太强烈，你还以为
你要当场晕倒草地上。
苍蝇嗡嗡围聚着腐臭的肚子，
从那肚子爬出
乌黑成群的
蛆，浓浆般
沿着仿佛活生生的破衣蠕动。
它们上上下下，如同波浪，
又时而噗的一声涌出；
简直可以说，这具
被隐约的气息吹涨的尸体
还活着，大量繁殖。
这个世界发出的音乐挺奇特，
像潺潺流水，像风，
或者簸谷工人以有韵律的动作
在簸篮里抖摇的谷。
形体消失，唯余一梦，
一幅素描，
艺术家只靠记忆走笔，
落在已被遗忘的画布上。
藏伏在大石后面，一只焦急的狗
怒目紧看我们，
等着随时夺回
他方才放下的那块尸肉。
——然而，你也会像这团腐烂，
像这堆恐怖的恶臭，
你，我眼中的星星，
我生命的太阳，
我的天使，我的激情所系！
没错，你会变成此物，
千娇百媚之后。
临终圣礼既毕，
你去到草木和盛放的花朵底下，
在死人的骸骨之间霉腐。
届时，哦我的美人！
你要告诉那些以吻啃噬你的蛆，
说，我留住了
我腐化了的爱人的
形式和神圣本质！

像只老鼠

陀思妥耶夫斯基

《地下室手记》，I，3（1864）

最糟糕的是，他，他自己，眼中的自己就是一只老鼠；没有谁要求他这么做；这一点很重要。现在，我们且来看看这只老鼠行动起来是什么模样。例如，我们假设说，它也会感到受了侮辱（实情是，它几乎时时刻刻感觉受到侮辱），而且也起了报复之心。在它心中累积的恨意甚至可能比自然和真实的人心中还更多。那股想要把那股恨意发泄在它的攻击者身上的卑劣欲望，可能比自然和真实的人心中那股欲望还更厉害。因为，通过它天生的愚蠢，后者认为这报复是纯粹的正义；而后者，由于老鼠的尖锐意识的结果，它并不相信这报复的正义。最后，是行动本身，也就是报复的行动。在那最根本的龌龊之外，这不幸的老鼠在它周遭创造了无数其他以怀疑和问题为形式出现的龌龊，在这个问题之外，他还加上无数尚未解决的问题。因此，它周围无可避免形成一种致命的气氛，一团发臭的东西，由怀疑、情绪，以及讲究直接行动的人吐在它身上的鄙视，他们一本正经站在它周围，当法官和仲裁者，讥笑它，笑到他们健康的身体发疼。当然啦，它能做的唯一事情就是……丢人现眼地爬回它的老鼠洞里。在它龌龊、发臭的地下室家里，我们这只受辱的、被压碎的、受耻笑的老鼠随即自沉于冷冷的、恶意的且长长久久的鄙恨之中。

精神官能症

于斯曼

《逆理而行》，9（1884）

这些梦魇再攻击他。他害怕睡着。好多个小时，他仰躺在床上，时而被发高烧般的激动的清醒攫住，时而被逼得他透不过气来的梦掐住，在那些梦里，他滚下好几级楼梯，觉得自己浑身无力，沉入无底的深渊。

他这些神经质的发作，本来已经和缓好几天，现在变得更尖锐，比往常更猛烈而且顽固，而且发掘出新的折磨来。

……

为了打发这没完没了的辰光，他诉诸他收藏的版画，以及排列他收藏的戈雅作品。他有几幅《幻想画》的试印版，从它们偏红的色泽可以看出是试印版，是他在拍卖场以高价买来的，这几幅作品的第一个印象令他心生慰藉。他全神沉迷贯注其中，追随着这位画的奇想怪念，被令人晕眩的画面，那些骑在猫背上的女巫，那些拼命从一个吊刑男子嘴里拔出牙齿的女人，那些盗匪，那些在男人睡梦中和他们性交的女淫妖，那些魔鬼和那些侏儒吸引。

然后，他检视他其余的蚀版画和细点腐蚀版画，他那些意象恐怖的《箴言集》，他那些狂暴喧嚣的战争主题，最后，是他那张卡洛特的图版，有一张试印版是他格外珍爱的，印在一张厚重而带有浮水印的纸上，没有上裱。

茨温舍，
珠母与黄金，
1909，
切尼兹（德国），
市立艺术馆

沙德，
有模特儿的自画像，
1927，
私人收藏

死神般的女神

波德莱尔

《恶之花》（1857）

我亲爱的老孩子，你已不再
鲜艳。不过，有些东西
由于经常使用而生光泽，
而仍然迷人，
你连串疯狂的生活
就给了你这种光泽。

你四十岁的青绿色
我不觉得单调；
我爱你的果实，秋天，
甚于平庸的春花。
不！你永不单调！

你的骸骨有特别的
魅力和风味，
在你的锁骨窝里
我找到奇异的香气。
你的骸骨别具风味！
……
你有力而干瘪的腿
有办法攀上火山顶
而且无视风雪和不毛
在顶上跳出最激情的康康舞。

贵族文化的丑陋

普鲁斯特

《格尔芒特的家》，I（1920）

“那就是格尔芒特亲王夫人，”我的邻座对她身旁那位先生说道，而且她故意把亲王夫人的“亲”字给拉长，以便使这个称谓显得荒谬可笑。“她戴着那些珠宝真是不惜的手笔。我要是也有那么多珠宝，我一定不会那样摆阔招摇；我觉得那样一点也不好看。”不过，所有那些四下打量看谁也来看戏的人，他们一看到亲王夫人，心里都油然觉得美的宝座非她莫属。的确，以卢森堡公爵夫人、德莫里恩瓦尔夫人、德圣德维特夫人，以及其余任何一个贵妇来说，你辨认她们的脸孔，靠的是一个大红鼻子配上兔唇，或一对长满皱纹的面颊配着唇上细细的汗毛。不过，这些特征本身就足以吸引目光了，因为就像一份画面文件虽然只有约定俗成的价值，却能让人读到一个有名而且令人印象深刻的大名；但是，整体来说，她们也使人想到丑是有几分贵族气息的，一个大家贵妇的脸只要能够显出贵族气，那张脸美不美倒在其次。

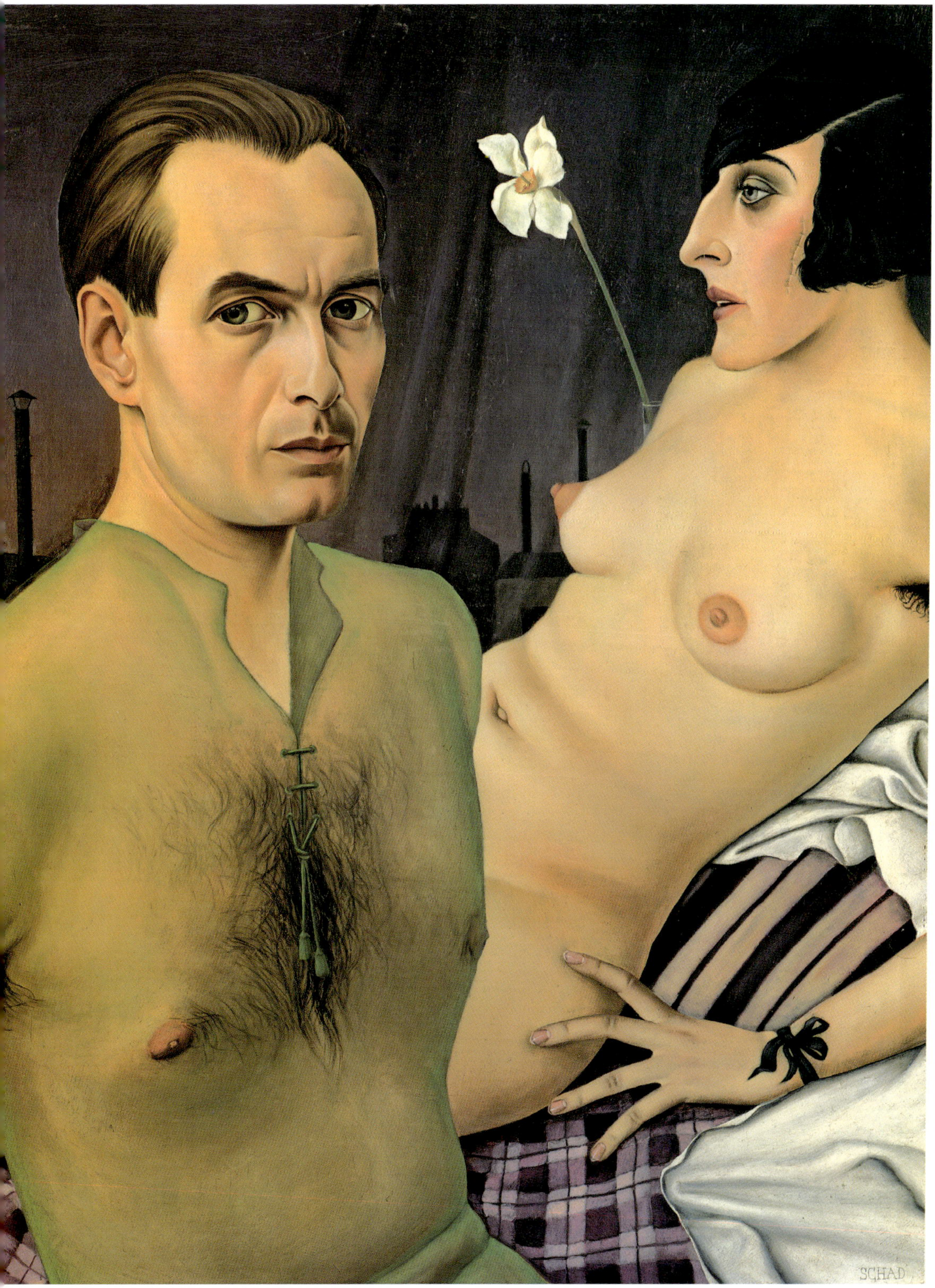
SCHAD

JOUR

第十三章

前卫运动与丑的胜利

毕加索，
扶手椅里的女人，
1913，
佛罗伦萨，
普代科收藏

前卫运动与丑的胜利

心理学家荣格在1932年撰文讨论乔伊斯的小说《尤利西斯》，认为今天的丑是即将到来的巨变的征兆和症候。意思是说，明天被当作伟大艺术来欣赏的作品，在今天可能被认为倒人胃口；新事物来临时，品味往往还跟不上。这观念放之所有时代皆准，用来观察20世纪最初数十年所谓“历史性”的前卫运动产生的作品格外合适。艺术家尽力要“令资产阶级惊愕”，但一般大众（不只是中产阶级而已）不但惊愕，还大呼伤风败俗。

我曾在本书导论里区分丑本身、形式之丑和艺术上的丑，如果区分成立的话，那么可以说前卫运动的艺术家有时代表丑的本身和形式之丑，有时只是让图像畸形，而大众认为这些作品是艺术之丑的例子。大众并不认为那些作品是对丑的事物的美丽刻画，而是将现实丑化。易言之，资产阶级看了毕加索画的女性脸孔而反感，并非他们认为那幅画真实重现一个丑女（毕加索也不要她丑），而是因为他们觉得那幅画把一个女人画丑了。希特勒是一位平庸的画家，曾谴责当代艺术的“堕落”。他死后数十年，赫鲁晓夫看惯苏联写实主义的作品，说前卫画看起来好像是驴子用尾巴画的。

曼·雷，
萨德侯爵画像，
1938，
私人收藏

恩索尔，
红衣法官，
1890，
孟德利席欧市（意大利），
私人收藏

文字炼金术

兰波

《地狱一季》（1898）

对我，许多愚行中的一个：很长一段时间，我自夸是一切可能风景的主人，而且我认为现代绘画和现代诗的所有名家只是一个笑话。我喜爱殊方异域的图像，门廊顶上的画，舞台布景，街头艺术家使用的风景，店铺的招牌，鲜艳炫目的版画，褪色的文学，教堂的拉丁文，拼字错误百出的色情书，祖父母念的传奇故事，童话，儿童看的书，老旧的闹剧，简单愚蠢的诗和天真的节奏。

感官的放荡

兰波

《给德米尼的信》（1871）

诗人以漫长、巨大、理性的所有感官的放荡使自己变成先知。一切形式的爱，一切形式的痛苦、疯狂；他搜寻自己的内在，消化内在所有的毒，只留下精华。这是一种难以言喻的折磨，他需要一切信心、一切超人的力量来从事，在这折磨里，他变成大病人、大罪犯、大被告——以及至高的学者！因为他已臻至未知。

马尔多罗之歌

洛特雷阿蒙（伊西－多鲁西安·杜卡斯）

《马尔多罗之歌》，IV，4（1869）

……我很脏。虱子老是在啃我咬我。连猪它们看了我也呕吐。麻风造成的痂和裂痕剥掉了我的皮肤，这皮肤上全是泛黄的脓。我已经不知道什么是河里的水，也不知道什么是露水。在我后颈上，有如在粪堆顶上一般，正在长着一个巨大的菌，肉茎顶着伞状的花。我坐在一件不成形状的家具上面，已经有四百年不曾动一动肢体。我的两脚已经在地里生了根，变成一种高到肚子的活生生的植被，充满卑污的寄生虫，虽然还不是植物，却也不再是肌肉了。然而我的心脏还在跳动。如果不是我的尸体（我不敢说我的“身体”）的腐化和散发出来的腐气给了它充裕的营养，它怎么可能跳动呢？在我的左腋窝里，一家子的蟾蜍落户定居，有一只动的时候，弄得我痒痒的。小心一点，可别有一口子跑来用它的嘴抠你的耳朵内部：它可是有本事钻到你脑子里去的。我右腋窝里，一只变色龙老是在猎食它们，以免自己饿死：万物都得有个生计嘛。不过，其中一造完全打坏另一造策略的时候，它们除了觉得尴尬，别无可为，于是就来吸吮我肋骨上的肥肉；我倒是习惯了这件事了。一条邪恶的毒蛇吞掉了我那话儿，并且占了我那话儿的位子：它把我变成了个太监，这无赖……两只小刺猬，已经停止成长的小刺猬，把我的睾丸丢给一只狗，那只狗也没回绝。它们如今就住在〔我阴囊的〕皮里面，并且把那皮仔细洗过了。我的肛门被一只螃蟹接管了；在惯性的鼓励之下，这螃蟹用它那对钳子盘踞入口，真的弄得我痛死了！两只水母也受一个希望吸引，漂洋过海而至，而且那希望没有破灭。它们细心端详那两个形成人类屁股的多肉部分，然后保持它们的圆凸形状，不断挤压，结果那两块肉消失了，留下两个从黏性王国浮现的怪物，颜色、形状和凶狠都一样。至于我的脊柱，那就别提了，因为那是一把剑。

ENSOR

沃尔海姆，
受伤的男子，
1919，
私人收藏

兰波或**洛特雷阿蒙**（Lautreamont）以放纵、无节制为理想，历史性的前卫艺术运动接受他们的理想。他们特别反对当时以自然主义为原则、以给人慰藉为目的的艺术，认为那种艺术是陈腔滥调、媚俗。

未来主义宣言宣布赛车比希腊的胜利女神雕像更美，颂扬速度、战争和“用拳头重击”。他们反对月光、博物馆和图书馆，以大胆产生丑为己任。意大利作家**帕拉采斯基**（Palazzeschi）号召年轻一代接受“恶心”教育。1913 年，意大利艺术家波丘尼（Boccioni）将一件雕刻和一幅画称为《反美》。后来，未来主义阵营画家卡拉（Carra）等许多人重返新古典形式或法西斯艺术。由此可见，为丑而战根本站不住脚。不过，引线已经点燃。

未来主义提倡的丑是刻意挑衅，德国表现主义提倡的丑则可以说源于对社会弊病的指斥。从表现主义艺术家成立“桥派”（Die Brucke）的 1906 年起到纳粹兴起，克希纳（Kirchner）、诺尔德（Nolde）、科克希卡（Kokoschka）、希尔（Schiele）、格罗、迪克斯（Dix）等艺术家有系统地坚持表现憔悴枯槁、令人见之生厌的脸，藉此表现资产阶级

迪克斯，
沙龙I，
1921，
斯图加特，
市立画廊

世界——独裁政权最听话的支持者——的污秽、腐败和纵欲。

立体派，如布拉克和毕加索，追求的是将形式解构。为达此目标，他们向欧洲以外的艺术寻求灵感，向当代人认为怪诞可憎的非洲面具取经。达达运动也被丑吸引而专事丑怪。**杜尚**蓄意挑衅，为蒙娜丽莎加上胡须，并发起现成艺术，将抽水马桶当艺术品展览。他还可以拿别的东西来展览，但他就是存心不成体统。

1924 年的《超现实主义宣言》更是特别偏好令人不安的情境和丑怪的意象，号召艺术家运用自动书写来复制梦境，藉以打开潜意识世界，让艺术家的心灵挣脱一切忌讳限制，让心灵顺着意象和观念的自由联想去漫游。自然景象被改变，呈现梦魇场景和令人看了心神不宁的怪象，恩斯特（Eenst）、达利、马格利特（Magritte）的作品无不如此。他们玩一种叫“精致尸体”的游戏，参加者每人在纸上写上只言片语或画上片断速写，遮起来交给下一人，依例而行，最后众人之作合起来。这个游戏的视觉和语言都产生了不合常理的顺序和排列，如洛特雷阿蒙所说：“美丽如缝纫机和雨伞在一张桌子上的巧遇。”

未来主义宣言

马里内蒂

《费加罗报》，1909年2月20日

我们要歌颂对危险的爱，以及走向精力和鲁莽的趋势。

勇气、大胆以及造反将是我们的诗的基本要素。

一直到今天，文学都在颂扬深思熟虑的不动、狂喜和睡眠。我们则要颂扬积极的行动、狂热的不眠、赛车的昂首阔步、致命的跳跃、掴耳光和拳头攻击。

我们认定，世界的宏伟已经被新的美变得更丰富；速度之美。一部赛车，引擎盖装饰着大大的、像气息喷暴的蛇的管子，一部轰隆呼啸、仿佛乘着机关枪的火飞奔的汽车，比胜利女神的雕像更美。

我们要歌颂坐在方向盘后面的人，其理想的机轴横过地球，地球也是在它轨道上跑的。

诗人必须用激情、炫耀和大气，尽其所能来增加原始要素的热情激烈。

除了战斗之美，不再有任何其他的美。凡是不具备一种侵略性格的艺术作品，都不可能成为杰作。诗之孕育，必须是对未知力量的一种暴力攻击，诗的目的必须是制伏那些力量，使之匍匐于人的面前。

我们站在终古海岬的最远端！……我们为什么要回顾，如果我们的愿望是要打破“不可能”的神秘大门？时间和空间已经在昨天死了。我们已经活在绝对里，因为我们已经创造了永恒的、无所不在的速度。

我们要歌颂战争，战争是世界的唯一卫生之道：军国主义、爱国主义、解放者的破坏行动，人为之而死的美丽理念，以及女人的不屑。

我们要摧毁一切种类的博物馆、图书馆和学府，对道德说教、女性主义作战，以及对所有机会主义或功利主义的卑鄙作战。

我们要歌颂被工作、娱乐或作乱激动的伟大群众：我们要歌颂现代城市里的革命的多颜色、复音进行曲；我们要歌颂兵工厂和造船厂被猛烈的电力月亮点燃而震动的夜晚热力；人群拥挤的车站，吞吐着冒烟之蛇的所在；用它们自己缭绕的烟从云端垂挂下来的工厂；像巨大的体操选手般横扫地平线的桥梁，以及胸腔深广，以管线为缰绳，像巨大的钢马般摩擦铁轨的火车头，以及飞机的流利飞行，它们的螺旋桨像旗帜般拍打空气，并且好像热情澎湃的群众般鼓掌。我们从意大利向全世界发动我们这篇暴烈推翻一切的放火煽动的宣言。以这篇宣言，我们今天建立未来主义，因为我们要为这块土地摆脱教授、考古学家、观光导游和古物专家臭不可闻的口疮。意大利当垃圾交易市场已经太久了。我们有意帮她摆脱那无数像坟场般遍布她身上的博物馆。

以丑为傲

马里内蒂

《未来主义文学的技法宣言》（1912）

他们对我们大叫：“你们的文学不会是美丽的！我们将不会再有文字的交响乐、令人心情平静的和声、抚慰心灵的抑扬顿挫了！”这可把话说得清清楚楚了！谢天谢地！话说回来，我们就是要使用一切残忍的声音，那些能够表现我们周围充满暴力生活的叫喊。我们要勇勇敢敢代表文学里的“丑”，只要发现正经严肃，就加以谋杀。算了吧！我说话的时候，你们可以丢掉高级又有力的教士们的那种派头！人必须每天对艺术的圣坛吐口水！我们正在进入自由本能的无垠领域。继自由诗之后，终于来了自由的文字！

我们勇敢变丑吧

《意大利和俄罗斯的未来主义宣言》

我们要摧毁一切种类的博物馆、图书馆和学府，对自以为是、女性主义，以及一切机会主义或功利主义的卑鄙作战。……意象是没有范畴的，无论是高贵的或粗糙的或庸俗的、奇特的，或自然的。对意象产生体会的直觉既没有偏好，也没有成见……我们的目标是强调粗重、不和谐对艺术的巨大重要性。……今天，破破烂烂的板垣比舞会礼服更美，电车在以数学的精确排列的铁轨上激射前进，明亮店招如火一般的表情从夜的颚间迸闪而出，房屋脱掉它们的铁帽子，变得愈来愈高，向我们鞠躬……

汽车带着它的怒吼，已经穿透时间的每一秒……我反映万物，万物在我心里得到反映，建筑工地和工厂之歌，车站的内部，太阳那个盘子的方向盘在齿轮般的云上滚转，火车头像白发皤皤的教授，在它们漫长的奔跑过程中失去一束束如烟的头发，并且留着白色蒸汽般的长胡子，摩天楼带着它们肿胀的瘤般的阳台……

波丘尼，
丑，
1912—1913，
都灵，
芬里加

敞通通

马里内蒂

《轰炸》（1912）

来呀来多好玩看听嗅所有
所有机关枪尖叫的**拉它它它它特**
它们自己沙哑撕咬下拍击**布拉啊普**
布拉普鞭打乒—乒—崩—轰嗡普
各种怪事 200 公尺高火爆炸跳
下面下面在管弦乐池的底部
公牛　　水牛
打滚
刺 车 **普鲁夫 普拉夫**
马
人立轻震高射**铮铮**
杀啊啊啊啊克

恐怖的降 B 大调

萨蒂

《一个失忆者的回忆录》（1912）

第一次使用一具验声器的时候，我检视一个中型大小的降 B 大调。我向你保证，我从来不曾看过任何更可憎的东西。我把我的助手叫来，要他看一看。

喜爱战争

帕皮尼

《我们爱战争》，刊于《Lacerba》1914年10月1日

追根究底来说，战争有益于农业和现代。战场产生的东西比从前多很多，而且持续产生很多年，而且不必再在肥料上花一分钱。德国步兵尸体高高堆积之处，法国人将能吃到多么美妙的包心菜，而未来这一年，加里西亚的人挖出来的马铃薯又将会多么肥大！侦察队的火力和迫击炮的破坏能耐，则将老旧的房屋和老旧的东西一扫而光。那些龌龊的士兵放火烧掉的污秽村落将会改建，比原先更干净。这样下来，还会有好多哥特式大教堂和好多教会和好多图书馆和好多城堡，观光客和教授们还狂喜不完，那些讨厌的高论还发不完呢。野蛮人走了，废墟里将会诞生一种新的艺术，而每一次全盘毁灭的战争都产生一种不同的风格。如果创造的欲望被毁灭激起并赋予生命（毁灭永远都激起创造的欲望），那么人人永远忙不完。

我们爱战争，只要战争持续，我们就像美食家那样津津有味地品尝。战争是可怕的：正因为它可怕而且巨大而且恐怖而且破坏，我们才必须竭尽我们阳刚的心脏来爱它。

反对爱情

马里内蒂

《唯有战争能净化世界》(1915)

不过，在未来主义思想和无政府主义思想之间挖下一道更深的鸿沟的，是“爱情”这个大问题、温情主义和情欲的巨大专制。我们希望将人类从它们手里解放开来。正是基于这股对爱情的专制的恨，我们才说出这么一句简扼的词句来：“鄙视女人。”

我们鄙视女人，不管女人是唯一的理想，爱的神圣宝库，有毒的女人，悲剧性的玩物，脆弱的、缠人的、致命的女人，还是说她的声音、她压迫人的命运、她如梦似幻的秀发长长地蜿蜒通过沐浴在月光中的森林的枝叶。

我们鄙视恐怖、沉重的爱情，这爱情阻碍男人的进步，阻止他挣脱他自己的人性，更加努力，超越他自己，成为我们所说的多重内涵的男人。

我们鄙视恐怖、沉重的爱情，这东西像一条（系狗的）巨大皮带，就像太阳把勇敢的地球链在它的轨道上，然而地球毫无疑问希望蹦蹦跳跳，东跑西走，尽情冒险。

我们深信，爱情（温情主义、情欲）是世界上最不自然的东西。唯一自然而且重要的是性交，性交的目标无他，就是我们人类的未来主义。

未来主义的“丑”育

帕拉采斯基

《反痛苦》(1914)

正眼直视死亡，它将会为你这辈子提供足够的笑资。我说，人最大的喜悦来源是哭泣的人，以及垂死的人。

我们必须教我们的孩子大笑，发出最没有拘束的、最粗鲁无礼的大笑……我们要为他们提供丑育的工具，驼背的、瞎眼的、长了坏疽的、跛脚的、得肺结核的、得梅毒的木偶，那些机械般哭泣、大叫、抱怨、得癫痫症、瘟疫、霍乱、大量失血、得痔疮、得淋病、发疯的木偶，那些昏倒，吐出几声死亡的咯咯声，然后死掉的木偶。他们的导师将会为水肿和象皮病所苦，或者落得枯瘦如铁轨，四肢细长，脖子像长颈鹿。……有个老师身材细细小小、发育不全、驼背，另一个老师身材巨大，却有青春前期的脸孔，声音虚弱至极，哭出来的眼泪像玻璃碎片……少年人，你们的同伴将是驼背、瞎眼、瘸腿、光头、耳聋的，有个走了位的下颚，嘴里没牙齿，而且浑身发臭；她的姿势动作将会像猴子，说话则像鹦鹉……别老是注意她的美貌，如果你不幸认为她美的话，要看深一点，你就会发现她的畸形。也不要被她走过留下的香水味迷呆了，你所爱慕的那具肉体的真相是一种刺鼻的恶臭，这真相有一天可能令你吃惊，只那么一下子就摧毁你脆弱的梦，使你陷入不能自拔的痛苦之中。也不要沉迷于你们共享的短暂青春，你们很快就会在人生的苦海里浮沉。深深研究她，你就会看见她的老年，你拥有她的时候可能不会了解这一点，不了解这一点，你就会变成怀旧的牺牲品。不要让任何程度的畸形或年龄妨碍你；它们和美貌与青春不一样，它们是没有任何极限的；它们是无限的。

相信我，你看三具尸体赛跑，比看三匹纯种马比赛的乐趣更大。纯种马本身无非它们将会变成的尸体而已；寻找它，揭露它，但不要沉迷于稍纵即逝的光辉……

想一想，看着你周围的小驼背、小侏儒、小斗鸡眼和小瘸腿长大，你会感觉到何等幸福，他们是喜悦的神圣探索者。你不应该为你那个玩伴戴个假发，却应该剃光她，直到她脑袋发亮，如果她本来不是光头的话。而如果她不是驼背，那就叫她在背上垫个东西当驼背。

……我辈未来主义者有心为拉丁民族，尤其我们意大利族，治好意识的痛苦，长期被浪漫主义加剧的妥协主义梅毒，以及怪异的多愁善感和可悲的温情主义，这些玩意使每个意大利人丧气不振，……用臭臭的东西取代香水。在一个舞厅里散布新鲜的玫瑰气味，等于用短暂而虚荣的微笑拥抱它；在里面散布比较深刻的粪味（人类愚蠢而不知欣赏的一种深刻），却会使它在欢笑和喜悦里精神百倍。……在太平间殡仪馆设置娱乐俱乐部吧，用绕口令、双关语和暧昧的意思写墓志铭吧。我们要开发那使我们看到一个人跌倒而建口讥笑的有用、健康本能，让他自己站起来，来和我共享这种幸福……把疯人院变成我们新的下一代的养成学校吧。

卡拉，
敌基督贾里的丧礼
1910—1911，
纽约，
现代艺术博物馆

普兰波利尼，
马里内蒂像：塑料合成，
1924—1925，
都灵，
近代与当代艺术画廊

杜尚，
酷刑死，
1959，
巴黎，
国家现代艺术博物馆，
蓬皮杜中心

豪斯曼，
艺术批评家，
1919—1920，
伦敦，
泰特美术馆

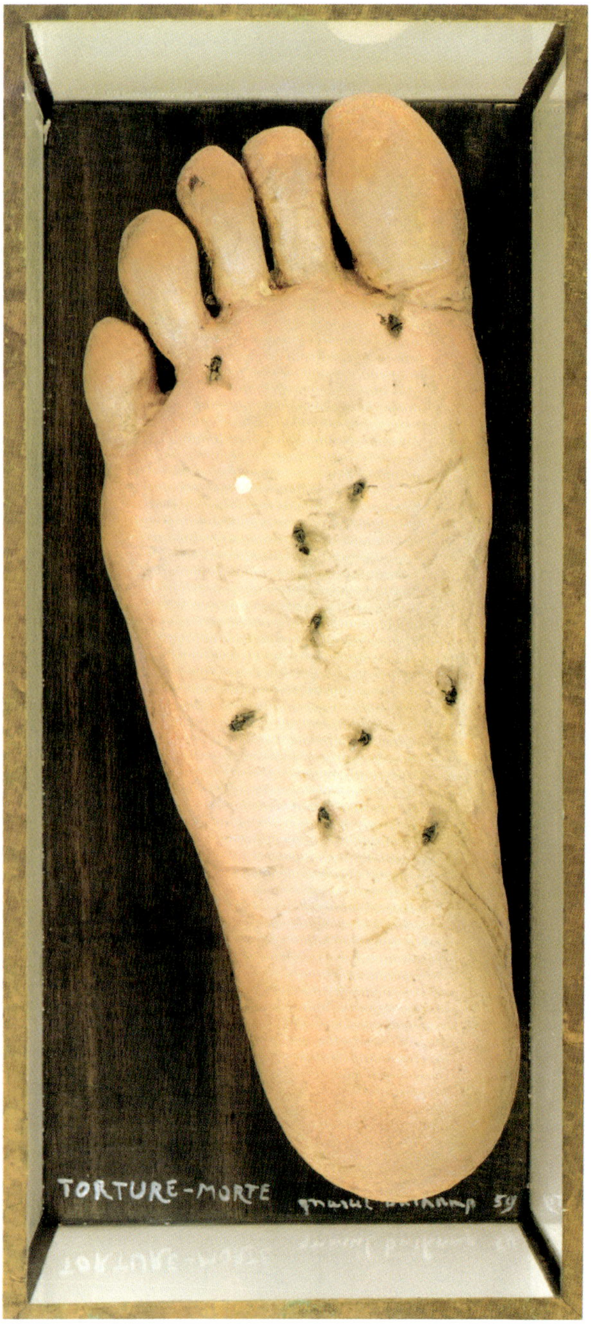

达达

查拉

《达达宣言》(1918)

一件艺术品不必代表美，美已经死了；不必代表幸福，或伤心难过，也不必代表光明，或黑暗；艺术之作不必给个人端上幸福光环的小甜点或者一个民族的劳苦，以此来娱乐或虐待他们。一件艺术之作从来不靠法则定律来成其客观或众议咸同的美……让我们像一阵狂风似的，撕碎云和祷告的脏布，调制天地变色、烈火熊熊的地狱和肉体腐败的宏伟景象……我宣布宇宙反对思想的哲学工厂的腐烂恶臭太阳所产生的一切淋病，我宣布颓废主义式厌恶要以其每一个手段、以其所有手段从事毫不容情的斗争……自由：达达达达达达，强烈颜色的怒吼，相反事物以及世界上所有矛盾事物的彼此纠缠，以及丑怪和彼此抵触的事物的纠结。

颓废主义式厌恶

查拉

《达达宣言》(1918)

由厌恶产生的任何东西，只要能把它自己转化为对家庭的否定，就是达达。志在破坏者以其全副心力握拳所作的抗议：达达。人为了轻易的妥协和良好的礼貌在性上温文和气，认知现在为止一直被这种性压抑的手段：达达。废除逻辑，那些无能而不会创造的人所跳的芭蕾：达达。废除我们的仆人为了喜爱价值而建立的一切社会阶级和等式：达达。每个物件，所有物件、感觉、黑暗、幽灵，以及平行线不容否认的相撞，都是我们的战斗武器：达达。废除记忆回忆：达达。废除考古学：达达。废除未来：达达。绝对、不容反驳地信仰每一个上帝，只要这上帝是自发性的立即产物：达达。不带成见的雅致一跃，从和谐跃开，跃向另一个层次。像灿烂的瀑布般吐出不礼貌的或色情的点子，或者爱抚这些点子。怀着极端自满的念头说，反正一切还不是那么回事，带着灌木丛般错综复杂的灵魂的强烈激越，这灵魂的灌木丛没有昆虫，因为此血高贵，并且是用天使长的身体装饰。

RAOUL HAUSMA
PRÄSIDENT DER SONNE
DES MONDES UND DER KLEINEN ERDE
DADASOPH DADARAOUL, DIREKTOR D
Porträt
CONSTRUIERT
George Grosz 1920
849 B★VENUS-Drawing★AMERICAN PENCIL CO. New York

皮卡比亚，
吻，
1923—1926，
都灵，
近代与当代艺术画廊

杜尚，
有胡须的蒙娜丽莎，
1930，
私人收藏

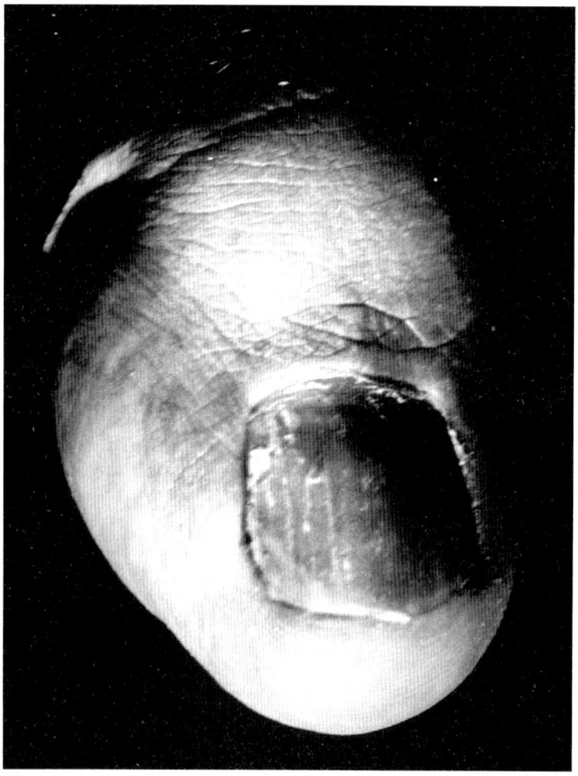

布瓦法尔，
一个 30 岁男子的大脚趾，
1929，
巴黎，
国家现代艺术博物馆，
蓬皮杜中心

大脚趾

巴塔耶

《大脚趾》（1929）

大脚趾的形状并不是特别丑怪的：在这方面，它和身体的其他部分不一样，例如，和张得大大的嘴巴的内部不一样。向来，只有那些次级（虽然）的畸形能赋予它的羞耻一种格外的诙谐价值。……由于人类的身体姿势使他可以尽可能和地面的泥巴保持最大的距离，但是，反过来，又由于即使最纯洁的人掉进泥沼时他也笑得乐不可支；我们可以说，大脚趾，由于永远多多少少是脏脏的，会带来羞辱的，因此它在心理层面上类同于一个人的残酷跌倒，并且连带也类同于死亡。……大脚趾的长相可怖地像尸体，同时又大剌剌不可一世，傲气十足，这个样子和这嘲笑是相应的，并且使人类身体的混乱失序特别突出，人类身体是器官之间彼此剧烈失谐的成品。

当时盛行一种无政府主义的品味，喜做令人受不了的作品，像**鲁塞尔**（Roussel）的作品，再如布努埃尔（Bunuel）的电影《一条安达鲁狗》（*Un chien Andalou*, 1929），片中我们看到刀子活活割裂眼球的可怕镜头。1932 年，**阿尔托**（Artaud）发起他的“残酷剧场”（Theatre of Cruelty），喻之为“瘟疫”和“复仇的鞭子”，要生命“打破一切限制，用酷刑和不顾一切来检验自己”。**达利**忙着执行他的“偏执狂批评法”，以此法分析米勒名画《晚祷》。经过超现实主义哲学家**巴塔耶**之笔，大脚趾和花变成不朽的恶心东西。

后来，一直进不了艺术的东西，如霉菌、灰尘、泥巴，获得重新评价，有了深度。新写实主义重新发现工业世界的残骸和各种毁坏物件的碎片，拿来组装成新形式。波普艺术家如**沃霍尔**则回收废物，加以审美的再处理。从这些离经叛道的作法看来，不难理解**泽德麦尔**为什么有那种道德主义的反应。但前卫运动的兴趣就是不在于创造任何和谐，而是打破一切秩序和一切正统的感觉模式，寻找能够穿透潜意识深处、穿透物质的原始状态的新感觉形式，最终目标是要暴露当代社会的异化与疏离。

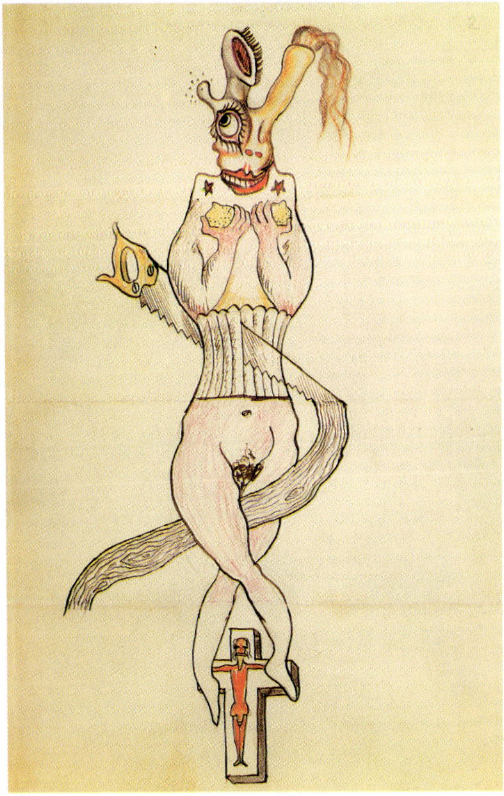

布雷顿、曼·雷、拉尼茨基、
莫里斯、坦吉，
精美的尸体，
1927 年 5 月 17 日，
巴黎，
国家现代艺术博物馆，
蓬皮杜中心

德国表现主义者热衷社会批评。意大利未来派是革命分子，他们的无政府原型法西斯主义起源于对资产阶级世界的不满，但后来又与资产阶级和好。俄国未来派起初和苏联革命的理想亲近。许多超现实主义者变成共产党员，然后分斯大林派和托洛茨基派，彼此激烈辩论，甚至凶狠地相互驱逐出党，一直如此。在《美学理论》（*Aesthetic Theory*）一书中，**阿多诺**指出：超现实主义和表现主义等潮流“其非理性层面主要以令人不快的形态出现”，他们攻击权力、权威和蒙昧主义，拒斥“在一个丑恶社会里过美丽生活”。他们满怀怨怼，因此这拒斥注定以畸形面貌出现，艺术必须“以所有曾被宣布为丑的事物为题材，目的不是要重新整合那些事物，减轻它们的丑，或以幽默让社会接受，而是要通过丑来谴责创造了它们的世界，并依照这个世界的丑相来复制这些东西。艺术指控权力，为被权力压制和否认的事物做见证”。

今天，人人（包括本应觉得惊愕、反感的资产阶级）晓得那些令他们父辈们惊骇的作品有艺术之美。前卫艺术之丑已被承认是新的美之典范，而且在商业上大发利市。

超现实主义

布雷顿

《第一篇超现实主义宣言》(1924)

超现实主义：纯粹的精神自动主义，一个人通过这个过程，或以口语，或以书写，或以任何其他方式，来表达思想的真实作用。只受思想指使，没有任何由理智所行的控制，并且超越任何、每一种美学上或道德上的考虑……超现实主义的基础，是关于一种更高级的真实的理念，这种真实，与某些至今一直受到忽视的联想形式有关系，超现实主义的基础，是梦的全能，是思想非关利害的游戏。它倾向于彻底消解其他所有的精神机制，消解它们之后，接手化解生命的主要难题……

在你把自己安顿到你觉得最有利于你的精神完全贯注于它自己的一个自在地方之后，请人给你拿来文房工具。这时，让你自己进入最虚静消极或最能领受含容万物的状态……快速振笔而写，不要有任何固定或先入的题目题材，要快到你收不住笔，记不起自己在写什么，而且快到你不会禁不住想重读你已经写下的东西。第一个句子会不请自来，自发而至。

有了几个角色，他们长相行事个个不同……这些角色具备了为数不多的身体和精神特征，他们其实没有欠你什么，他们不会丝毫偏离某条行为路线，但这行为路线你也不必再丝毫挂心。结果呢，将会是一个情节，这情节看起来多多少少就像是巧妙安排而成的，那动人或令人舒服的结局，你不必有任何兴趣，但那结局的一点一滴都可以在情节里找到自圆的根据。

反超现实主义

泽德麦尔

《艺术危机：失去中心》，V(1948)

超现实主义扯下了面具。它公开侮辱上帝和人，死人和活人，美和道德，结构和形式，理性和艺术:“艺术就是愚蠢”……它自认为拥有一种观点，“在这个观点的基础上，生命和死亡，现实和想象，可沟通和无法沟通，上和下，不必再视为对立面，不必再视为彼此矛盾。”这样的定义，性质乍看是科学的，其实不是别的，是“混乱”的定义。而超现实主义也不否认这一点；事实上，超现实主义公开承认自己尝试寻找“混乱的系统化”(达利)以及将组织解散。“没有革命性的秩序，只有失序和愚蠢。”超现实主义沾沾自得，“一种新的声音已被生出来，向人类献上又一种幻觉：超现实主义，欣狂错乱和黑暗之子”(亚拉冈)……其前卫的出现，是一个有力的征象，其作用是显示非理性的，更好的说法是，不理性的力量已经深入世界。“超现实”是个被误解的名称，“超”现实其实是“下”现实，那些天真(甚至可以说，脑子不清楚)的人以为这东西能够使人提升而超越、迈越日常存在的凡庸生活，为这东西打开大门的，就是这些人……

把这个现象视为琐屑，是不得要领的……本质上，超现实主义是走向艺术和人类之毁灭的最后一个仓促步子，这毁灭，尼采1881年写他那篇残文《狂人》时已首先点出：“或许，我们不是在继续往下掉吗？往后掉，往侧面倒，往前掉，往一切地方掉？‘上’和‘下’还存在吗？或许，我们不是茫然漫步而过无限的空无吗？那冷冷的空间不是对着我们脸上呼气吗？一切不是已经变得更冷了吗？”

达利，
有煮熟的豆子的软结构（内战预感），
1936，
费城，
艺术博物馆

达利，
黄昏时分的返祖现象，
1933—1934，波恩，
艺术博物馆

米勒，
晚祷，
1858—1859，巴黎，
奥塞美术馆

383 页：
路易斯·布努埃尔（导演），
《一条安达鲁狗》，
1929

384 页：
克利，
喜剧演员，
1904，纽约，
现代艺术博物馆

385 页：
培根，
自画像，
1945 年以后，伦敦，
马尔波洛画廊

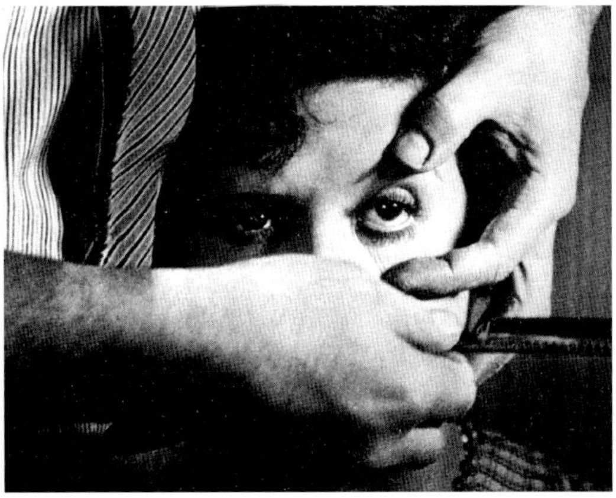

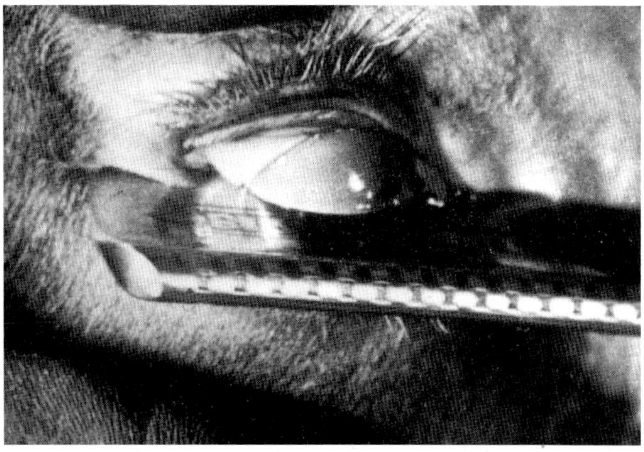

将过去变畸形

达利

《以偏执批判法研究米勒的〈晚祷〉》

偏执每每并不自我拘限于“图示”；偏执仍然构成我们所知道的“名副其实的图示”，换句话说，“欣狂错乱的诠释图示”……

“名副其实”和欣狂错乱之道，洛特雷阿蒙大多作品属之，特别是他的《马尔多罗之歌》；至于形象方面，我认为，最适合代表此道之作，莫过于一位画家完成于将近七十年前的一件作品。这位画家有悲剧性的返祖食人现象，返回我们老祖宗那种对甜美、柔软、精挑细选的人肉的喜爱：我这里说的是米勒。这是一位极受误解的画家。“一部缝衣机和一把雨伞在手术台上的邂逅”，既是前所未知之境，又是崇高之境，画家中与此境界相当之作，可能就是米勒那幅鼎鼎大名的《晚祷》……

就我所知，代表“不动”的绘画作品，世界上只有这幅《晚祷》。这是两个人在一个孤寂、黄昏、凡间的环境里的相遇和漫长等待。在这幅画里，这孤寂、黄昏、凡间的环境为诗的文本扮演手术台的角色，因为不但地平线上的生命被消灭，而且更进一步，那把长柄耙还插到活生生的、实质的肉里。对人类，耕作的土地向来代表有生命的、实质的肉。我的意思是，这把长柄耙，以那种对丰收多产的无厌贪欲，正好符合手术刀造成的那些纤细切口；人人都知道，那些切口的作用就是以各种各样的解剖借口，秘密寻求每具尸体的活体解剖，尸体是丰饶的，带来滋养的死亡果实。从这里，产生随时可见，每个时代都可以看见的耕作土地的二论……这二元性质引领我们将耕作的土地，尤其加上黄昏这个加重的情况，视为一具内容丰富的手术台，一切手术台里设备最齐全的一具，用来处理最完美、最令人胃口大开的尸体，尸体里填着美好而且难以估测的松露，那种在反祖的、希特勒式的奶妈柔软的肩膀肌肉构成的充满滋养的梦里才找得到的松露，而且用不会腐坏的、令人兴奋的盐调味，构成这盐的则是狂热而且贪欲无厌的蚁群，这蚁群自然而然隐含一种原味，真正体面而且名副其实的“未埋葬的腐化”。如果，依照我们所说，“耕作的土地”是世上最可靠、最适当的手术台，那么，雨伞和缝衣机可以转换成《晚祷》里的男人和女人，而且……从这两个人的特征，永远可以导出这场邂逅的一切不舒适和神秘；主题的整个发展，这场邂逅的整个潜在悲剧，那等待以及准备阶段，都导源于这两个客体。雨伞，超现实主义的典型物件，一个带有象征功能的物件（其明目张胆的、人人皆知的勃起的结果），可以就是晚祷里那个男人形象。他，请你好心记住，在画里竭尽力气掩藏他的勃起，结果却欲盖弥彰：看看他那顶帽子的可耻的此地无银三百两的位置。他对面，那具缝衣机，特征突出的、人人认得出来的女性象征，她甚至拥有她那根缝针的致命、食人属性，那根缝针的工作就等同于螳螂“掏空”她的男性时所做的非常细致的那种穿孔，换句话说，掏空雨伞，将雨伞转化成弛软、丧气的牺牲品，事实上，每一支雨伞以高热状态，并且尽可能坚硬来完成其辉煌的情欲功能之后，都被转化成这样的东西。

很明显，在《晚祷》这两个紧张的身形背后，换句话说，在缝衣机和雨伞背后，拾穗者只有约定俗成，继续漠然地捡拾平底锅煎的蛋（没有平底锅）、墨水池、汤匙，以及黄昏的最后片刻在这个星星闪烁的辰光里弄得像暴露狂的那些银器。一旦一块生肉片（作为可以吃的东西的一般象征）落在那男人的头上，云已经开始形成，并突然在地平线上聚集，形成拿破仑一世的身影，那个“饥饿的人”。

令人不快

雷蒙·格诺

《风格练习》(1947)

在可耻的太阳底下一阵可憎的等候之后，我上了一辆污秽的巴士，里面是一帮散发恶臭的动物。这些发臭的动物里最臭的，是一个皮条客似的家伙，有个鸡也似的脖子，戴一顶丑怪的布帽子，那帽子绑着一条绳子，而不是带子。这只孔雀开始尖声鬼叫，因为一个和他一样恶臭的家伙以老人病似的兴奋踩在他的木屐上。但他很快就叫得上气不接下气，就走去坐在一个座位上，那座位还湿透着另一个臭人的屁股的汗。两个钟头之后，你说倒不倒霉，我又撞见同样那个恶臭的臭人，他像狗一样对一个比他还臭不可闻的臭人猛吠，就在他们叫做“圣拉萨尔火车站”的那座可厌建筑前面。这两个发臭的人都口沫满天飞，罩定对方，只为了一个讨厌的小纽扣。不过，无论这个皮条客是不是在他那件脏污的大衣上上上下下的动，他就是个发臭的人，而且一直会是发臭的人。

前卫之丑

巴塔耶

《悲伤的游戏》(1929)

毕加索的画挺恐怖，达利的画则是丑得可怕……暴力般的运动所以能将一个人从深深的无聊中解放出来，那是因为它，以天晓得什么不为人知的谬误，产生一种令人满足的可怕的丑。话又说回来，我们必须指出，丑可以可恨，无可原谅，而且可以说是耻辱，不过，最常见的莫过于一种暧昧的丑，这种丑以挑衅的方式产生它是它相反面的错觉。至于无可挽回的丑，这种丑和某几种美完全一样可憎：这种美和任何东西都没有什么不同，不是一张已经不再厚颜无耻的面具，从来不自相矛盾，永远像一个无赖般提防着什么。

丑的价值重估

雷蒙·鲁塞尔

《独一无二的地方》，2，4(1914)

人类的牙齿散布在一大片范围内，这些牙齿形状和颜色变化多端。有些白得令人眼睛张不开来，有的是烟枪的门齿，从褐色到黄褐色，各种褐色，不一而足。这批怪异的货色包含黄的所有层次，从最像蒸汽的金丝雀淡黄色调，到最显眼的偏红色泽都有。蓝色的牙齿，有的淡弱，有的强烈，也构成这丰富多色调的系统，最后是一批黑色的牙齿，以及许多带血的淡红色或鲜红色牙龈。

轮廓和比例有无限多的差异·巨大的白齿和丑怪的犬齿就靠在几乎还无法察觉的乳齿旁边。随处可以看见填齿的铅料和金色的牙套发出金属反光。

在那一刻，收集在那里的那些牙齿，由于它们颜色层次的变化，产生一幅真实但尚未完成的画：那整个场面令人想起一个日耳曼骑士，睡在一处阴暗的地窖里，在一座地下水池的边缘上瘫软地平躺着。细细一缕盘旋而上的烟，由这睡眠的骑士脑子产生的，如梦似幻地显出十一个年轻人正在屈膝跪下，他们面对一只几近透明的气泡，丧气无奈，那气泡是一只白色鸽子的飞行目的地，那飞行在地上拉出一条淡淡的影子，投射在一只死鸟周围。骑士身边，搁着一本老旧的、合起来的书，一支火把微弱地为这本书照明，火把就插在地窖底部。在这幅奇特的牙齿镶嵌画里，各种黄色和褐色是主导的颜色。其他比较少见的色调则投入一些活泼的、带着诱惑的颜色。那只鸽子是用漂亮的白色牙齿做成的，正在做迅速、优雅的飞行；在一边，好几颗巧妙排列的牙根和骑士的头盔彼此和谐，形成一根红色的羽毛，作为弃置在书本近旁的一顶黑帽子的装饰品；另外一边，是一大件以铜扣扣住的斗篷，由金色牙套别出心裁安排而成一组由泛蓝色牙齿构成的复杂组合，则做成天蓝色的长筒袜，穿在以黑牙齿做成的大长筒靴里。

阿尔贝托·马丁尼，
出生——人之苦，
取自《神秘》
六幅石版画，
1923，
米兰，
波特嘉艺廊

福特里耶，
巨幅裸女草图，
1926，
私人收藏

残酷剧场

阿尔托
《剧场及其替身》(1938)

剧场，和瘟疫一样，目前正在一场危机之中，这危机既无法通过死亡，也无法通过治疗来解决。瘟疫是一种更优越的疾病，因为它是一种完全的危机，在这危机之后，留下来的只有死亡和绝对的腐烂。如果说瘟疫是一种更优越的疾病，则剧场也是一种疾病，因为剧场是至高的均衡，一种不毁灭就不能达到的境地……剧场之毒，注射到社会的身体里，会像圣奥古斯丁说的，把它解体，可能吧，不过，这毒是像瘟疫般，像一条报复的鞭子般，做这件事。

花的腐烂

巴塔耶
《花的语言》(1929)

经过一个非常短暂的辉煌阶段之后，那奇妙的花冠很不美妙地在太阳底下腐烂，成为这株植物一个不光彩的耻辱。在到达肥料那种恶臭之后，虽然它给你带着天使般的、抒情般的纯洁急速滑落而去的印象，这花却似乎突兀地复返于它原始的污秽状态：甚至最理想的东西，也快速还原成一座空气粪堆上的一片废物。因为花并不诚实地像叶子那样老去；叶子即使死亡之后，也丝毫不失其美。花像满脸假笑、化妆过度的老女人那样凋谢，在那根原先仿佛将它们高高举向星辰的那根花茎上可笑地死去。

安迪·沃霍尔，
橘色车祸，
1963，
纽约，
安迪·沃霍尔基金

阿尔曼，
小资产阶级的垃圾，
纽约，
菲利浦·阿尔曼收藏

剩余物的美学

安迪·沃霍尔

《安迪·沃霍尔的哲学》(1975)

我向来喜欢使用剩余的东西，用剩余的东西创作。被人丢弃的东西，人人知道已经没用的东西，我向来认为有很大的好玩潜力。就像将垃圾回收再利用一样。我向来认为剩余的东西里有大量的幽默。

我看一部埃斯特·威廉斯的电影，看到一百个女孩子从秋千上跳下来，我就想到，试镜的时候一定挺好玩的。我想到那些镜头，可能有一个女孩子在应该跳的时候胆怯不敢跳，我想到剩她留在秋千上的情景。因此，那个场面的镜头就是剪辑室里剩余而留在地板上的东西了，也就是被剪掉的部分，而那个女孩子大概就是在那一点上剩余的东西，她大概还被炒鱿鱼。因此，那整个场面比一切顺利拍摄的真实场面还更好玩得多，那个没有跳的女孩子就是那剪掉部分的主角。

LUXDUN
MASTIC LA VICTOIRE
HORNIMANS
PURE TEA
LEPETIT
A. LEPETIT & SES FILS
LE SUPERIEUR

第十四章

别人的丑、媚俗、坎普

1. 别人的丑

邓南遮家（胜利者别墅）
的装饰，
局部，
嘉尔都尼（意大利）

打从一开始，就有人说，丑的观念和美的观念一样，是相对的，在不同文化里如此，在不同的时代里亦然。

历史上的例子俯拾皆是。**贝蒂内利**（Saverio Bettinelli）是饱学的耶稣会士，而且，依照当时（8世纪）的主流看法，他是很有品位的人。在《维吉尔书信》（他虚构为维吉尔所写）里，他指控但丁的《神曲》粗糙又艰涩。拿破仑为了方便他的随从进入巴黎圣母院观赏他称帝的加冕典礼，下令拆除这座大教堂正门的拱顶装饰——哥特艺术的一件杰作就此毁坏。不过，19世纪初叶，尽管哥特式小说很流行，或者正因为哥特式小说的流行，当时的人认为哥特艺术既野蛮又原始。我们看电影，看到默片女演员的照片，无法相信当时的人怎么会觉得他们风华绝代。今天，也不会有人找鲁本斯笔下那种比例的女人当时装模特儿。

当代人不只是不了解过去，也无法欣赏未来——“未来”就是艺术家那些每每充满挑衅内容的作品。也不仅仅是小资产阶级或一般民众才排斥前卫艺术。

翻到下一页，**有人说这些作品真丑**。我们收集了很多专家对艺术家及其作品的恶评。他们痛骂的艺术家，我们今天视为大师。这些恶评，一来供读者一粲，二来提供未来的批评家为鉴。

梅·韦斯特，
约 1950

啊，《神曲》好丑！

贝蒂内利

《维吉尔书信》（1758）

这部作品里有美丽的诗，我不时会碰到一些，这些诗令我非常快乐，快乐到我几乎可以原谅他……啊，多么可惜，我经常叫道，这些美好的部分居然沦落到与这么多黑暗和浮夸并列！……啊，我们和但丁一块挣扎通过一百个诗篇一万四千首诗，经过数不清的圈圈和无底洞，通过好几千个深渊和断崖绝岸，真是一件好不累人的差事。但丁，他每次碰到惊吓都要昏迷不醒，每隔两步就要睡着，再挣扎着醒来，令我百般无聊，他那些公爵和队长，以及他到处提新鲜问题，都是我闻所未闻的奇怪问题！……有人还说这是一部诗，一件足为范例的、出自神之手的艺术品？一部由讲道说教、对话、难题构成的诗，一部没有情节，除了掉落、通过、攀爬，前进又回头之外别无进展的诗，你愈读愈糟糕愈不堪的诗？谁能读一万四千首这样讲道说教的诗而不昏倒或精疲力竭倒地？……但丁除了好品味，以及艺术上的辨别能力，什么都不缺。不过，他具备一个伟大的灵魂，甚至崇高的灵魂良好的、丰沃的创造力，活泼如画的想象力，由于这些能力，一些令人佩服的诗和段落从他笔端流出……在构成全诗的五千段里，这些佳处大约有一百处，如果我没算错的话。能够自成一体，简洁、细致、哀怨、壮观或无可摘瑕的诗，我敢说，大约有一千首……因此，还剩下一万三千首有缺点的或拙劣的诗。

有人说这些作品真丑

审稿人的报告和批评

巴赫的作品完全没有美、和谐，以及旋律上的清晰。（谢伯，《音乐批评》，1737）

漫无节制的粗俗噪音。（史弗尔评贝多芬第五交响曲首演）

假使他〔肖邦〕将他的音乐呈给一个老师，后者一定会把它撕碎，摔到他脚下。象征性地说，这正是我们希望做的事。（雷斯塔伯，《音乐里的伊利斯》，1833）

《弄臣》缺乏旋律。这部歌剧简直没有任何成为演出剧目的希望。（《巴黎音乐报》，1853）

我奏完那个无赖的音乐。好个全无天赋的杂种！（柴可夫斯基《日记》谈勃拉姆斯）

一百年后，法国文学史只会把《恶之花》当成古董提一笔。（左拉，在波德莱尔过世时所写）

塞尚也许有伟大画家的天才，但他从来没有成为一个伟大画家的持之以恒的毅力。（左拉谈塞尚）

那是疯子之作。（弗拉德1907年谈毕加索《阿维尼翁少女》）

我从脖子以上也许已经死了，但是任我绞尽脑汁，我也想不通一个家伙为什么需要三十页来描写他睡着之前如何在床上辗转反侧。（一位审稿者就普鲁斯特的《追忆似水年华》所作报告）

你把你这部小说埋在一大堆细节底下，这些细节写得不错，可是全属多余。（一位法国编辑读过福楼拜的《包法利夫人》后致函作者）

在发明，在角色和情节的创造上，没什么想象力……巴尔扎克在法国文学上的地位既不会重要，也不会很高。（波瓦托，《两个世界评论》，1856）

在《呼啸山庄》里，（她姐姐夏洛蒂所著）《简爱》的所有缺点都放大了一千倍。我们思考这件作品，唯一的安慰是永远不会有很多人读它。（洛利莫谈勃朗特，《北不列颠评论》，1849）

她的诗漫无章法，不成形式，我无以名之，这些缺点是致命的。（阿德利希论艾米莉·狄金森，《大西洋月刊》，1982）

《白鲸》是看了难过的东西，沉闷、无趣，或者说，可笑。……他那个疯船长尤其无聊。（《南方言论季刊》，1851）

惠特曼之不懂艺术，犹猪之不懂数学。（《伦敦批评家》，1855）

此作对一般读者不够有趣，对有科学素养的读者则不够透彻。（一位审稿人对威尔斯《时间机器》所作报告，1895）

这个故事似乎没有经营出一个结论来，无论主角的生涯或者他的性格，都没有写到任何能够使结局有个道理的阶段。简而言之，我们认为，这个故事没有任何结果。（审稿人就菲茨杰拉德《天堂的这一边》所作报告，1920）

老天爷，我没法印行这玩意。我们两个都会坐牢的。（审稿人就福克纳《圣殿》所作报告，1931）

动物故事在美国不可能卖得动。（审稿人就奥威尔《动物农庄》所作报告，1945）

我认为，这个少女并不具备什么特殊的知觉或感觉来将此作提升到超越"好奇"以上的水平。（审稿人就《安妮日记》所作报告，1952）

这种事情应该说给一个心理分析家听，而且大概已经跟他说了，这件事并且已经演绎成一部小说，这小说里有些很出色的写法，但此作整体完全令人作呕。……我建议把这本书埋在一块石头底下一千年。（审稿人就纳博科夫《洛丽塔》所作报告，1955）

《布登勃洛克一家》这部小说只不过是两本厚厚的书，在里面，作者描写没有价值的人在没有价值的闲聊里度日的没有价值的故事。（恩格尔谈托马斯·曼，1901）

我刚念完《尤利西斯》，我认为此作是大败笔……这本书很散漫。此作令人不快，浮夸造作，蕴思不足，一望可知，名副其实如此。（弗吉尼亚·伍尔夫日记）

他完全没有才华，这小子。（马奈对莫奈谈雷诺阿）

从来不曾有哪部内战片子卖到半文钱。（米高梅电影公司的塔尔伯建议不要买小说《飘》的电影《乱世佳人》版权）

《乱世佳人》将是好莱坞史上票房最惨之作。我很高兴摔得灰头土脸的是克拉克·盖博，而不是加里·库柏。（加里·库柏拒演《乱世佳人》之后的话）

我签下耳朵那副德行的家伙有啥屁用？（杰克·华纳看过克拉克·盖博的试镜之后，1930）

不会演戏。不能唱歌。光头，舞还算能跳一点。（米高梅高层看过弗雷德·阿斯泰尔试镜之后，1928）

2. 媚俗

丑也是一种社会现象。“上层”阶级的人向来认为“下层”阶级的品味讨厌或可笑。我们当然可以说，经济因素在这类歧视里一直扮演着重要角色，也就是说，雅致常常和昂贵的布料、颜色及珠宝相连。

不过，最常造成歧视的因素是文化，而非经济。常见有人指摘新富、暴富者庸俗，说他们为了炫耀财富，逾越主流审美与“良好品味”的界限。

话又说回来，对主流审美的定义本身就是一件棘手的事。主流的审美未必就是掌握政治与经济权力者的审美，更可能决定于艺术家、有文化教养的人及文学、艺术、学术圈里被视为“美的事物”的专家。但这是一个变化极大的观念。有些读者可能讶异，我们这本书是以丑为主题，本章却出现他们可能认为极美的作品。我们举出这些作品，是因为主流的审美曾经认为它们不成体统，上不得台面，也就是说，它们曾被说成媚俗。

“媚俗”一词的德文 kitsch 据考出现于 19 世纪下半叶。当时的美国观光客到慕尼黑，想买一幅便宜的画，开口要一幅 sketch（素描）。据说这事产生了一个名词，意指庸俗的垃圾，专门供应急着想轻易获得美感经验的买家。不过，梅克伦堡（Mecklenburg）地方已经有一个动词 kitschen，意思是“从街上收泥巴”。

这个词另外有个意思，是“把家具弄成看起来像古物”。另外又有个动词 verkitschen，意思是“廉价出售”。不过，垃圾对谁真是垃圾？“高等”文化以 kitsch 来形容花园小雕像、敬神的意象、拉斯维加斯赌场饭店里仿造的威尼斯运河。加州著名的**马多纳旅馆**（Madonna Inn）被指丑怪虚假。开这个旅馆的目的说是要给观光客一种特殊的“审美”体验，更是集媚俗之大成。此外，媚俗也一直被用来形容斯大林、希特勒、墨索里尼政权下那些歌功颂德，要全民欢迎的艺术。这些政权都谴责当代艺术“堕落”。

好东西，坏品味

戈札诺

《希望奶奶的女朋友》(1850)

填充鸭和艾尔菲利的拿破仑胸像——上框的花（好东西落入坏品味）——有点儿阴暗的壁炉，几个空空如也的盒子，里面没有腌糖杏仁——大理石做的水果，保护在钟形的玻璃罐子里——罕见的玩具，用贝壳装饰的盒子——几个物件，上面刻着“欢呼”，以及“记得”媚俗之类字眼，椰子——用马赛克刻画的威尼斯，颇为乏味无趣的水彩画——版画，木箱子，用老式的银莲花画的画册——马西莫·达泽利奥的画，微型画——银版相片：如梦似幻的、表情困惑的人物——那具大大的老灯在房间中央垂挂而下，上面的石英反映出成百上千坠入坏品味的好东西——唱歌的咕咕钟，装上波尔多斜纹套垫的椅子。我重新出生了……在1850年！

阿莫菲尼夫妇，
蜡像复制，
20世纪，
布宜纳公园，
加州，
活艺术宫，
电影乐园蜡像馆

206 客房，
《老磨房》，
圣路易奥比斯波，
加利福尼亚

马多纳旅馆

艾柯

《对冒牌货的信仰：超现实旅行》(1976)

自然的人类语言所提供的贫乏字眼不足以描写马多纳旅馆。……这么说吧，纳粹建筑师史皮尔翻阅一本以高迪为主题的书时，吞下过量的迷幻药，开始为丽莎·明妮莉建造一座结婚用的地下墓室。但这也不足以让你想见这座旅馆的模样。这么说吧，画家阿尔钦博尔多为多莉·帕顿建造圣家族。或者，森巴舞名家卡门·米兰妲为 Jolly 连锁饭店设计座蒂凡尼舞台，小气财神史古基的助手鲍伯来想象邓南遮的胜利者别墅，或者，美国小说家朱迪斯·柯兰特为毛公仔产业描写、阿根廷超现实主义画家为这个产业画卡尔维诺的《看不见的城市》，或者，美国艺人李伯瑞斯为肖邦的降 B 大调钢琴奏鸣曲编曲，由派瑞·寇摩来唱，由海军乐队伴奏。不对，还是没说对。我们试着说厕所吧。那些厕所在一个地下巨窟里，巨窟有点像西班牙的阿尔塔米拉，或美国的鲁雷，用拜占庭式柱子撑石灰巴洛克天使。洗手盆是大大的仿珍珠贝母的壳，尿斗是从岩石刻出来的壁炉，射出来的尿（对不起，我得解释）碰到斗底，水从壁上下来，水势如瀑，像蒙哥星上的洞穴。在底楼，为配合阿尔卑斯山小木屋和文艺复兴城堡的气息，有一落花篮形吊灯，一波波槲寄生，上面是乳白灯泡，紫溶溶的光，维多利亚玩偶在摆荡，墙壁开着新艺术风格的窗子，用法国夏特大教堂的颜色，挂英国摄政时期的织锦……加上其他各种名堂，整个地方变成一只多彩 Jell-O 布丁，一盒蜜饯，西西里冰淇淋，汉赛和葛丽泰的国度。再来是客房，大约二百间，每间各一主题：各视价钱，可住史前房，是钟乳石洞；狩猎房（斑马墙壁、班图族神像般的床）；柯纳石室（夏威夷式）；加州罂粟、老式蜜月、爱尔兰山、威廉·泰尔式样，和高高矮矮（床是不规则的多边形，给身高相异的寝伴）、帝国家族、老磨坊。

耶稣的圣心，
明信片，
1903

喜欢媚俗作品的人，自认为享受着高品质的体验。只能说，艺术分为给没有文化教养和有文化教养的人两种，你必须尊重这两种“品味”的差异，就如你必须尊重不同宗教信仰或性偏好。不过，喜爱“有文化教养的”艺术的人认为媚俗之作媚俗，喜欢媚俗之作的人（除非他们碰到以“惊吓资产阶级”为目标的作品）倒不会鄙视博物馆里的伟大艺术（博物馆经常展出有教养的审美认为媚俗的作品）。

事实上，他们认为媚俗之作“近似”伟大的艺术作品。此外，虽然媚俗的几种定义里有一个说，媚俗的东西，其用意是引起情感反应，而不是供人作非关利害的静观，然而也有另一个定义说，媚俗是一种艺术实践，既是为了自我提升，也是为了提升购买者才模仿并援引美术馆里的艺术。艺术批评家葛林柏格（Clement Greenberg）曾说：前卫（意指富于发现和发明能力的艺术）是对模仿艺术的模仿，媚俗则是对模仿效果的模仿。前卫在做艺术的时候，强调产生作品的程序，并且选这些程序为其论述的主题，媚俗则强调作品必须引起的反应，并且以使用者的情感反应为其操作的目标。

纳邦德扬，
克里姆林宫，
1945 年 5 月 24 日，
莫斯科，
国家博物馆

兰青格，
旗手，
1937，
华盛顿特区，
国立美国陆军博物馆，
陆军艺术收藏

罗马“意大利广场”的雕像，
约 1927—1934

布格罗，
维纳斯的诞生，
1879，
巴黎，
奥塞美术馆

有趣

叔本华

《意志与观念的世界》，III：《柏拉图理念：艺术的对象》，40（1819）

不过，这一点，我的理解是，这东西直接让意志获得满足，以此来使意志兴奋。我们在前面看过，崇高的感觉起自一项事实：某种和意志完全两相扞格的事物成为纯粹静观的对象，因此，能够维持这种静观的唯一方式，是不断从意志转开，并超越意志的利害好恶；这构成性格上的崇高。反过来说，有魅力或有吸引力的事物，是将观看此物者从纯粹的静观拉开（一切对美的悟解都需要纯粹的静观），因为这种事物必然使意志兴奋，直接吸引意志，以至于他不再是纯粹的致知主体，而是变成其意志有所需要的、有所依赖的主体……在历史画以及雕塑里，有魅力的事物是赤裸的身体，这些身体的姿势、所披的布，以及其整体处理手法，都经过计算，要使观画者的激情兴奋，于是纯粹的审美静观立即被消灭，艺术的目标也就此失落。

媚俗有个来自**叔本华**的间接定义。他提出艺术的和有趣之间的区别，后者是刺激使用者感官的艺术。叔本华对 17 世纪荷兰绘画多有批评，原因在此，他说 17 世纪荷兰绘画呈现水果和摆好食物的桌子，撩人食欲，而非邀人静观。在 20 世纪，奥地利作家**布罗赫**（Hermann Broch）批评这种刺激效果时更是义愤填膺。19 世纪晚期的消防队员的艺术（art pompier）以其丰腴肉感的女奴、裸体的古典女神和夸张的历史纪念作品，当然也能挂上媚俗的标签。

关于模仿“高等”艺术这一点，美国作家兼社会批评家麦朵纳（Dwight MacDonald）曾拿精英艺术和大众文化（masscult）及中眉文化（midcult）对比。他这么做的用意，并不是批评我们今天所谓垃圾电视节目的传播，而是批评介于高眉文化和低眉文化之间的中眉文化，指斥中眉文化为了商业目的而作践真艺术。他抨击海明威的《老人与海》，批评这部小说使用矫揉造作的抒情化语言，以及刻意刻画有“普遍性”的角色——不说“那个老人”，而说“老人”。

劳伦斯·阿尔玛-塔德玛爵士，
最爱的习俗，
1909，
伦敦，
泰特美术馆

格罗索，
裸女，
1896，
都灵，
近代与当代艺术馆

媚俗风格学

基利

《德国的媚俗》(1962)

(Pastiche，即拼凑模仿，援用里尔克等六位德国作家的句子)

海在远处喁喁低语，在这魔境似的寂静中，一阵风轻轻拂动胶着的树叶。一袭半透明的长袍，带着白象牙色和金色的刺绣，在她肢体上飘扬，令人瞥见一段细致，柔软的脖子，那脖子缀饰着绺绺颜色如火的秀发。布琳希德孤寂的房间仍然尚未上灯——细长的棕榈升起如珍贵中国花瓶黑暗、幻想似的影子：在房间中央，古代雕像的大理石身体闪烁着白色的身形，有如鬼魅，在墙壁上，你可以依依稀稀看出几幅大号金框里的画，金框散发着隐隐约约的反光。布琳希德坐在钢琴面前，双手在琴键上滑动，人沉浸在甜美的白日梦里。一个“极慢板”带着肃穆的询问流泻而出，烟幕似地在炽热的余烬上融化，余烬被风吹起，化成飞旋的奇异细片，被那没有实质的火焰分散。徐缓地，那旋律转趋庄严，分解成力道强大的和弦，然后带着童稚、请求、迷幻、说不出多么甜美的声部，以及天使的合唱，返回旋律，在夜的森林和幽僻、深邃、火热的红色峡谷、古代方尖碑上轻声细语，并且在废弃的乡间墓场上游戏。清朗的田野展开，泉流在优雅动人的变化中嬉戏，一个老妇人，一个邪恶的老妇人，面对秋天坐着，树叶在周围纷然落下。冬天将会来到，巨大闪耀的天使们没有轻拂雪地，却高耸如天，弯身俯向倾听的牧羊人，对他们唱起那个奇妙的伯利恒孩子。天国的迷魅，满载着神圣耶诞的秘密，围绕一个在深深的平静里睡眠的冬天峡谷，而一具竖琴在远处拨响着，迷惑于白日的众声之中，仿佛感伤的秘密正在歌唱那神圣的诞生。外面，夜风用它温柔的双手轻触着，爱抚着那栋金屋，星星悠然度过冬夜的天宇。

制造“效果”的技术

布罗赫

《媚俗》(1933)

媚俗的本质在于交出伦理的范畴，换取审美的范畴；结果是，艺术家的责任变成不是追求“好”的艺术作品，而是追求“美丽”的艺术作品；对他，重要的是美丽的效果。媚俗的小说事实上每每在自然主义的层次上运作，也就是说，媚俗的小说大量使用现实世界的字汇，然而，尽管如此，媚俗的小说并不是“如实”呈现世界，而是将世界呈现成“你希望或害怕它变成的样子”。具象艺术中的媚俗之作也流露与此类似的倾向。在音乐上，媚俗之作的看家本领是专门在效果上下工夫（想想资产阶级的所谓轻音乐，也不要忘了，在许多方面，今天的音乐产业就是那种媚俗本事的膨胀形式）。我们怎么能够不下结论说，没有任何艺术能来一点效果，来一滴媚俗？

……

作为一种模仿的系统，媚俗事实上被迫抄袭艺术的所有层面。不过，从方法论上来说，艺术诞生于创造，要模仿创造是不可能的事：你能模仿的，只是一些比较单纯的形式。另外一个相对重要而且具有特色的事实是，媚俗由于缺乏它自己的想象，必须不断地返取比较原始的方法（这一点在诗里极为显著，但在音乐上也有一部分是如此）。色情春宫，无人不知，所使用的现实世界的字汇以性交为主，事实上是将这些行为做成简单的串连排列；侦探故事之能事，则不过是呈现对罪犯的一连串雷同胜利；浪漫派小说是数不胜数的善有善报、恶有恶报（将现实世界的字汇做成单调的呈现，操控这些呈现的方法是原始的句法结构和像鼓一样一成不变的节奏）。

如果我们接受麦朵纳的意见，则中眉文化有个好例子，就是波迪尼（Boldini）的女性画像。波迪尼活跃于19和20世纪之间，是出名的肖像画家，当时的上流社会称他为“淑女画家”。委托他画画的人所要的艺术品当然要显出其权势声望，但也要使人一望而毫不怀疑画中仕女的风姿魅力。

为了达到这个目的，波迪尼依照最能激发效果的规则来建构其画像。观其所画肖像，你会留意到，那脸孔和肩膀（未被衣饰遮盖的部分）符合感官自然主义的所有金科玉律。画中女子双唇丰满而湿润，肌肉吹弹可破，目光甜美、撩人、性感而梦幻，永远令观者色授魂与。波迪尼笔下的女人唤起的不是抽象的美的观念，也不是以女性美作为挥洒色彩的手段。他们表现那个女人是要引导观看者对她产生欲望。

但是，当他开始画她的衣服，从她的上衣往下移到长袍的褶边，由褶边再到背景，波迪尼就放弃叔本华指责荷兰人使用的那种“美食学”技巧了：衣着轮廓不再讲求精确，布料质地被鲜亮的笔触打散，实物变成色块，物体在炸开来的亮光中融化……

低劣品味的魅力

普鲁斯特

《斯万家那边·斯万恋爱》(1913)

斯万由于感觉自己事实上经常无法让她享受到她朝思暮想的那些乐趣，于是想办法至少使她和他在一起时快乐，并且尽量不反驳她那些庸俗的想法，她在种种场合里表现的低劣品味，反正他也是喜欢她那种品味的，因为他情不自禁喜爱来自她的一切，来自她的一切甚至还令他着迷，因为这个女人的根本特质是透过一些特殊层面而浮现，而成为可见的特征，来自她的种种不就属于那些特质，因此多多益善吗？因此，她由于要去看歌剧《黄玉王者》而心情愉快的时候，或者她担心错过花展，又或者她只因担心赶不上皇家路那些配上松饼和土司的茶会（她认为那茶会非每场必到不可，那是女人的“上流”标记），而眼神凝重、心事重重、戾气流露时，斯万就兴高采烈，像我们每个人看见一个小孩子天真自然的行为，或看见一幅逼真到好像就要开口说话的肖像画，他清清楚楚感觉到他情妇的灵魂涌现，溢满她整张脸面，于是禁不住走过去，用他的双唇欢迎那张脸。“哦，这么说来，小奥黛特要我们带她去看花展，是不是？她要让大家欣赏夸奖，是不是？好极了，我们这就带她去，她想要什么，我们是不能不从命的。”斯万的眼力开始衰退了，他认了命，在家里工作时戴起一副眼镜，出外面对世界时改戴单片眼镜，看起来比较不那么破相。她头一回看见他戴单片眼镜，掩不住满脸喜色：“我真的认为——我是说，一个男人——戴这东西真是帅气极了！你戴起来多好看呀！十足道地的绅士。只差一个头衔！”最后一句是她的结论，声音里带一丝遗憾的况味。他喜欢奥黛特说这些话，就像，如果他爱上一个布列塔尼的女孩子，他会乐见她戴着当地那种布帽，并且快乐听她说她信鬼。就像对艺术的品味和肉欲的发展彼此各不相干的男人常有的情形，到那时候为止，他这两者的满足之间一直有一种怪异的相隔，他同时让两者各得其所：他对艺术品的欣赏享受愈来愈细腻，而他乐与为伴的那些女人却一个比一个无知又平庸，他会带着一个小女仆坐到剧院的包厢里，看他想看的一件颓废作品演出，或者去看一场印象派画展，而且心中深信，一个受过教育的“上流”女人对那些戏和画的尽管了解不会强多少，却没法像小女仆那样漂亮地少说为妙。

波迪尼所作画像，下半部都弥漫着印象主义文化。波迪尼制造艺术时使用当时的前卫艺术技法，于是，只要你凝目盯着看，那些胸和脸（用意在产生欲望）就会从画中的花冠浮现。这些女人是风格一再重复的女妖，她们的头和胸是供人消费的，衣着则供你静观。被画的淑女不会为了她们的肉体魅力被像妓女般张扬而不自在。她身材的其余部分已成为刺激审美乐趣的因素，而且所激起的审美艺术明显是高级的。中眉文化的使用者就这样消费波迪尼的谎言——他对这一点有多少知觉（如果他有觉于此的话）无关紧要。“媚俗”之作所以媚俗，并非因为它以产生效果为目的，艺术在很多情况下也以此为目标。“媚俗”之所以媚俗，也不是因为它使用已在别处出现过的风格元素，重复那些元素未必会堕入低劣品味。媚俗之作对产生其效果的功能自圆其说，卖弄有名无实的体验，并且毫无保留地把自己当成艺术来出卖。

波迪尼，
烟火，
1891，
费拉拉（意大利），
波迪尼博物馆

卡巴内尔，
维纳斯的诞生，
1863，
巴黎，
奥塞美术馆

布罗克，
海尔辛丝之死，
1801，
波瓦提尔（法国），
艺术博物馆

媚俗是罪恶

布罗赫

《媚俗》

如此以专家的、理性的手段来完成对冲动的满足，如此无止境地、可悲地呈现有限，如此以“美丽”为目标，可以说是赋予媚俗一种虚妄的色彩，在这虚妄背后，我们可以瞥见一种伦理上的“罪恶”……

生产媚俗之作的人，并不是生产次等艺术，也不是一个生来只有次等创造能力的艺术家，更不是天生完全没有创造能力。生产媚俗之作的人不能用审美的标准来评估，而是单纯地必须评断为一个可鄙的人，一个根本就有心造恶的罪犯。由于显现于媚俗中的是一种根本的罪恶，根本的罪恶就是说，这种罪恶对任何其他价值系统都是一种绝对的负极，因此，媚俗不但必须视为对艺术是罪恶，对其他任何价值系统，只要不是一个模仿系统，都应该视之为罪恶。

一个人费心用力追求美丽的效果，追求的只是满足情绪，好让使他松一口气的那一刻在他（换句话说，彻底的唯美主义者）看来是“美”的：这样的人认为自己有权利使用，而且也毫不犹豫地滥用，任何手段，只为了生产这样的一种美。这就是媚俗者的象皮病，这就是尼禄在他皇宫花园里以焚烧基督徒的身体当烟火来演出的场面，他排出这种场面，以便他能弹琴歌唱（尼禄的根本志向是当演员，殊非偶然）。

价值经历解体过程的所有历史时期，都是目睹媚俗大肆绽放的时期。罗马帝国的结束时期就产生了媚俗，我们当前这个时代正在接近中世纪世界的观念解体的阶段末期，也不由自己，以这种美学上的罪恶为代表。那些以价值明确地失落为特征的时代，其实就是以罪恶以及对罪恶的焦虑为基础的；一种努力成为这类时代的适切表现的艺术形式，也必定是在这类时代里作祟的罪恶的一个表现。

3. 坎普

吉姆·沙曼（导演），
《洛基恐怖秀》，
1975

我在上文提到消防队员的艺术（art pompier），把它作为媚俗艺术的例子。但是，这些作品今天不但在美术馆里展出，还以非常高的价钱卖给品味精致的收藏家。这可以简单视为昨日之丑变成今日之美的证据。高级文化借用通俗艺术，甚至借用漫画之类大众文化产物时，常常出现这种变化。这些产物本来是为娱乐目的而生，现在不但被视为唤起某个时代记忆的作品，还被视为优秀艺术的产物。

不过，消防队员艺术获得平反，也可以归因于另外一项因素，就是称为坎普（camp）的品味。关于这个现象，最好的分析是苏珊·桑塔格1964年那篇《坎普札记》（*Notes on Camp*）。坎普是一种感性，这感性不是将轻浮的变成严肃的（例子：爵士乐原本是妓院里的音乐，后来变成正典），而是将严肃的变轻浮。

坎普的兴起，是来自一批思想精英的品题。这批精英对自己的精到品味极为自信，认为低劣的品味可以得救。低劣品味的基础是对不自然和过度的事物的爱好，例如王尔德的丹第主义。王尔德在剧本《理想丈夫》（*An Ideal Husband*）里写到：行事自然"是一种非常难以维持的姿态"。衡量坎普的尺度不是美，而是其造作和风格化的程度。坎普的定义也不是指风格，而是思考别人的风格的能力。事物要成为坎普，必须具备某种夸张或某种边际性的层面（例如说"这东西太好或太重要，不能成为坎普"），以及某种程度的庸俗，即使它也有某种程度的优雅。

苏珊·桑塔格界定为坎普的事物或坎普的题材，性质复杂，从蒂凡尼的灯到比亚兹莱，从《天鹅湖》到贝里尼（Bellini）的歌剧或维斯康提（Visconti）导演的《莎乐美》，从某些世纪末风格的明信片到电影《金刚》、漫画《闪电侠》、1920年代的女性服饰，一直到著名影评家所谓"我看过的十部最佳烂片"。

苏珊·桑塔格界定为坎普的其他例子包括一个女人身穿三百万支羽毛做的衣服招摇和意大利文艺复兴画家克里维利（Carlo Crivelli）那些镶着真实珠宝、带着以错视法呈现的乱真昆虫、墙上出现混淆真假

克里维利，
圣母和孩子，
约 1480，
纽约，
大都会艺术博物馆

龟裂的画。此外，坎普品味也喜欢性的暧昧（见 412 页《**坎普与性**》引文）。但是，坎普的确不具备叔本华说的有趣，坎普的眼睛紧盯消防队艺术风的裸女也不是为了色情上的满足，而是乐得看它可悲地不知谦虚地僭称重现伟大古典艺术的崇高。

不容否认，苏珊·桑塔格的选择反映了 1960 年代纽约知识阶层的品味：为什么考克多（Jean Cocteau）是坎普，而纪德（Andre Gide）不是？为什么理查施特劳斯（Richard Strauss）是，而瓦格纳不是？此外，即使承认许多坎普的例子媚俗，也不能定义坎普等同于“坏艺术”。苏珊·桑塔格开列的名单中不但包括克里维利、高迪（Gaudi）等伟大的艺术家，还包括次要但品味精雅的艾尔提（Erté）等艺术家（她甚至列入莫扎特一些作品，原因不明）。

圣法勒，
她，
1966，
斯德哥尔摩，
国家博物馆

无论怎么看，凡是坎普，不管人、物，都必须具备一种违反自然的极端主义（自然里没有任何事物属于坎普）。坎普爱怪诞，并非现实中的事物。新艺术（art nouveau）就是最佳例子。新艺术的产品把照明用具变成开花的植物，把起居室变成洞窟，把铸铁棒变成兰花茎，如吉马德（Guimard）设计的巴黎地铁入口。

坎普也是（但不尽是）一个人对媚俗之作的经验：他知道他正在看的东西是媚俗之作。就此意义而言，坎普是贵族品味和势利眼的表现："在文化上，一如丹第是贵族的19世纪替身，坎普是丹第主义的现代替身。如何在大众文化时代当个丹第？坎普就是这个问题的答案。"不过，丹第寻求尚未被大众的欣赏亵渎的稀罕悸动，坎普行家却是在"最粗糙、最平凡的快感、在大众的艺术"里获得满足。丹第拿一条香水手帕贴近鼻孔，心醉神迷；坎普行家则猛嗅恶臭，以耐臭自豪。

迈尔，
尼辛斯基饰演手持一串葡萄的牧神，
牧神的午后，
1912，巴黎，
奥塞美术馆

413 页：
比亚兹莱，
莎乐美插画，
1894，
私人收藏

414 页：
杨格，
洛阿娜女王的神秘火焰，
1935，
佛罗伦萨，
纳比尼

415 页：
埃尔泰，
膜拜，
1896，
私人收藏

坎普与性

苏珊·桑塔格

《坎普札记》(1964)

雌雄同体当然是坎普感性的伟大意象之一。例子：拉斐尔前派绘画和诗里那些动辄昏倒的、细瘦的、柔弱的身影；新艺术派版画和海报里瘦削、飘逸、没有性别的身体，以浮雕在桌灯和烟灰缸上呈现；葛丽泰·嘉宝那种至极的美背后令人难忘的雌雄同体式空茫。在这里，坎普汲源于一项绝大多数人尚未承认的品味真理：性的吸引力，其最精纯的形式（以及性的愉悦的最精纯形式）寓于和一个人自己的性别逆向而行。雄昂的男人，最美的部分是含有女性元素的部分；阴柔的女人，最美的部分是含有阳刚元素的部分。……和坎普对雌雄同体的品味相连的，是某种与此道理乍看十分不同，但其实没有什么不同的东西：对性的夸大特征、对人格矫饰作风的喜爱。可以援以为证的最好例子是电影明星，理由一望可知。珍·曼斯菲尔德、吉娜·劳洛勃丽吉达、简·拉塞尔、弗吉尼亚·梅奥那种老套夸张的女性味道……

坎普是兼具男女特征的风格的胜利（“男人”和“女人”、“人”和“物”可转换）。不过，追根究底而言，一切风格，也就是说，一切的人为成品，都是兼具男女特征的。生活不是时尚。自然也不是。……

说坎普品味是同性恋品味，并不符实，两者之间有一种独特的亲和和重叠，则可以无疑。……因此，并非所有同性恋者都有坎普品味。但是，同性恋者大致上构成坎普的先锋，以及最明确的观众。……

（坎普坚持不要“严肃”，坚持游戏，也可以和同性恋者想永远年轻的欲望拉上关系。）不过，我们觉得，如果同性恋者不是多多少少发明了坎普，别人也会发明。贵族姿态和文化的关系是不可能死亡的，虽然可能只是以愈来愈任意而讨巧的方式持续。

《粉红色的火烈鸟》女主角迪万，约翰·沃特斯（导演），1972

苏珊·桑塔格的研究，将坎普的品味溯源于久远的过去，溯源到风格主义，到巴洛克专讲机锋和奇妙的诗学，溯源到哥特式小说，到17世纪中晚期欧洲开始想象中国艺术而做得不伦不类的中国风，以及对人为废墟的着迷。这么说来，坎普成为一种更广泛的品味的定义、一种永久存在的风格主义或新巴洛克形式。她的分析突出一个有趣的要点："我们说一件艺术作品有价值，是因为它取得的成就是严肃和有尊严的"，欣赏这么一件作品时，我们认为其意图和执行之间的关系是正确的；即使它还有其他以痛苦和残酷为主要特征的艺术鉴赏形态，我们却接受了意图和表现之间的差距。苏珊·桑塔格提到博斯、萨德、兰波、贾利（Jarry）、卡夫卡、阿尔托，他们的目标不在于创造和谐，而是处理愈来愈暴力且无解的主题。

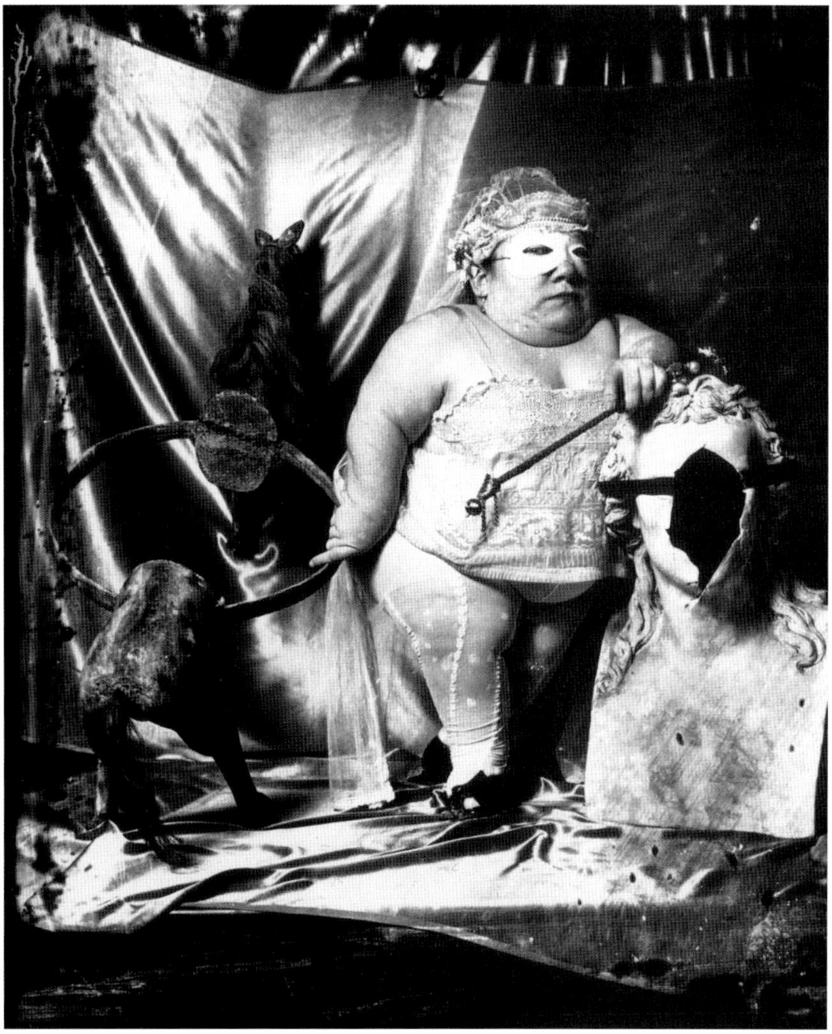

威特金，
侏儒像，
洛杉矶，
1987，
西雅图，
艺术博物馆

因此，这篇分析产生对任何以丑为主题的历史都十分重要的两点。苏珊·桑塔格指出，坎普的极端表现的意思是“这东西美丽，因为它恐怖”。因此，她撰文讨论专攻丑的摄影家黛安·阿布斯（Diane Arbus）并非偶然。坎普的正典可能会改变，时间可能提升那些今天太接近我们而令我们讨厌的作品：“平庸的东西，假以时日可能成为很棒的东西。”就此意义来说，坎普把昨天丑的东西变成审美快感的对象，而其转化的戏法颇暧昧，究竟是丑获救成美，还是美（作“有趣”解）被贬成丑。“坎普抛弃一般审美判断使用的好/坏轴心。坎普并不颠倒事物，并不主张好的是坏的，或坏的是好的，而是为艺术（和生活）提供一套不同的——补充的——标准。”

垃圾美学

安迪·沃霍尔

《安迪·沃霍尔的哲学》(1975)

东京最美的东西是
麦当劳
斯德哥尔摩最美的东西是
麦当劳
佛罗伦萨最美的东西是
麦当劳

回收别人的剩余物

安迪·沃霍尔

《安迪·沃霍尔的哲学》(1975)

我并不是说，通俗流行的品味是坏的，所以那坏品味剩余下来的东西是好的：我说的是，剩余下来的东西大概是坏的，但是，如果你能拿过来，使它至少变得有趣，那么你的浪费就不像不拿过来那么多。你在回收工作，你在回收人，你在把你的事业当作别的事业（事实上，另的彼此直接竞争的事业）的副产品来经营。所以，这是一种非常经济的作业程序。也是一种非常好玩的作业程序，因为，就像我说过的，剩余物本质上就是好玩的。

住在纽约，使你产生要别人都不要的东西、要一切剩余下来的东西的真正诱因：这件事，你必须和太多人竞争，你如果希望有任何收获，唯一途径是改变你的品味，就是要别人不要的东西，要一切用剩的东西。

……碰到我们没有足够现金来做长度完整的剧情片，做那无数的剪辑和重拍那么多镜头，等等，我就把摄制电影的方式简化，利用我们拍过的每一呎底片，因为这样成本比较少，比较省事，而且更好完。而且我们不再有任何剪掉不用的东西。1969年，我们开始剪辑我们的电影，但就是那时候，我还是偏爱被剪掉的东西。剪掉的场面全都精彩可观，我全都到现在还留着。关于我利用剩余物的哲学，我只有过两个例外：1）我的狗；2）食物。我知道我应该到动物收容所去领一只狗，但我花钱买了一只……另外，我得承认，我就是受不了吃人家的食余。

麦卡蒂，
地下室碉堡，
2003

但是，有一点必须说明：并非所有的丑（无论新的、旧的）都可以视为坎普。过度必须出自纯正用心，而非出于计算，才能视为坎普。纯粹的坎普不是刻意的，但是极为严肃："新艺术的巧匠做一具缠着蛇的台灯，并不是开玩笑，也不是玩弄魅力，而是一本正经地说：瞧！东方！"我们今天视为坎普的例子中有歌剧：作曲家完全严肃地看待剧本作者笔下的荒谬闹剧成分。（例如台词："我听见无情台阶的足迹！"）坎普的拥趸则欣喜地反应："这太过分了，难以置信！"

你不能决定做一个坎普的东西。坎普不能是故意的，它的基础是坦诚行事（以及将此作品视为坎普者的不真诚）。坎普含有严肃的成分，但这严肃或者由于过度狂热，或者意图失之过度，而未能达成目的。因此，"高迪在巴塞罗那所做骇目而美丽的建筑"，尤其那座圣家族，透露出"一个人满腔雄心，要完成一个时代、一整个文化才能完成的工作"。

在本书最后一章中，我们要看看许多刻意制造的丑（有一部分是从坎普观念得到启发）。这种丑是很多当代艺术和社会传统的目标。这些东西不但是毫无纯真的丑，而且是蓄意计划的。媚俗是假的高等艺术，刻意的新丑则是拿坎普尝试提升的"恐怖"来做假。

第十五章

今天的丑

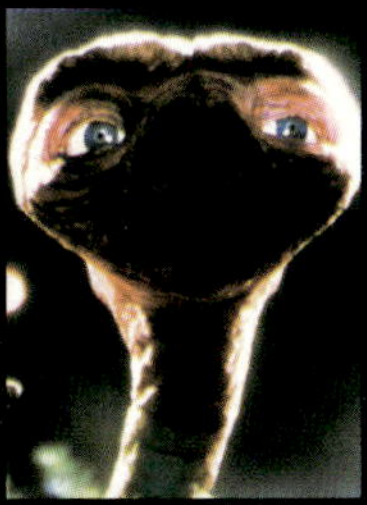

博特罗，
女人，
1979，
私人收藏

今天的丑

古人觉得某些音程不和谐会令人不快。有好几百年，音乐之丑最常见的例子是增四度，例如C—升F。中世纪认为这样的不谐和音十分乱人心神，因而将之界定为diabolus in musica（音乐里的魔鬼）。心理学家解释说，不和谐音有令人兴奋的力量。13世纪以来，音乐家也以这类音声制造特定效果。也就是说，这魔音经常被用来产生紧张、不安的效果，以及使人预感问题或情况即将出现某种变化，巴赫、莫扎特（《唐乔万尼》）、李斯特、穆索尔斯基、西贝柳斯、普契尼（《托斯卡》）都用过，伯恩斯坦在《西区故事》里也用过。此外，增四度经常用来暗示地狱幽灵，例如柏辽兹的《浮士德的天谴》（*Damnation of Faust*）。

魔音提供我们一个极好的例子，用来为我们这本丑的历史作结，因为这题目可以激起一些反思。本书一路说来，有三项反思应该很明显：丑是相对的，随时代、文化而有别；昨天不能接受的事物，明天可能被接受；被视为丑的东西，在某些情况下可能有助于整体的美。第四项观察则引导我们匡正相对主义：如果魔音一向被用来制造紧张，那么，人类有些心理反应会历经不同时代和文化而维持不变。魔音逐渐被接受，并非因为它变得令人愉快，而正因为那丝地狱硫磺的气味从来不曾消失。

乔治·卢卡斯（导演），
《星球大战》II：
《克隆人的进攻》，
2002

正因如此，魔音如今出现在很多重金属音乐里，吉米·汉克斯（Jimi Hendrix）的《紫雾》（*Purple Haze*）即为一例。有时候则挑明以“撒旦主义式”的挑衅形态出现，例如 Slayer 合唱团的专辑《音乐魔鬼》（*Diabolus in Musica*）。

电影《活死人之夜》（*The Night of the Living Dead*）等恐怖片的导演乔治·罗梅罗（George Romero），曾就他的电影思想提出说明。他详述科学怪人弗兰肯斯坦、金刚或哥斯拉动人的温柔，同时指出，他所拍的僵尸皮肤皱缩、腐烂，黑牙齿黑指甲，但他们是和你我一样有激情和需求的个体。他并且说：“在我的僵尸电影里，复活的死人代表一种革命，世界的一种根本变化，里面的人类角色无法了解，宁愿把这些活过来的死人视为敌人，其实他们就是我们。我以恐怖的方式使用血，使大众了解，我的电影是这个时代的社会政治纪实，而不是大量恐怖洒血的愚蠢冒险故事。”

这么说来，诉诸丑，是不是一种暴露邪恶存在的手段呢？罗梅罗自己承认恐怖片“票房冲天”。也就是说，他承认恐怖是因为有趣、令人兴奋而受到欣赏。恐怖变成歌颂邪恶也是如此，虽然只有一些边缘

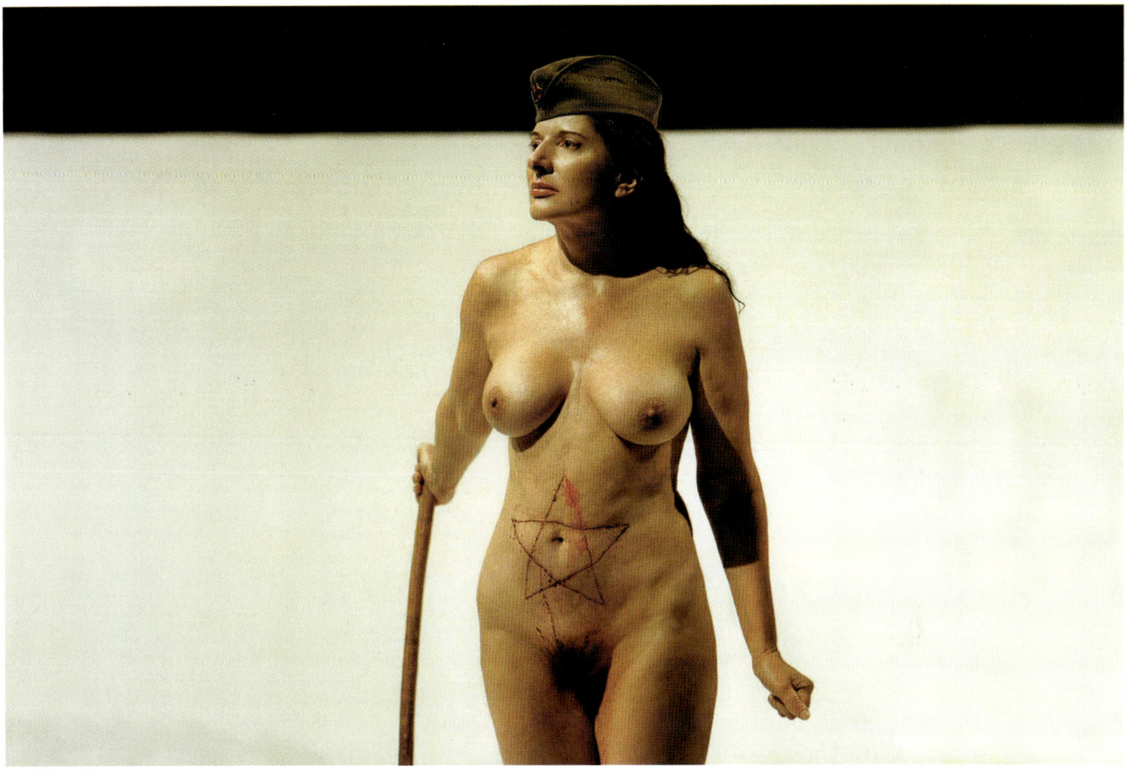

玛丽娜·阿布拉莫维奇表演
托马斯的嘴唇（1975—2005），
纽约，
古根海姆博物馆，
2005 年 11 月 14 日

案例达到这种程度，例如心理变态的撒旦主义。

写到这里，我们面临很多矛盾。丑却可爱的怪物，像《E.T. 外星人》或《星球大战》（*Star Wars*）里的外星人，不但令儿童着迷（他们还迷恋恐龙、神奇宝贝以及其他畸形生物），连成人也为之陶醉。他们还看脑浆四溅、血洒满墙的暴力电影，以此松弛身心，或读恐怖小说而乐在其中。

你不能一言论定大众媒体“堕落”，因为当代艺术也处理并赞美“丑”，只是不再以 20 世纪初叶的前卫艺术那种挑衅的方式。一些偶发艺术（happening）非但展示对一般人难有魅力的残缺肢体和其他身体障碍，艺术家还以自己的身体来承受血淋淋的折磨。

在这些例子里，艺术家说他们要藉此谴责我们这时代的种种残暴行为，但艺术爱好者到艺廊欣赏这些作品或表演却是带着愉快好玩的心情去的。

这些使用者并未丧失他们的传统美感，他们看见优美的风景、漂亮的小孩子或符合黄金分割比例的平板电视，仍会产生审美的快感。

乔治·罗梅罗（导演），
《活死人之夜》，
1968

活死人

斯蒂芬·金

《待产》（1989）

没什么大不了，至少在他们开始在其他地方跑出来为止时如此。没什么大不了，直到第一部新闻影片（布洛考一脸严肃介绍，说“各位可能必须请你们的孩子离开客厅”）在电视网上播出，腐化的怪物，干掉的皮肤赤裸裸露出骨头，交通事故的死者，殡仪馆人员遮掩伤势的化妆已经脱落，撕烂的脸孔和被撞凹的头颅原形毕现，女人的头发变成污泥结块的蜂窝，蛆和甲虫还在蠕缩扭动，爬来爬去，她们的面容时而空虚茫然，时而带着精于算计的白痴似的智力。没什么大不了，直到有一期《时人杂志》刊出第一批剧照，杂志用塑胶膜封死，上面带个橘色标签，印着“未成年不宜！”这时才有什么大不了。

你看见一个身体正在腐烂的男人，下葬时穿的名牌西装还剩下一些破布片，沾满泥巴，掐着一个女人的脖子，女人惊声尖叫，她身上的T恤印着美式足球“休斯顿油人队财产”字样，你突然明白，这可真的非同小可。

各界交相指责和虚声恫吓就从这里开始，有三个月之久，这个世界不再注意三个像丑怪飞蛾般从死去的茧里跑出来的东西，吸引他们的是两个大核能发电厂看起来就要迎面相撞，无法错开。

史蒂文·斯皮尔伯格（导演），
《E.T. 外星人》，
1982

玛丽莲·曼森，
2005 年 3 月

同样的这些人，今天接受家具设计团队、饭店建筑、观光业推销的古典悦目产品（看看拉斯维加斯那些威尼斯宫、古罗马餐厅、摩尔建筑），同时又光顾挂着 20 世纪前卫绘画（无论是真迹，还是复制品）的餐馆或饭店，而在他们祖父母眼里，这些绘画是违反古典观念的。

今天，我们到处听说，我们与各种对立的模式共存，美与丑的对立已不再有任何审美价值。丑和美两者都是可能的选项，我们以中性的态度加以体验。很多青少年的行为似乎印证了这个说法。电影、电视、杂志、广告和时装提供的美的典范和古代的并没有太大不同。我们也很容易想象一位文艺复兴画家会如何呈现布拉德·皮特、莎朗·斯通、乔治·克鲁尼或妮可·基德曼的脸孔。但认同这些观念（无论审美方面或性方面）的青少年也为一些摇滚歌手疯狂，而这些歌手的五官在文艺复兴时代的人看来必定是可恶的。这些青少年经常化妆、刺青、在身体各部位刺针穿洞，使自己看起来不是像玛丽莲·梦露，而是像玛丽莲·曼森（Marilyn Manson）。

朋克

哥特朋克

吉布森

《归零》(1986)

至少二十个哥特朋克在主屋里摆姿势，像一群恐龙宝宝，喷了发胶的头发起起落落波动。大多数接近哥特朋克的理想：高高、瘦瘦、肌肉发达，但是带一丝憔悴的骚动不安，好像肺病早期阶段的年轻运动员。坟场似的苍白是一定要的，哥特朋克头发则不必说，是黑的。波比知道，那些无法扭曲身体来符合这种次文化样板的少数，最好避之为妙；身材矮的哥特朋克是个麻烦，身体胖的哥特朋克则有杀人癖。

现在，他看他们像合成生物般在雷昂这里伸展手足，闪烁发亮，黏液菌，表面以深色皮革和不锈钉组合而成。大多数的脸孔几乎一模一样，五官都重新整形，以便符合从奇诺银行采集来的原型。

启示录城市

安洁拉·卡特

《新夏娃的激情》(1977)

我惊愕莫名，看见恶臭，漫无秩序的街道上这么多乞丐，干瘪的老太婆和喝醉酒的人同老鼠争抢最精挑细选的碎垃圾。那是老鼠喜爱的燠热天气。我往下转到街角，到零售亭买一包烟，根本没办法不踢开半打这些滑溜乌黑的怪物，它们跟过来，在我脚跟上抓抓咬咬。我很快就在城东区向一个年轻男子租到一间公寓，他跑到印度救他的灵魂去了。我回到我这间没电梯，也没热水的公寓，老鼠们就在楼梯间列队，像仪队似的招呼我。他离去之前，警告我说宇宙很快就要热死，劝我关心一下灵修的事，因为时间不多了。

博斯，
扛十字架的基督局部，
迫害基督的人，
1510—1535，
根特（荷兰），
艺术博物馆

朋克摇滚歌手，
1998年5月

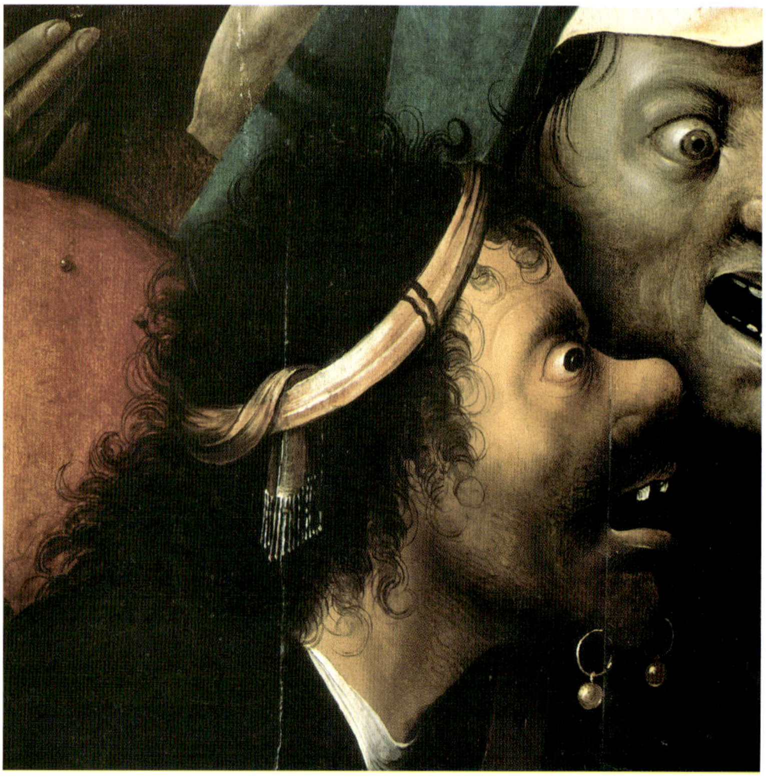

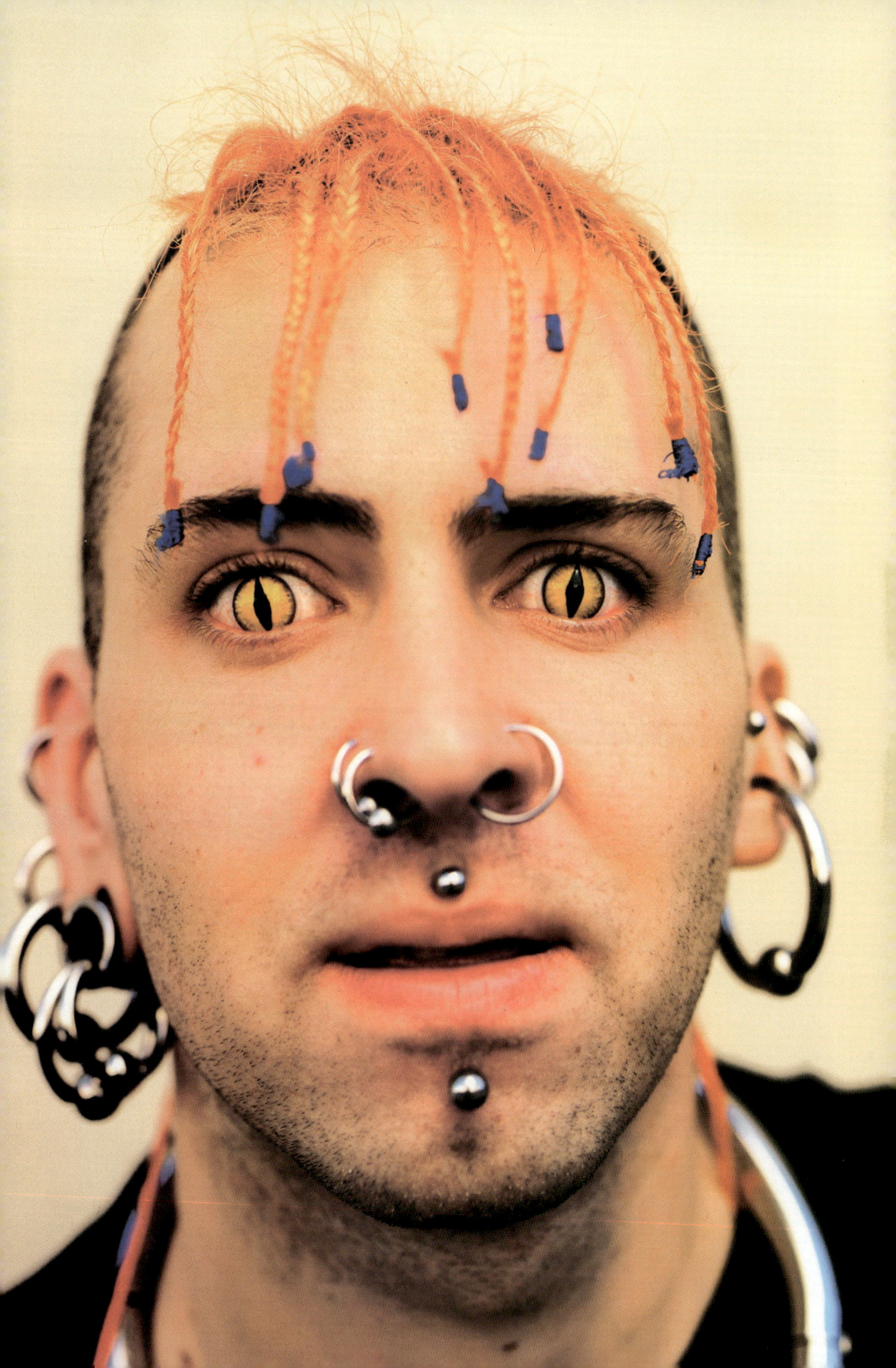

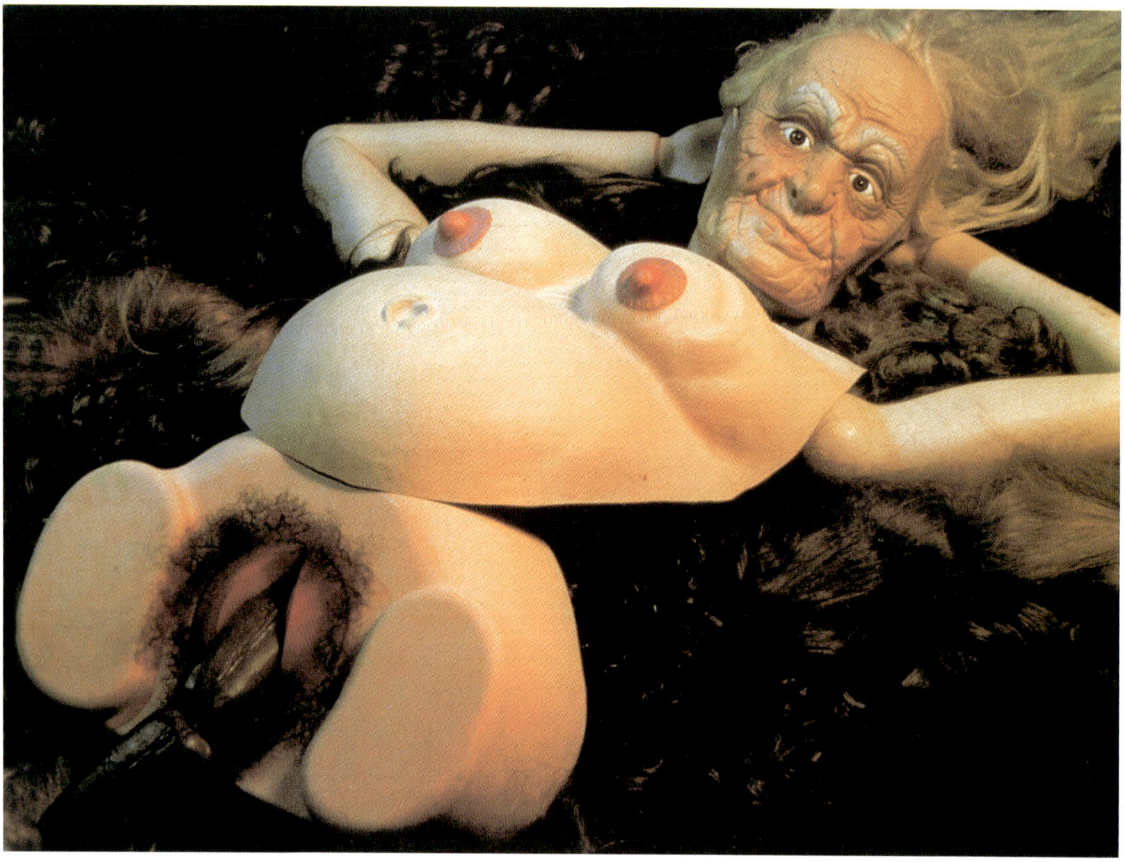

雪曼，
无题＃250，
1992，
纽约

在前面两页的对照插图里，你可以看到一个比较：一边是我们当代人穿鼻、刺耳、上下唇嵌入珠子，另一边是博斯画作里的两张脸，如出一辙。不过，博斯刻画的是迫害基督的人，在那个时代人的想象中是野蛮人或海盗（我们别忘了，一直到19世纪晚期，精神病学家还认为刺青是堕落的象征）。

今天，身体穿洞和刺青至多被视为一个时代的挑战姿态，大多数人的确没有视之为犯罪——一个舌头穿珠或小腹纹龙的女孩子可能参加和平示威或为非洲饥饿儿童游行请命。

年轻人、老年人似乎都不认为这矛盾很严重。19世纪晚期的唯美主义者偏爱尸体般苍白的美，藉以挑战或拒斥多数人的品味，他知道他为自己培养波德莱尔说的“恶之花”。这类人选择恐怖，完全因为他们决定做一个使他们超乎“心态正确”的群众之上的抉择。

今天的年轻人炫耀纹身刺青或蓝色刺猬头，却是为了感觉像别人。他们的父母到电影院欣赏从前只有解剖室看得见的场面，也是因为大家都这样（cosi fan tutti）。

托德·布朗宁（导演），
《畸形人》，
1932

我们爱看（或者满足于）所谓垃圾电视，也是如此。这不是坎普的爱好者仍然喜欢摆的精英主义姿态（他们至今喜欢评论、收集艾德·伍德的电影，因为他被界定为好莱坞史上最糟的导演），而是出于群类本能。关于美与丑对立的消解，另外一个例子是生化人（cyborg）“哲学”。一个人多种器官换成机械或电子仪器，这可能是一种科幻小说式梦魇，但网络朋克（cyberpunk）兴起后，预言已经成真。

此外，**堂娜·哈拉维**（Donna Haraway）等激进女性主义者提议克服性别差异，创造一种中性、后有机的（post-organic）或“跨人类”（transhuman）的身体。这是不是说美和丑之间的清楚区分已经消失了？如果年轻人或艺术家的某些行为（即使这行为引起很多哲学辩论）只是出现在少数人（相对于世界人口而言）身上的边缘现象呢？如果生化人、血腥电影和僵尸只是被大众媒体炒热的表面现象，我们藉之以祛除一种远更深刻、袭击我们、令我们害怕而希望能置之不理的丑，那又怎么样呢？

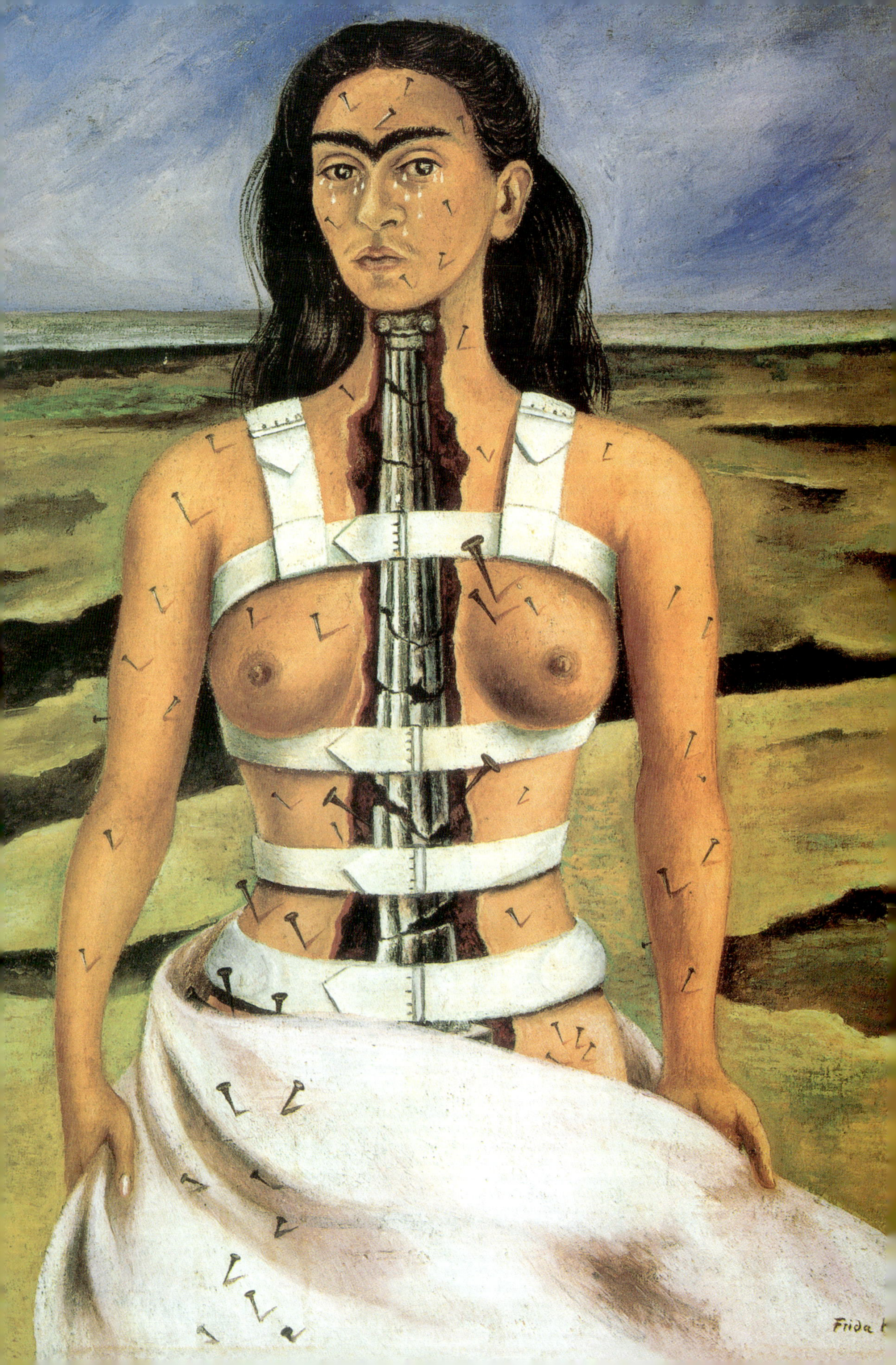
Frida

网络朋克风景

吉布森

《蒙娜丽莎超速档》(1988)

他害怕那些科沙科夫人会回来，害怕自己会忘了身在何处，会取铁锈色的平原上那些红色水洼里的癌症水来喝。红色的浮渣和翅膀张开的死鸟漂着。田纳西来的那个卡车司机告诉过他，要从高速公路往西步行，他在一小时内走到两线道的柏油路，搭了便车到克利夫兰，但现在感觉上比一个钟头还久，而他不能确定哪边是西边，这个疮疤似的旧货堆置场，仿佛有个巨人把它踩平似的。他曾看见远处有个人，在一处低岭上，他就朝那儿挥手。那个人影消失，但他这就往那方向走去，不再想办法绕过那些水洼，而是费力涉水而过，一直走到低岭，只见原来是一架民航机，半个机身埋在成堆生了锈的罐头里，没有翅膀。他沿着一条人脚把罐头踩平而造成的小径，走上机身的斜面，来到一个正方形的开口，原先是个紧急逃生口。他把脑袋伸进去，看见天花板悬挂了好几百个小小的人头。他僵在那里，在突来的暗影里眨眼，直到依稀明白眼前所见是怎么回事。那些洋娃娃粉红色的塑胶头，尼龙头发在脑顶上绑个结，发结塞进厚厚黑黑的沥青里，像水果般摆荡。其他没有任何东西，除了几片破烂又肮脏的绿色泡绵，他晓得他不会想要留下来发现这是谁的地方。……

他细看自己的手背。瘢疤，紧粘的污秽，他破裂的指甲底下是黑色半月形的油垢。那油垢渗进指甲底下，使指甲变软，因此它们很容易就破裂。

生化女人

堂娜·哈拉维

《生化人宣言：20世纪末叶的科学、科技和社会主义——女性主义》(1991)

女性主义科幻小说中的生化怪物所界定的政治可能性和局限十分不同于一般的男女小说提出的可能性和局限。……

一个生化身体并不是天真纯洁的；它并不是在花园里出生；它也不寻求一元式的认同，而产生彼此对立的二元论，永无止境(或者说，一直到世界末日)。……

对技术，机械技术的强烈乐趣，不再是罪恶，而是体现的一个层面。机械不是一个有待被赋予生命、受崇拜、被支配的“它”。机械就是我们，我们的过程，我们身体呈现的一个层面。……一直到现在(从前)，女性的体现似乎是被给予的、有机的、必然的；女性的体现似乎意指为人母亲的技术以及其各种象征性的延伸。……生化人可以更严肃地思考性别和性的体现，思考其局部、流动性的层面。说穿了，性别可能根本不是全球认同，尽管它有深远的历史广度和深度。……

我的看法是，和生化人比较有关系的是再生，生化人对繁殖的母体以及大多数生产抱着怀疑。以蝾螈来说，受伤后的再生，例如丧失一条腿之后的再生，牵涉到结构上的再生长，以及功能的恢复，这里面有从不停止的双生可能性，上次受伤的部位能够做独特的地形学式生产。再度生长出来的脚可能是丑怪的、复制的、有力的。……我们需要的是再生，不是重新出生，我们的再生结构的可能性包括一个乌托邦的梦想，希望产生一个没有性别的怪物世界。……虽然两者都在一种螺旋式上升的舞蹈里，我宁可当一个生化人，不做女神。

富莉妲·卡洛，
破碎的脊柱，
1944，
墨西哥市，
多洛雷斯·欧梅托博物馆

后页：
卡泰兰，
吊死的儿童
2004，
米兰

约翰·卡朋特（导演），
《突变第三型》，
1982

日常生活中，恐怖的景象包围我们。我们看见儿童饿死、只剩骨架、肚子肿胀的镜头：我们看见一些国家的妇女被入侵的军队强暴，其他一些国家的民众遭受酷刑，正如我们不断看到并不久远以前瘦得只剩骨架的人被打入毒气室送命的影像。我们看见摩天大楼或飞行中的飞机爆炸，人的身体被炸碎。我们恐惧度日，害怕明天就轮到我们。我们都晓得这种事是丑的，不仅道德上丑，肉体上也丑，因为这种事勾起我们的恶心、恐惧和憎厌——而同时，它们也能撩动我们的同情心、义愤、反抗的本能和团结心，即使我们学某些人相信生命不过是充满喧嚣盲怒的白痴故事，带着宿命主义接受这些丑事。我们再深知审美价值是相对的都改不了一个事实：在这些情况里，我们看见丑事，都毫不犹豫地明白那是丑事，我们无法将之化成喜悦快感的对象。你可以说艺术的声音是边缘性的，但艺术提醒我们：尽管一些形而上学家满怀乐观，但有个无法改变的令人难过的事实——这个世界里有个恶意的东西存在。

戈德伯为 King Crimson
合唱团的专辑
In the Court of the Crimson King
所作封面，
1969

这就是为什么这本书里的很多文字和影像都在引导我们将畸形理解为人类悲剧。

本书结尾所引**卡尔维诺**的一个短篇故事源自真实事件。坐落于都灵市的科托伦戈（Cottolengo）是一个住满绝症患者的机构。这些患者没有能力自己进食。其中很多人天生是怪物，就像我们这本书里谈过的那些——不是传说中的怪物，而是和我们一样活着，只是被视若无睹。故事主角是一名投票站官员。投票站之所以设在这所医院里，因为那些怪物也是公民，依法有投票权。这位官员目睹人不像人的情景，心烦意乱。他明白患者之间很多人由于没有主见，会根据他们的帮手的意志去投票。他觉得那是造假，他想反对，但最后（违反他的义务和政治信念）他认定，那些有勇气奉献生命来照顾那些不幸者的人有权利为那些不幸者代言。本书长篇讨论丑的各种化身，到此尾声，诚愿借此悲悯的胸怀寄诸读者。

后页：
委拉斯开兹，
瓦勒卡斯男童雷兹卡诺像，
1642，
马德里，
普拉多博物馆

科托伦戈

卡尔维诺

《监票员》(1963)

在“科托伦戈”登记投票的人，有的病情严重，不是下不了床，就是出不了病房。遇到这类情况，法律规定，那个地方的选务人员必须挑选一些出来“另外成立投票所”。这群挑选出来的人员必须到那个“医疗场所”去收集那些重病者所投的票，也就是说，到重病者躺着的地方去收票……

离开楼梯间的阴影之后，一个人的目光变得痛苦起来，目眩神呆，或者，也许只是一种防卫吧，几乎是一种拒绝，拒绝在每一个隆起的白色床单和枕头之间察觉从它们之中浮现的人形；又或许，那是一种初步的翻译，听见音调高高的、连续不断的、动物性的哭声，将这听觉的印象翻译成视觉：那声音咿咿咿咿……咿咿咿咿……咿咿咿咿……从病房的一角发出，接着，病房另一角加以回应，一种声音升起，像一阵爆笑或一只狗的低嚎：每一声都似拉长的哈！哈！哈！哈！

那音调高高的哭声发自一张小小红红的脸孔，眼睛和嘴巴张着，成为一种永远不变的微笑，那是一个小男孩，穿一件白衬衫，挺直了身子坐在床上。或者应该说，他的上半身从床单里长出来，像一棵植物从一只桶子里冒出来，像一棵植物的杆茎般，尾端（这身体上看不到有双臂的迹象）是一颗鱼也似的脑袋，这个男孩／植物／鱼（到了这种地步，一个人类还能叫做“人”吗，阿美利戈心想）上下下下地动，每发出一声“咿咿咿咿……咿咿咿咿”，就伸展一下他的身躯。和这咿咿之声应和的拉长的“哈！哈！”来自另一张床上的一个人，他的人形更少，但他有个伸长的、热切的、充血的头，而且他在被单底下一定有两只手臂（或鳍状肢），那被单把他包得像条香肠（一个生命到什么程度才能叫生命，或一个物种？），还有其他声音呼应他的叫声，也许是病房里出现人而引起的吧，另外并且有喘气和呻吟，仿佛有人正要哭出来，然后立刻按捺，这回是一个成年人……

其中一个是巨人，有一颗新生婴儿过大的头，撑在几个迭起来的枕头上，他双臂藏在背后，下巴顶在胸膛上，那胸膛突起，成为过胖的肚子，他的眼睛瞪着虚空，巨大的额头是灰色的头发（一个老人，从漫长的胎儿发育中存活下来的？），在某种惊愕哀伤里呆若木鸡……

在那一刻，阿美利戈已不再多想他置身此地的理由，那理由毫无意义；他现在觉得，他受命来控制的领域是另外一种领域：不是“人的意志”的领域，到这时候，人的意志已是空文；他现在管控的是人性的领域……

病房尾端有一张床是空的，被褥已经重新铺好；床客或许已经在复原阶段，坐在床侧一张椅子上，身穿毛织睡衣裤，上面披一件夹克，床的另一侧坐着一个老人，戴一顶帽子，一定是他父亲，星期天来看儿子的。这儿子是个年轻人，是弱智者，身材倒还正常，但从某些方面看来，好像，动作有点麻木。这个父亲正在剥杏仁给儿子，隔着病床递给他，做儿子的接过手，慢慢送到嘴巴里。他父亲看着他咀嚼……

病房里，每一件发生的事情和其他所有事情都是分开的，仿佛每张床都围起一个和其他床都没有沟通的世界，除了那些彼此引发、声音渐张的哭叫，用来传达彼此的激动不安，有如麻雀的吱喳啁啾，半是哀伤，半带呻吟。只有那大头男子始终了无动静，仿佛没有任何声音能传到他那里。

阿美利戈一直目注那对父子。那个儿子手脚都长，脸上长满了毛。他脸上有一种吓呆的表情，或许是瘫痪造成了一半障碍吧。做父亲的是乡下人，穿了他最上相的衣服，在某一方面，特别是脸孔和双手的长度上，他和儿子十分相像。不过，父子的眼睛并不相似：儿子的眼神是没有防卫性的，是动物性的，父亲的眼睛则半睁半闭，带着疑心提防，就像老农夫的眼睛。隔着病床，两人的椅子彼此斜角相对，因此父子可以直接四目相视，两人也没有理会周遭发生的一切。阿美利戈盯着他们，也许是为了歇息一下再到别处探视，也许是为了回避进一步探视，或者最主要的原因是，他有一点对这对父子着迷。

同时，其他人正在让一个人在病床上投票。做法是这样的：他们拉上病床周围的遮幕，小桌子摆在里面，由于那位病人是瘫痪的，就由一位修女为他投票。然后，遮幕拉开。阿美利戈朝那病人看去：那是一张紫色的脸，仰躺着，有如死人，嘴巴张得大大的，牙龈外露，眼睛大张。此外看不到脸孔其余部分，因为陷在枕头里；他像一块木头那么硬，除了喉咙里发出咯咯作响的喘息。他们以为他们在干什么，叫这些人投票？阿美利戈心中纳闷，这时他才记起，他有权力阻止这种事……

他用力将自己从思绪中拉开，拉离他刚才窥见的遥远领域，一个什么跟什么之间的领域呢？这边的一切和那边的一切仿佛雾也似的。“且慢，”他说道，话没有什么语调，他知道自己只是在重复一条公式，在虚空里说话。这个选举人有能力认出为他投票的人吗？他能表达他自己的意志吗？……修女微笑，但那是给每一个人的微笑，不为什么而发的微笑。阿美利戈心想，认知能力的问题对她并不存在；他回过神来，比较老修女的目光，和星期天来科托伦戈那位乡下人张大眼睛与白痴儿子深深四目相视的眼神。修女并不需要她的病人认识她，她从他们那里引出来的善（用她施给他们的善换来的）是普遍的善，普遍的善人人都有一份。

参考书目

丑的概论

Adorno, T. W., "On the Categories of the Ugly, the Beautiful, and Technique", in *Aesthetic Theory*, Minneapolis, Minnesota, 1996

Bodei R., *Le forme del bello*, Bologna, 1995

Bosanquet, B., *A History of Aesthetics*, London, 1892

Calabrese, O., "Prefazione a Rosenkranz", in *Estetica del brutto*, Milan, 1994

Castelli, E., *Il demoniaco nell'arte*, Milan-Florence, 1952

D'Angelo, P., "Brutto", in Carchia, G. and D'Angelo, P., eds., *Dizionario di estetica*, Rome-Bari, 1999

Eco, U., "Brutto", in *Enciclopedia Filosofica*, Florence, 1968
(revised edition in Enciclopedia Filosofica, Milan, 2006)

Franzini, E. et al., "Brutto", in *I nomi dell'estetica*, Milan, 2003

Gagnebin, M., *Fascination de la laideur*, Paris, 1978

Krestovsky, L., *La laideur dans l'art à travers les âges*, Paris, 1947

Lalo, C., "La laideur", in *Notions d'esthetique*, Paris, 1952

Lee, V., *Beauty and Ugliness,* London, 1912
Rosenkranz, J. K. F., *Ästhetik des Hässlichen*, Königsberg, 1853

古典世界里的丑

Garland, R., *The Eye of the Beholder: Deformity and Disability in the Graeco-Roman World*, Ithaca, 1995

Legrand, M.-D. and Picciola, L., eds., *Propos sur les muses et la laideur I. Figurations et défigurations de la beaute(d'Homere aux ecrivains des Lumieres)*, Nanterre, 2001

Olender, M., "La laideur d'un dieu",in *En Substance. Textes pour Francoise Heritier*, Paris, 2000

中世纪、怪物和异象

Baltrušaitis, J., *Medioevo fantastico*, Milan, 1993, and *Risvegli e prodigi,* Milan, 1999

Bettella, P., *The Ugly Woman: Transgressive Aesthetic Models in Italian Poetry from the Middle Ages to the Baroque* Toronto, 2005

Klapper, C., *Demoni mostri e meraviglie alla fine del medioevo*, Florence, 1983

Le Goff, J., *Il meraviglioso e il quotidiano nell'occidente medievale*, Rome-Bari, 1983

Michel, P., *Formosa deformitas. Bewältigungsformen des Hässlichen in Mittelaltlicher Literatur,* Bonn, 1976
Sebenico, S., *I mostri dell'occidente medievale*, Trieste, 2004 (doctoral thesis available online)Zaganelli, G., *La lettera di Prete Gianni*, Parma, 1990, and *L'oriente incognito medievale*, Catanzaro, 1997

魔鬼、女巫、撒旦崇拜

Di Nola, A. M., *Il diavolo, Rome*, 1987

Michelet, J., *La sorciere*, Paris, 1862

Russell, J.B., *Lucifer: the Devil in the Middle Ages*, Ithaca and London, 1986
Trevor-Roper, H.R., *The European Witch-Craze of the Sixteenth and Seventeenth Centuries*, New York, 1967

文艺复兴时代的丑

Battisti, E., *L'Antirinascimento*, Milan, 1962

Longhi, S., *Lusus. Il capitolo burlesco nel Cinquecento*, Padua, 1983

Ordine, N., *Teoria della novella e teoria del riso nel Cinquecento*, Rome, 1996

Secchi Tarugi, L., ed., *Disarmonia, bruttezza e bizzarria nel Rinascimento*, Florence, 1998

丑、诙谐与猥亵

Almansi, G., *L'estetica dell'osceno*, Turin, 1994

Bakhtin, M., *Rabelais and his World*, Bloomington, 1984

Bergson, H., *Laughter: an Essay on the Meaning of the Comic*, London, 1911
Camporesi, P., *La maschera di Bertoldo. G.C. Croce e la letteratura carnevalesca*, Turin, 1976

Gombrich, E.H. "The Experiment of Caricature", in *Art and Ilusion,* Princeton, 2000

Merlini, D., ed., *Satira contro il villano*, Turin, 1894

面相学与畸形学

Caroli, F. *Storia della fisiognomica*, Milan, 2002

Daston, L. and Park, K., *Wonders and the Order of Nature, 1150—1750,* New York, 1998

Magli, P., *Il volto e l'anima*. Milan, 1995

丑和风格主义

Hauser, A., *The Social History of Art*, London, 1962

Hocke, G. R., *Die Welt als Labyrinth*, Hamburg, 1967

浪漫主义美学里的丑

Bodei, R., "Presentazione a Rosenkranz", in *Estetica del brutto*, Bologna 1984

D'Angelo, P., "Il brutto, il caratteristico, il grottesco", in *L'estetica del Romanticismo*, Bologna, 1997

Eco, U., "Sublime", in *Grande Dizionario Enciclopedico*, vol. 12, Turin, 1962

Giordanetti, P.and Mazzocut-Mis,M., eds., *Rappresentare il brutto*, Napoli, 2006

Giordanetti, P.and Mazzocut-Mis,M., eds., *I luoghi del sublime moderno*, Led on Line(electronic archive), 2005

Pareyson, L., *L'estetica dell'idealismo tedesco*, Turin, 1950

Saint Giron, B., *Il sublime*, Bologna, 2006

阴森

Caillois, R., *Images, images. Essais sur le rôle et les pouvoirs de l'imagination*, Paris, 1966

Caillois, R., *Dalla fiaba alla fantascienza*, Rome, 1985

Franci, G., "Dal *Gothic Romance* agli incubi Romantici. Alcune note sul viaggio del fantastico, dal meraviglioso al perturbante", in *Rivista interdisciplinare di studi Romantici*, n. 3/4, 1977

Freud, S., *The Uncanny, in Complete Psychological Works*, London, 1955

Werber, N., "Al limitar del bosco. Il perturbante nel Romanticismo", in *Rivista interdisciplinare di studi Romantici*, n. 3/4, 1977

丑和颓废主义

Praz, M., *The Romantic Agony*, New York, 1965

丑和前卫运动

Calabrese, O., *L'eta neobarocca*, Rome-Bari, 1997

Dorfles, G., *Elogio della disarmonia*, Milan, 1986

Eco, U. *The Open Work*, London, 1989

Longhi, R., *Scultura futurista: Boccioni*, Florence, 1914

Poggioli, R., *Teoria dell'arte d'avanguardia*, Bologna, 1962

Perniola, M., *L'estetica del Novecento*, Bologna, 1997

工业时代的丑

Sedlmayr, H., *Art in Crisis: the Lost Centre*, London, 1957

Zolla, E., *The Eclipse of the Intellectual*, New York, 1969

媚俗和坎普

Broch, H., *Il Kitsch*, Turin, 1990

Dorfles, G., Kitsch, the World of Bad Taste, New York, 1969

Eco, U., "The Structure of Bad Taste", in *The Open Work*, London, 1989 Giesz, L., *Phaenomenologie des Kitsches*, Heidelberg, 1960

Greenberg, C., "Avant-Garde and Kitsch", in *Art and Culture. Critical Essays*, Boston, 1961

Moles, A., *Psychologie du kitsch*, Paris, 1971

Sontag, S., "Notes on Camp", in *Against Interpretation*, 1966

种族歧视

Centro Furio Jesi(edited by), *La menzogna della razza. Documenti e immagini del razzismo e dell'antisemitismo fascista*, Bologna, 1994

Gould, S. J. *The Mismeasure of Man*, New York, 1981

Matard-Botucci, M.-A. "La caricature, témoin et vecteur de l'internationalisation de l'antisemitisme? La figure du 'juif monde'", in Fortis,U., ed., *L'antisemitismo moderno e contemporaneo,* Turin, 2004

Pisanty, V., *La difesa della razza*, Milan, 2006

今天的丑

Bodei, R., "L'estetica del brutto", in *Enciclopedia Multimediale delle Scienze Filosofiche*, 1996

(online interview)Romero, G., "Il brutto nel cinema", speech given at the *La Milanesiana* arts festival, 2006 (published in *la Repubblica*, 7 July, 2006).

关于本书引文

英文版译者小注

附有说明之处除外，本书引文都由笔者或笔者同事Aaron Maines从意大利版译成英文。原作以英文撰写之作当然不在此例。某些取自网络而属于公共领域之译本亦不在此例。我们尽力以精确可喜的译文呈现本书所收的许多诗作，但宗旨在于使读者就其内容得一概念，而非再现原诗。我要感谢艾柯在我需要协助之处惠予协助，我也感谢Sergio Musitelli教授在诠释一些古奥意大利文段落方面给了我无比珍贵的帮助。凡有讹误，责任当然笔者自负。

Baudelaire, Charles 波德莱尔

The Flowers of Evil, 1857, p.129, 304,305, 342, 360, 362
Translated by William Aggeler,Fresno, CA: Academy Library Guild, 1954

The Flowers of Evil, 1857, p.362
Translated by Roy Campbell, *Poemsof Baudelaire,* New York: Pantheon Books, 1952

"On Hogarth," from 'Some Foreign Caricaturists' in *Selected Writings on Art and Literature*, 1861, p.252
Translated by P.E. Charvet,Penguin, 1972

Dante 但丁
Inferno, Cantos 6, 9, 17, 20, 25, 34.
Translated by Henry Wadsworth Longfellow

De Balzac, Honoré 巴尔扎克
Father Goriot, 1835, p.286
Translated by Ellen Marriage

Dostoevsky, Fyodor 陀思妥耶夫斯基
The Double, 1846, p.322
Translated by Constance Garnett

Eco, Umberto 艾柯
The Island of the Day Before, p.233
Translated by William Weaver, Secker & Warburg, 1996

Faith in Fakes, p.396
Translated by William Weaver, Secker & Warburg, 1986

Foucault, Michel 福柯
The History of Sexuality, II, 1976, p.262
Translated by Robert Hurley

Freud, Sigmund 弗洛伊德
"The Uncanny," 1919, p.312
Translated by James Strachey, *The Standard Edition of the Complete Psychological Works of Sigmund Freud*, The Hogarth Press, 1964

Goethe, Wolfgang 歌德
Faust, Study, 1773—1774, p.182
Translated by John Shawcross, Allan Wingate, 1959

Faust, "Valpurgis Night," 1887, p.212
Translated by Anna Swanwick, New York: P.F. Collier & Son Company, 1909—1914

Hegel, Georg Wilhelm Friedrich 黑格尔
Aesthetics: Lectures on Fine Art
Translated from by T. M. Knox

Hippocrates 希波克拉底
The Book of Prognostics, p.250
Translated by Francis Adams

Hoffman, Ernst Theodor Amadeus 霍夫曼
The Sandman, 1816, p.316
Translated by John Oxenford

Huysmans, Joris-Karl 于斯曼
Là bas, 1891, p.219
Translation by Keene Wallace

Against the Grain, 1884, p.360
Translated by John Howard

Kafka, Franz 卡夫卡
In the Penal Colony, 1919, p.236
Translated by Ian Johnston

A Country Doctor, 1919, p.305
Translated by Ian Johnston

Nietzsche, Friedrich 尼采
'The Problem of Socrates', *Twilight of the Idols*, 1889, p.262
Translated by Anthony M. Ludovici, T. N. Foulis, 1911

Proust, Marcel 普鲁斯特
The Guermantes' Way, 1920, p.362
Translated by C.K. Scott Moncrieff

Swann's Way, 1913, p.404
Translated by C. K. Scott Moncrieff

Rabelais, François 拉伯雷
Gargantua and Pantagruel, 1532, pp.142—144
Translated by J. M.Cohen, Penguin Books, 1955

Rilke, Rainer Maria 里尔克
Duino Elegies, p.355
Translated by A. Poulin, First Mariner Books, 2005

Rimbaud, Arthur 兰波
Head of a Faun, p.358
Translated by Oliver Bernard

The Louse Catchers, p.358
Translated by Elsie Callander

Sartre, Jean-Paul 萨特
No Exit
Translated by Stuart Gilbert, Hamish Hamilton, 1946

The Words, 1964, p.300
Translated by Bernard Frechtman, George Braziller, 1964

St. Augustine 圣奥古斯丁
The Confessions, Book VII, 1942, reprint edition
Translated by Edward Bouverie Pusey

Tasso, Torquato 塔索
Jerusalem Delivered, 1581, p.180
Translated by Edward Fairfax (1560—1635); translation . rst published in London in 1600

书目作者索引

艺术家索引

影片索引

（按出现页码顺序）

作者未定的插图

（按出现页码顺序）